U0303439

中大哲学文库

算学与经学

中国数学新史

朱一文 著

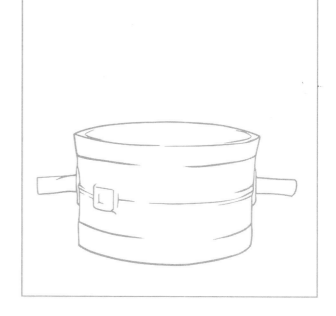

商务印书馆
The Commercial Press

本书出版得到"中山大学禾田哲学发展基金"

资助,特此致谢!

中大哲学文库编委会

主　编　张　伟

编　委（按姓氏笔画排序）

马天俊　方向红　冯达文　朱　刚　吴重庆

陈少明　陈立胜　周春健　赵希顺　黄　敏

龚　隽　熊　卫　鞠实儿

总　序

　　中山大学哲学系创办于 1924 年,是中山大学创建之初最早培植的学系之一,黄希声、冯友兰、傅斯年、吴康、朱谦之等著名学者曾执掌哲学系。1952 年全国高校院系调整撤销建制,1960 年复办至今,先后由杨荣国、刘嵘、李锦全、胡景钊、林铭钧、章海山、黎红雷、鞠实儿、张伟教授担任系主任。

　　早期的中山大学哲学系名家云集,奠立了极为深厚的学术根基。其中,冯友兰的中国哲学研究、吴康的西方哲学研究、何思敬的马克思主义哲学研究、朱谦之的比较哲学研究、马采的美学研究等,均在学界产生了重要影响,也奠定了中大哲学系在全国的领先地位。

　　近百年来,中山大学哲学系同仁勠力同心,继往开来,各项事业蓬勃发展,取得了长足进步。目前,我系是教育部确定的国家基础学科人才培养和科学研究基地之一,具有一级学科博士学位授予权。拥有"国家重点学科"2 个、"全国高校人文社会科学重点研究基地"2 个、"国家重点培育学科"1 个,另设各类省市级研究基地及学术机构若干。

　　自 2002 年教育部实行学科评估以来,我系一直稳居全国高校前列。2017 年,中大哲学学科入选"双一流"建设名单,并于 2022 年顺利进入新一轮建设名单;2021 年,哲学学科在国际哲学学科排名中位列全球前 50;哲学和逻辑学两个本科专业先后获批国家级一流本科专业建设点,2021 年获批基础学科拔尖学生培养计划 2.0 基地。中山大学哲学系正迎来跨越式发展的重大机遇。

　　近年来,中大哲学系队伍不断壮大,而且呈现出年轻化、国际化的特色。

哲学系同仁研精覃思,深造自得,在各自研究领域取得了丰硕的成果,不少著述产生了国际性的影响,中大哲学系已发展成为哲学研究的重镇。

"旧学商量加邃密,新知涵养转深沉",为了向学界集中展示中大哲学学科的学术成果,我们正式推出这套《中大哲学文库》。《文库》主要收录哲学系现任教师的代表性学术著作,亦适量收录本系退休前辈的学术论著,目的是更好地向学界请益,共同推进哲学研究走向深入。

承蒙百年名社商务印书馆的大力支持,《中大哲学文库》将由商务印书馆陆续推出。我们愿秉承中山先生手订"博学、审问、慎思、明辨、笃行"的校训和"尊德问学"的系风,与商务印书馆联手打造一批学术精品,展示"中大气象",并谨以此向 2024 年中山大学百年校庆献礼!

中山大学哲学系

2022 年 5 月 18 日

目　录

序

作为一门学科的数学有数千年的历史,在这个星球上的各个角落开花结果;与之相对,作为一门学科的数学史研究仅有 100 多年的历史。清末以来,李俨、钱宝琮两位先生以现代数学方法整理中国古代数学遗产,开创了现代中国数学史研究。20 世纪 50 年代以来,尤其是 80 年代之后,中国数学史研究受到了海内外学者的空前关注,在李、钱二老的基础上取得了极其丰硕的研究成果。21 世纪以来,作为中国科学史研究方向的中国数学史面临学科重新定位的问题:国内的研究倾向于使之成为中国历史的一部分,以与国史研究互补;国外的研究则倾向于使之成为世界数学史的一部分,以与数学哲学、科学哲学互补。从现有的研究来看,数学史具有丰富多样的研究取向,足以成为人文社会科学的研究基础,而中国数学史则是世界数学史研究中足以与其他数学文明比肩的华丽篇章。

我自幼喜欢数学,中学时期就读过一些数学史的科普读物,大学时虽然学的是材料专业,但是对数学的兴趣不减。2005 年起,我在上海跟随纪志刚先生攻读硕士学位,通过"百鸡问题"初步领略了中国数学史的全貌。2008年起,我在北京跟随郭书春先生攻读博士学位,终于意识到中国传统数学的筹算特色,进而力图论证宋元时期中国数学符号化与文本化的重要意义。自2011 年底至 2013 年底,我在法国巴黎跟随林力娜先生做欧盟"古代世界的数学科学"科研项目的博士后,发现了儒家经典中的数学文献,明白中国数学传统具有多元性,尝试从理论层面思考中国数学史议题。2013 年 12 月至今,我在中山大学哲学系工作,受到鞠实儿、陈少明、梅谦立、张永义等多位先生的影响,开始以中国主流学术史的一部分来理解中国数学史,并反思数学史研究的方法论问题。迄今为止,我在此方向上已经发表了二十几篇文章,感到差不多可以从算学与经学关系的角度重新梳理中国数学史。因此,我从去年开始着手本书的写作,至完成时花了约一年时间。

　　成书于汉代的《九章算术》无疑是中国古代最伟大的数学经典。因此,学术界一般认为以《九章》为首的十部算经代表了中国传统数学的主流,并且广义地说属于儒学的一部分。这一看法其实只在模糊的意义上成立。所谓主流,仅限于狭小的算学领域内部而言,无法扩大至中国古代其他活动中所实作的数学知识;所谓属于儒学,亦仅限于某些论述层面而言,无法从学理层面切实达到。自汉儒郑玄引《九章》注解儒家经典始,历经魏晋南北朝学术之演进,诸儒在注疏儒经的过程中发展出一套与《九章》不同的数学系统,是为儒家算法传统。《九章》之学以"问题+术文"为文本特征,以筹算操作为实作之过程;诸儒之学仅附于注疏之下,不明确数学问题,且其算法以文字叙述为依托,不以筹算为工具。因此,双方在发展数学的文本语境与实作数学的物质工具上都不相同,实为两种数学传统。就主流而言,诸儒之学可能是古代读书人普遍学习的数学;就学理而言,诸儒之学而非《九章》之学才是儒学的一部分。因此,如果把《九章》之学视作高深数学,把诸儒之学视作普遍数学,则后者不仅拒绝前者,而且其地位竟然远在前者之上。这一情形实属奇特,非从中国历史的角度无法理解。隋唐国子监算学与儒学同立于学官,故儒家与算家算法传统并立,而诸儒之学高于《九章》之学。自此以后,虽历经宋明学术及西学传入之演进,但两家算法传统之基本格局不变。清末现代数学传入,中国古代多元的数学传统都被统一纳入现代数学的解释之中,从而失去了其实用价值。这既是中国传统数学的终结,亦是李、钱二老以现代数学整理古代遗产的发端。纵观中国数学史,其多元传统折射出历代学人对于数学本质的理解并未达成完全之共识。故以此统而论之,我们可以说中国数学乃至数学的本质具有混杂性。

朱一文

2021 年 10 月 19 日

第一章
中国数学史研究的史料、问题与方法

算学是中国一个具有悠久历史的学科。明清以降,中国传统数学逐渐融入现代数学之中,整理古代数学遗产便成为一项时代赋予学人的历史性任务。李俨(1892—1963)、钱宝琮(1892—1974)最先用现代数学方法整理中国古代数学遗产,引领了国内外学界的研究潮流,开创了中国数学史学科的研究范式。① 20世纪80年代起,吴文俊(1919—2017)倡导研究中国古代数学的"古证复原"方法,并创造性地吸取中国古代数学的机械化、构造性特色,提出"数学机械化"思想,实现了"古为今用"的目标。② 2010年,郭书春主编《中国科学技术史:数学卷》,基本囊括了自李、钱二位先贤以来的中国数学史研究成果,可以说为之做一总结。③

与此同时,学界也一直很关注数学史研究的方法论。吴文俊提出"古证复原"应遵守的三项原则,并将之运用于对《海岛算经》的研究,反思并推进了中国数学史的研究方法。④ 曲安京认为20世纪的中国数学史研究是由李

---

① 李俨、钱宝琮的著作合集,参见李俨、钱宝琮:《李俨钱宝琮科学史全集》,沈阳:辽宁教育出版社,1998年。
② 吴文俊:《〈海岛算经〉古证探源》,载吴文俊主编:《〈九章算术〉与刘徽》,北京:北京师范大学出版社,1982年,第162—180页;吴文俊:《从〈数书九章〉看中国传统数学构造性与机械化的特色》,载吴文俊主编:《秦九韶与〈数书九章〉》,北京:北京师范大学出版社,1987年,第73—88页。
③ 郭书春主编:《中国科学技术史:数学卷》,北京:科学出版社,2010年。
④ 吴文俊提出的"古证复原"三项原则为:原则之一,证明应符合当时以及当地区数学发展的实际情况,而不能套用现代的或其他地区的数学成果与方法;原则之二,证明应有史料上的依据,不能凭空捏造;原则之三,证明应自然地导出所求证的结果或公式,而不应为了达到预知结果以致出现不合情理的人为雕琢痕迹。参见吴文俊:《〈海岛算经〉古证探源》,载吴文俊主编:《〈九章算术〉与刘徽》,第162页。

俨与钱宝琮领导的"发现"范式转变为吴文俊领导的"复原"范式,并提出"为什么数学"的研究期望。① 孙小淳认为这种划分方法值得商榷。② 张东林认为,为了摆脱辉格的研究倾向,数学史应转变为一门思想史。③ 鞠实儿、张一杰认为中国数学史研究存在"据西释中"与"据中释中"两条路线,他们赞成后者并进而以刘徽割圆术为例提出了中国数学史的本土化研究程序。④ 法国学者林力娜(Karine Chemla)认为,在数学史研究中应对"什么是数学"持有开放、多元的观念⑤,这一观点也得到了研究其他数学文明的国际数学史家们的赞同⑥。这些看法都表明了中国数学史研究者期望在总结学界既有研究成果的基础上更好前进的美好愿望。

这些年来,在自身数学史与数学哲学研究实践的基础上,笔者对数学史研究的史料与方法也有了一些思考和总结。本章以"辉格解释""文献史料""古为今用"与"实作转向"四个议题探究数学史研究的方法,为全书从算学与经学视角重新审视中国数学史奠定基础。

---

① 曲安京:《中国数学史研究范式的转换》,《中国科技史杂志》2005 年第 1 期;曲安京:《再谈中国数学史研究的两次运动》,《自然辩证法通讯》2006 年第 5 期。

② 孙小淳:《数学视野中的中国古代历法——评曲安京著〈中国历法与数学〉》,《自然科学史研究》2006 年第 1 期。

③ 张东林:《数学史:从辉格史到思想史》,《科学文化评论》2011 年第 6 期。

④ 鞠实儿、张一杰:《中国古代算学史研究新途径——以刘徽割圆术本土化研究为例》,《哲学与文化》2017 年第 6 期;鞠实儿、张一杰:《刘徽和祖冲之曾计算圆周率的近似值吗?》,《中国科技史杂志》2019 年第 4 期。

⑤ 林力娜:《数学证明编史学中的一个理论问题》,储珊珊译、孙小淳校,《科学文化评论》2011 年第 3 期;Karine Chemla, "Historiography and History of Mathematical Proof: A Research Programme", in Karine Chemla (ed.), *The History of Mathematical Proof in Ancient Traditions*, Cambridge: Cambridge University Press, 2012, pp. 1-68。

⑥ 早在 1975 年,温古鲁(Sabetai Unguru)就撰文批评对于古希腊数学的代数解释。参见 Sabetai Unguru, "On the Need to Rewrite the History of Greek Mathematics", *Archive for History of Exact Sciences*, Vol. 15(1), 1975。近年来,古埃及数学史家伊姆豪森(Annette Imhausen)、古巴比伦数学史家罗伯森(Eleanor Robson)以及伊斯兰数学史家伯格伦(J. Lennart Berggren)分别批评了将这些古代数学文明解释为现代数学低级阶段的做法。参见 Victor Katz (ed.), *The Mathematics of Egypt, Mesopotamia, China, India and Islam: A Sourcebook*, New Jersey: Princeton University Press, 2007, pp. 7, 519; Eleanor Robson, *Mathematics in Ancient Iraq: A Social History*, New Jersey: Princeton University Press, 2008, Preface。

一、辉格解释

今天的学界对于数学史研究中的辉格倾向的批判已经比比皆是。例如，施泰德尔（Jacqueline Stedall）在一本介绍数学史的小册子的开头便指出了这个问题：

> 第一个问题就是，一些解释往往描绘了一个辉格版本的数学史。在这一版本之中，数学知识通常被认为是不断向前、向上，朝着今天的辉煌成就进步。不幸的是，那些寻求进步证据的人们倾向于忽视数学发展中的复杂性、过失和彻底的失败。而这些是包含数学事业在内的任何人类的尝试所不可避免的一部分；有时，失败也可以像成功一样揭示真相。此外，通过把今天的数学定义为描述以前努力的基准，我们太容易忽视过去的贡献，如勇敢的但最终过时的努力。与此相反，在仔细考察这个事实或那个理论是如何起源的时候，我们需要看他们在自身时空语境中的发现。[①]

施泰德尔在此简明地指出了辉格数学史的问题：一方面是忽视了数学发展中的复杂性以及在今天看来是失败和过时的东西；另一方面是无法弄清数学发展的起源与过程。她认为，只有通过历史语境的考察才能了解某项数学知识的起源。实际上，这种带有进步观念的辉格史可以从哲学意义上被理解为柏拉图主义[②]，即古巴比伦数学史家罗伯森（Eleanor Robson）所说的：历史

---

① Jacqueline Stedall, *The History of Mathematics: A Very Short Introduction*, New York: Oxford University Press, 2012, Introduction.

② 关于数学的柏拉图主义有原始的和由后人所发展的两种版本。布朗总结为如下七条观点：第一，数学对象是完美的真实，并且独立于我们存在；第二，数学对象在时空之外；第三，数学对象在某种意义上是抽象的，但在另一些意义上又不是；第四，我们可以直觉到数学对象，并且把握住数学真理；第五，数学是先验的，而非实验的；第六，即便数学是先验的，它也没必要是确定的；第七，柏拉图主义提供了一个比其他任何对于数学的判断都多的无限多样的研究技术的可能性。参见 James Robert Brown, *Philosophy of Mathematics: A Contemporary Introduction to the World of Proofs and Pictures*, New York: Routledge, 2008, pp. 9-25。

学家从历史记录中甄别出"柏拉图的数学对象",并且用今天对应的数学术语描述之。在此意义上,数学家是在发现数学真理,而数学史家则是在发现历史记录中的对应部分。对此,古埃及数学史家伊姆豪森则带有批评性地指出不应采取"只有一种数学"的哲学立场。①

然而,辉格的数学史虽然受到了严厉的批判,但是在论述中完全排除辉格解释也是不可能的。从理论上讲,这是因为如果彻底采取反辉格立场,即不用今天的数学去理解过去的数学,那么就等于承认古今数学是两种完全不同的、不具有可通约性的学问。在此意义上,如何解释数学的历史具有连续性?而且,如果所有的数学知识都必须考虑其历史语境,那么这就将滑向科学知识社会学"强纲领"下的知识建构论,从而彻底消解数学的真理性。这似乎也违反了我们的普遍直觉和历史经验。

其实,从数学史的研究实践来看,辉格与反辉格的数学史都有其存在的必要性。一方面,虽然数学史家意识到古代数学有其特色,现代数学对其解释能力不是无限的,但是在研究中彻底排除现代数学,不使用印度-阿拉伯数码和+、-、×、÷等符号也是做不到的——现代数学在一些方面看来总具有一定的解释力。另一方面,由于辉格的数学史往往倾向于将古代数学解释为现代数学的低级阶段,从而确实丧失了进一步研究的可能性,因此值得警惕。正如罗伯森在评价20世纪50年代巴比伦数学史研究遇到的问题时说:"一旦解释被做出了,即古代文献被现代符号重写之后,就没有任何可说的了。这个领域(即巴比伦数学史研究)便停滞了几十年。"②

综上,笔者认为无论从理论还是实践的角度,辉格解释问题的实质都在于现代数学对古代数学解释的限度——辉格与反辉格之间的张力。如果我们可以知道此限度,那么所谓的"柏拉图主义"便可以消解了——限度之内,可以以今释古;限度之外,则不可以。当然,无论是数学哲学的理论探讨还是

---

① Annette Imhausen, *Mathematics in Ancient Egypt: A Contextual History*, New Jersey: Princeton University Press, 2016, pp. 7-9.

② Eleanor Robson, *Mathematics in Ancient Iraq: A Social History*, Preface.

数学史的研究实践都没有明确地告诉我们这一问题的解答。

在上述分析的基础上,笔者认为:数学史研究既不可能不预设立场,也不能僵硬地站定辉格或反辉格的立场;数学史研究的理论预设必须是灵活的,只能根据研究成果来不断改进立场,从而自下而上地推进我们对于数学的理解。具体而言,在研究的过程中,我们只能先假定所研究的那部分数学知识是不可以用辉格解释的,而其他并非研究目标的数学知识是可以用辉格解释的,由此开展研究。换言之,采取辉格还是反辉格的立场实际上取决于数学史家的研究语境。

以下,我们从中国数学史的具体案例进一步说明该问题。我们知道,从历史的角度而言,中国人行用印度-阿拉伯数码的时间很短,因此一般来说不该将之应用于对中国古代数学的研究之中。但是,如果研究的目标不在数制、数码,那么阿拉伯数字就应该是可以用的。反之,如果我们研究的目标是分析中国筹算、汉字数字及其算法之特色,那么阿拉伯数字当然就不应出现在对应的解释之中。同样地,如果我们研究的目标是表明某个筹算操作的算法,那么用现代数学符号表明其运算过程自然也是不可接受的。但是,如果我们只是为了表明某个筹算算法结果的正确性,或者为了突出该算法与其他算法的差异性,那么现代数学符号的解释在某种程度上就是可接受的。让我们以对《九章算术》①方程章第七题的分析为例更清楚地说明上述观点。该题云:

今有牛五、羊二,直金十两;牛二、羊五,直金八两。问:牛、羊各直金几何?

---

① 古语里"筭"与"算"不同。东汉经学大家许慎《说文解字》云:"筭,长六寸,计历数者。从竹从弄,言常弄乃不误也。"又云:"算,数也。从竹具,读若筭。"清人段玉裁则云:"筭为算之器,算为筭之用。"([汉]许慎,[清]段玉裁注:《说文解字注》,上海:上海古籍出版社,1981年,第198页。)这就是说筭是筭筹,指实物;算是算数,指计算、算法。因此,古代数学著作往往称为"筭术",即指运用算筹之术。明朝以降,算筹逐渐被算盘取代,清乾隆年间戴震等整理古算经典,把"筭"统一改为"算",此乃当今误以为前者是后者繁体之源头。故本书在引用古书原文时,若原文作"筭",则保持原文不变;在论述时,则尊重今人习惯统一把"筭"改为"算"。又古算书名大都作"筭",如《九章筭术》,本书行文亦按今人习惯改作"算"。

答曰：牛一直金一两二十一分之一十三，羊一直金二十一分两之二十。

术曰：如方程。①

此题流行的解释为：设一牛值 x 金，一羊设 y 金，则据题可列出方程组：$\begin{cases} 5x + 2y = 10 \\ 2x + 5y = 8 \end{cases}$，消元后解之得：$\begin{cases} x = 1\dfrac{13}{21} \\ y = \dfrac{20}{21} \end{cases}$。这一流行解释无疑是以今释古的、辉格式的，其优缺点也非常明显：它可以给出该题基本等价的现代数学信息，即题设的方程组与答案，却无法告知读者该题所反映的古人的运筹操作过程。因此，如果我们的研究目的在于表明《九章》算法的正确性，而不在于揭示其筹算操作，那么这一解释在一定程度上是可以接受的。之所以说在一定程度上可接受，是因为在筹算的语境中，正确性可能包含着更多超出了今日之数学的历史内容（如运筹的简约性等）。实际上，在各种数学史论著中，往往会最先给出这一类解释，以给读者一个直观的印象。与此相反，如果我们的研究目标在于展现其背后蕴藏的筹算操作信息，则很明显我们不应接受该解释，而应该以筹算刻画之。

当我们分析该题魏景元四年（263）刘徽注时，上述观点会更得以凸显。刘徽云：

假令为同齐，头位为牛，当相乘。右行定，更置牛十，羊四，直金二十两；左行牛十，羊二十五，直金四十两。牛数等同，金多二十两者，羊差二十一，使之然也。以少行减多行，则牛数尽，惟羊与直金之数见，可得而知也。以小推大，虽四、五行不异也。②

---

① 郭书春汇校：《汇校〈九章算术〉》（增补版），沈阳：辽宁教育出版社/台北：台湾九章出版社，2004 年，第 359—360 页。

② 同上书，第 360 页。

　　刘徽实际给出了具体的筹算操作信息。如果我们研究的目的在于揭示该信息，则不宜使用现代数学符号；但又由于我们的研究目标不在于表明筹算数字之特色，则在此处可以用印度-阿拉伯数码替代之。因此宜将整个过程表述为：①

$$
\begin{array}{ccccccccc}
2 & 5 & & 10 & 2 & 5 & & 10 & 10 & 5 & & & 5 \\
5 & 2 & \longrightarrow & 4 & 5 & 2 & \longrightarrow & 4 & 25 & 2 & \longrightarrow & 21 & 2 \\
8 & 10 & & 20 & 8 & 10 & & 20 & 40 & 10 & & 20 & 10
\end{array}
$$

　　上述过程中的印度-阿拉伯数码可以替换相应的筹算。由此可见，虽然使用了印度-阿拉伯数码，但是很显然这一解释并不是完全遵照现代数学作出的，但仍在某种程度上揭示了刘徽注的筹算操作。因而，实际上可以说是根据研究的需要融合了辉格和反辉格研究立场。

　　总之，从数学史的研究实践来看，数学史家实际是在不同的研究语境中根据研究需要灵活采用了辉格或反辉格立场。就此而言，对辉格数学史的批评是不够客观和公正的。虽然在数学史的研究中有反辉格意识是十分必要的，但彻底的反辉格既无可能，也非必要。如果说反辉格的数学史研究有利于揭示古代数学的特色，那么我们也可以说辉格研究有利于发现古今数学相通之处。因此，数学史的研究实践正在提供这样一种可能性——通过全面分析历史上的数学知识，我们可以辨别哪些数学知识是不随时空转变的真理，哪些数学知识是易变的语境知识，由此自下而上探究辉格解释问题。

二、文献史料

　　从学理上讲，数学史是历史学的一部分，是基于原始文献的研究，中国数

---

① 朱一文：《数：筹与术——以九数之方程为例》，《汉学研究》2010 年第 4 期。

学史的学者们多次表明了原始文献的重要性。① 然而,以往的中国数学史研究往往集中于所谓的数学文献(如《九章算术》),而较忽视其他载有数学知识的文献(如儒家经典中的数学文献)。事实上,这两类文献的差别也被研究其他数学文明的学者观察到,如罗伯森说:

> 必须在两种文本之间做一个区分:一种是有数学兴趣的文本,即今天的数学史家、计量史家或度量衡史家会对其内容感兴趣;另一种是原初就关于数学的文本,即这些文本被写下来的目的就是交流或记载数学技术或者指明一个数学算法的实施。②

罗伯森所做的这一区分十分重要,这一区分指出了所谓数学文献与非数学文献都载有数学知识,都是数学史研究的对象。伊姆豪森也接受了这一区分。③ 在对两河流域数学史的研究中,这两类文献或许较为平衡,但是在中国数学史的领域中,以《九章算术》及《算经十书》为代表的算学经典无疑占据了主导。

具体而言,我们可以说研究秦及先秦数学的主要文献是汉简《算数书》、秦简《数》《墨经》中的相关记载,研究汉至唐代的数学主要是依靠《算经十书》,研究宋元数学则凭借贾宪、秦九韶、李冶、杨辉、朱世杰等人的著作,研究明清数学就是靠明清算家的著作。这一凭借算书进行中国数学史研究的做法取得了丰硕的成果——认识、复原古代数学,揭示了影响其发展的各种因素。然而,这一研究进路很明显是以所谓"内史"为主,较少考虑其历史语

---

① 李俨、钱宝琮、严敦杰(1917—1988)等先生都很注重原始文献的搜集与研究。李俨著有《中国古代数学史料》(1954)。郭书春也曾专门撰文论述这个问题,参见郭书春:《尊重原始文献,避免以讹传讹》,《自然科学史研究》2007 年第 3 期;郭书春:《认真研读原始文献——从事中国数学史研究的体会》,《自然科学史研究》2013 年第 3 期。

② Eleanor Robson, *Mesopotamian Mathematics, 2100-1600 BC: Technical Constants in Bureaucracy and Education*, Oxford: Clarendon Press, 1999, p. 7.

③ Annette Imhausen, *Mathematics in Ancient Egypt: A Contextual History*, p. 41.

境,由此兴起了所谓数学史的"外史"研究。

实际上,在此意义上,无论是内史还是外史,都默认了"(一个时代)只有一个数学"的哲学立场,而那"一个数学"就是那个时代核心数学文献中所记载的知识。笔者认为,既然学界对于辉格解释有疑虑,那么我们只能先假定人类在不同时空中的不同实践活动都可能产生有所不同的数学知识,是不同的数学实作(mathematical practice),而这些数学知识与实作可能会被不同类型的文献记载。由此,我们可以极大地拓展数学史的研究文献,并可能通过分析研究这些文献,更全面地复原古代数学原貌,从另一角度探讨辉格解释问题。①

以下,我们再以中国数学史的案例来说明该问题。原先的中国数学史研究集中于传统算书,揭示了中国古代筹算数学的历史发展;在谈到数学与儒学的关系时,也是以算书为主,考察其中的儒学思想。这样的做法实际上是把中国古代数学局限在算书的范围之内,从而限制了我们进一步理解古代数学及其与儒学的关系。通过分析儒家经典中蕴藏的数学文献,我们可以发现其中的数学知识和实践与以《九章算术》为代表的筹算传统不同,尤其是前者几乎不使用算筹,从而揭示出不为学界所知的儒家算法传统。在此基础上,我们就知道数学与儒学的关系并不如以往设想的那么简单——儒家经典中的数学传统是儒学的一部分,而算家的数学传统则是相对独立之内容。

让我们以初唐学者贾公彦(7世纪)对《周礼·考工记》"参分弓长,以其一为之尊"的注疏为例,来凸显上述观点。② 该段注疏中,贾公彦先基于郑玄注陈述一个勾股问题,进而给出算法:

凡算法:以蚕低二尺,即以低二尺者为句。又以持长四尺为弦,又蚕末直平者为股。弦者四尺,四四十六,为丈六尺。句者二尺,二二而

---

① 关于此议题,亦可参见 Zhu Yiwen, "How Do We Understand Mathematical Practices in Non-Mathematical Fields? Reflections Inspired by Cases from 12th and 13th Century China", *Historia Mathematica*, Vol. 52, 2020。

② 对于此问更详尽的分析,见本书第五章。

四,为四尺。欲求其股之直平者。算法:以句除弦,余为股。将句之四尺除弦,丈六尺中余四尺,仍有丈二尺在。然后以算法约之。[①]

贾公彦计算的勾股问题即勾长 2 尺、弦长 4 尺,求其股。贾氏的做法是先将 2 尺平方得 4 尺,4 尺平方得 16 尺即 1 丈 6 尺。注意到这里贾公彦运用了古人独特的以长度表示面积的做法,即把 4 平方尺表示为一个宽 1 尺、长 4 尺的长方形,把 16 平方尺表示为一个宽 1 尺、长 1 丈 6 尺的长方形(等于 16 平方尺)。两者相减为 1 丈 2 尺,即宽 1 尺、长 1 丈 2 尺的长方形,为股的平方(图 1.1)。贾公彦继云:

广一尺,长丈二尺,方之。丈二尺,取九尺,三尺一截,相裨得方三尺。仍有三尺在。中破之为两段,各广五寸,长三尺。裨于前三尺方两畔,畔有五寸。两畔并前三尺,为三尺半。角头仍少方五寸。不合不整三尺半。几,近也,言近半。[②]

在这段中,贾氏通过切割操作把宽 1 尺、长 1 丈 2 尺的长方形转化为一个正方形,即所谓"方之"。他先切下宽 1 尺、长 9 尺的一部分,拼接成 3 尺之方,接着将剩下的宽 1 尺、长 3 尺的小段平分为宽 5 寸、长 3 尺的两部分,再并于 3 尺之方的两端,由此完成了操作(图 1.2)。贾氏的做法实际等于把 12 平方尺开方理解为将之转化为一个正方形,其边长即为所求值(小于 3.5 尺),这一操作过程不使用算筹。而且,贾氏不将开方运算理解为"已知正方形面积求其一边",而是理解为"已知长方形面积求其相同面积正方形的边",这些都是传统算书中所未见的。笔者在其他时代学者对于儒家经典的注疏中也发现了具有相同思想的算法,这说明贾氏的做法具有一般性,展现了儒家的

---

① ［汉］郑玄注,［唐］贾公彦疏:《周礼注疏》,［清］阮元校刻:《十三经注疏》,北京:中华书局,1980 年,第 910 页。

② 同上。

算法传统,也表明原先学界认为筹算开方术一统天下的看法是不正确的。

图 1.1　贾公彦"丈二尺"

（图片来源:本图为曹婧博所制,以下不注明来源之图皆如此,如无特殊情况,不再注明。）

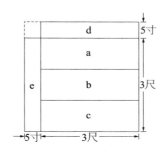

图 1.2　贾公彦"方之"

　　除此之外,数学史文献的拓展还可以通过视角的转换来完成。通常,对于文献内容的分析是站在作者的视角,而较少从读者视角来考察数学知识的传播与实际效果。事实上,数学作为一项公共事业,个别天才的数学家或经典著作固然重要,但这些发现能否被继承或被公众了解也是另一个重要面向。因此,有必要更广泛地利用文献,从读者视角分析文献内容。例如,以往学界都认为明末利玛窦与李之藻合作编译的《同文算指》在中国传入了西方笔算。通过分析时人孙元化对珠算与西方笔算的比较,可以发现时人倾向于用珠算来解决加减问题,这一倾向与分析《同文算指》文本所得结果一致。因此,我们可以知道尽管两位作者力图传入西方笔算,但受限于文化历史背景,当时的读者所接受到的知识实际是以珠算辅助笔算。①

　　总之,数学史研究没有必要局限于"数学文献",而应大力拓展研究文献,探讨不同文献中记载的数学知识之特色与共同点。就此而言,如果说辉

———————————

① 　关于对于《同文算指》笔算的分析,见本文第八章第一节。

格解释问题是在探讨古今数学之异同,史料问题则是帮助我们全面深入了解某一时代数学实作的多样性,从而深化我们对于数学的理解。

三、古为今用

理论上,作为历史学一部分的数学史具有了解数学、探索发展规律、为数学教育服务等多种功能。[①] 在所有的功能中,数学史的"古为今用"可能是学界最看重的。1975 年,吴文俊以"顾今用"为笔名在《数学通报》上发表了《中国古代数学对世界文化的伟大贡献》一文,之后"逐步开拓出一个既有浓郁的中国特色,又有强烈的时代气息的数学领域——数学机械化,树立了古为今用的典范"[②]。吴先生对之总结道:

> 假如你对数学的历史发展,对于一个领域的发生和发展,对一个理论的兴旺和衰落,对一个概念的来龙去脉,对一种重要思想的产生和影响等这许多历史因素都弄清了,我想,对数学就会了解得多,对数学的现状就会知道得更清楚、深刻,还可以对数学的未来起一种指导作用,也就是说,可以知道数学究竟应该按怎样的方向发展可以收到最大的效益。[③]

吴先生之所以可以实现古为今用的目标,是基于他对于数学的深刻认识。他意识到筹算的构造性与机械化特色,也意识到它的局限。例如他说:"由于当时用筹算,方程各不同类型项的系数须布置在算盘的特定位置来进行运算,因而未知数的个数只能限于四个。如果改用纸笔运算,则四个未知

---

① 梁宗巨、王青建、孙宏安:《世界数学通史》(上册),沈阳:辽宁教育出版社,1995 年,第 8—19 页。
② 李文林:《古为今用的典范——吴文俊教授的中国数学史研究》,《北京教育学院学报》2001 年第 2 期,第 1 页。
③ 同上文,第 4 页。

数的限制完全可以打破。至于原来四元术的原理与方法,则仍可以适用于解任意多个未知数的高次联立方程组。"①他认为数学发展的三个阶段是"筹算、笔算和机算"。② 正是在这样的认识下,他发现了筹算与机算的某些相似性,为"古为今用"做好了准备。

由此可见,已经经过历史筛选的古代数学不太可能被简单地挪用于今日。为了实现"古为今用",需要满足相当高的要求,其中重要的一条便是深刻理解古代数学的某些可以为今天所用的本质(如中国古代数学的机械化特性)。有学者区分两种对于数学理论的解释路径:历史的与遗产的。③ 前者关注某一数学理论的历史及其当代发展;后者关注某一数学理论在当时及当代的影响。该文作者认为前者实际就是数学史的研究方式,而数学研究实际上往往是以类似遗产的路径开展的。就此而言,数学史的"古为今用"就是数学家在历史学家所研究的数学史基础上,找到某一理论的当代对应,进而开展数学研究。2017 年,林力娜在欧洲数学大会上做大会报告,从中国古代数学切入谈到数学文化的多样性,进而呼吁数学家与历史学家的合作。林力娜认为这种合作不仅对历史学家是有益的,也可能对今日数学提供某些有趣的洞见。④ 很显然,这种未来可能存在的"古为今用",也不是简单地挪用中国古代数学,而是必须基于对数学文化多样性的深入理解,而且同样必须有当代数学家的参与。

总之,从实践来看,数学史的"古为今用"是可能的,但必须具备相当高的条件:第一,数学史家通过深入的历史研究尽可能地将历史中的数学知识与实践的多样性保存下来——虽然有些数学知识已经被历史淘汰了(如中国

---

① 吴文俊:《对传统数学的再认识》,载《吴文俊论数学机械化》,济南:山东教育出版社,1996年,第 38—39 页。
② 许寿椿:《筹算、笔算、机算——数学发展阶段的一种新观察》,载王渝生主编:《第七届国际中国科学史会议文集》,郑州:大象出版社,1999 年,第 226—231 页。
③ I. Grattan-Guinness, "The Mathematics of the Past: Distinguishing Its History from Our Heritage", *Historia Mathematica*, Vol. 31(2), 2004.
④ Karine Chemla, "The Diversity of Mathematical Cultures: One Past and Some Possible Futures", *Newsletter of the European Mathematical Society*, Vol. 104, 2017.

古代对筹算的使用或者印度数学中对于除数为零的探讨等），但谁又能保证将来它们不会再以另一形式"复活"呢？第二，数学家运用洞察力发现历史上数学的某些可为今天所用的本质特征，从而以之发展今天的数学，实现古为今用。在此意义上，数学史的"古为今用"必然是极具现代意识的数学史家与极具历史意识的数学家的完美合作。[①]

然而，如果我们把"古为今用"的"今用"不限定于现代数学，那么这一问题实际还与数学史的学科定位有关。不少学者数学史的应用价值主要体现在数学教育领域，并催生了把数学史融入数学教育（即所谓 HPM, History and Pedagogy of Mathematics）的教学理念。[②] 由于数学史研究所揭示的数学历史发展之复杂性远非今日之数学可以涵盖，因此笔者认为数学史不应安于"数学次一级研究"的位置，而是应该努力与数学一道，成为人类知识大厦的基础。从实际的角度看，在跨学科交流合作研究繁盛的今天，数学史研究不仅与历史、哲学、逻辑学等学科都有密切的关联，而且往往成为后面这些学科研究的基础知识。如同数学作为自然科学的基础一样，未来的数学史可以作为人文社科的基础。在此意义上，数学史的"古为今用"自然是不成问题的。

四、实作转向

在学术界常识性的理解中，数学史与数学哲学具有天然的联系。拉卡托斯（Imre Lakatos, 1922—1974）引康德（Immanuel Kant, 1724—1804）说："缺少

① 从更大范围的科学史来看，"古为今用"也是科学史家们所宣扬的价值。如席泽宗（1927—2008）先生的《古新星新表》（1955）常被视作天文学史领域内古为今用的代表；又如韩裔美籍科学史家张夏硕（Hasok Chang）通过研究电化学历史发现新的化学知识，进而提出"补充性科学"（complementary science）的工作模式。参见张夏硕：《让科学回归科学史》，储珊珊、杨帆译，孙小淳校，《科学文化评论》2013 年第 5 期。

② Hans-Niels Jahnke, Uffe Thomas Jankvist & Tinne Hoff Kjeldsen, "Three Past Mathematicians' Views on History in Mathematics Teaching and Learning: Poincaré, Klein, and Freudenthal", *Mathematics Education*, Vol. 54, 2002；汪晓勤、林永伟：《古为今用：美国学者眼中数学史的教育价值》，《自然辩证法研究》2004 年第 6 期。

了哲学指引的数学史就会是盲目的;不理会数学史上最迷人现象的数学哲学就会是空洞的。"①林夏水说:"数学哲学作为数学观的理论形式,它是关于数学发生和发展的一般规律的学问。"②我们往往会轻易地将数学史与数学哲学的关系同科学史与科学哲学的关系相类比,后者在以库恩(Thomas Kuhn,1922—1996)为代表的科学哲学历史主义的研究路线中,通过科学革命叙事将科学的发展与科学革命的理论结合在一起,从而实现了科学史与科学哲学的统一。然而,这一关系却难以重现在数学史与数学哲学上。这是因为与科学理论不同,"数学的发展似乎从来不曾出现新理论取代旧理论的非连续变革"③,没有出现所谓的范式竞争关系。换言之,由于数学知识比科学知识更具有稳定性,不容易从历史主义路线来解释数学知识之演进。在 1988 年出版的一本关于现代数学史与数学哲学的论文集中,编撰者在导言部分认为现代数学哲学研究起源于弗雷格(Friedrich Frege,1848—1925),现代数学史研究起源于 19 世纪后期一系列学者的研究,并认为现代数学的发展受到数学哲学尤其是数学基础研究的影响。④ 这一看法之实质是把数学史与数学哲学的关系理解成某一时期数学与其数学哲学思想之间的关系。在上述这些常识性的理解中,数学史实际被理解为数学知识或系统的时间排列,学者们侧重于从学理上探讨数学史与数学哲学之关联。

　　从实际的研究层面来说,数学哲学与数学史都存在着不同的研究范式。因为研究范式各自的自然本性,某种数学哲学可能与某种数学史没有交集,而与另一种数学史密切相关。康仕慧认为:"自 20 世纪数学基础主义三大学派衰落以来,数学哲学研究中相继出现两种传统:一种是以当代数学实在论和反实在论的争论为主流研究路径的'分析传统';另一种是以数学家和数

① Imre Lakatos, *Proofs and Refutations: The Logic of Mathematical Discovery*, Cambridge: Cambridge University Press, 1976, p. 2.
② 林夏水:《数学哲学》,北京:商务印书馆,2003 年,第 6 页。
③ 张东林:《数学史:从辉格史到思想史》,《科学文化评论》2011 年第 6 期,第 31 页。
④ William Aspray & Philip Kitcher (eds.),*History and Philosophy of Modern Mathematics*, Minneapolis: The University of Minnesota Press, 1988, pp. 3-57.

学史家向基础主义和分析传统发起挑战的、居于次要位置的'反传统'革新。"①笔者认为数学哲学研究大致可以分作两类:一类是自上而下论述数学哲学理论,并为之辩护,往往采取数学哲学史的写法;另一类是自下而上讨论数学哲学问题,并不预设某种研究立场,往往采取数学哲学问题的写法。前者可以以《爱思唯尔科学哲学手册:数学哲学》②为代表,该书大致按照数学哲学理论分章,又兼顾了时间顺序,接近所谓的"分析传统"。后者可以以布朗的《数学哲学:对于证明和图形世界的当代介绍》③为代表,该书虽也谈到数学哲学理论,但大致是以问题分章,往往运用多学科的研究方法,哲学史、数学史、心理学、人类学、认知科学等研究成果和方法都会为其所用,沿此路线进行的数学哲学研究往往否定分析传统的某些结果,接近于反传统革新。从数学史的角度看,前一类数学哲学主要采取陈述理论、加以辩护的模式,在辩护过程中会思辨地用到数学史的研究成果;后一类数学哲学往往采取举例分析、反驳理论的模式,其举例分析的过程实际与有些数学史论文已经十分接近,甚至看不清两者的边界。就此而言,无疑后一类数学哲学与数学史的关联更为密切。

　　现代数学史研究起源于 19 世纪后半叶一系列学者的研究。④ 数学史研究大致经历了从辉格史到反辉格史的范式转变,这一转变与数学哲学关系密切。辉格数学史,就是在研究中以现代数学去解释古代数学,往往带有成就史观、英雄史观和爱国主义立场。这一研究倾向主导了 20 世纪 70 年代以前的数学史研究。如果考虑到 19 世纪后半叶至 20 世纪前半叶西方文明在世界的主导地位,那么辉格数学史实际是这一现状的反映——非西方数学文明

---

① 康仕慧:《语境论世界观的数学哲学——一种对数学本质及其实在性研究的新范式》,山西大学博士学位论文,2010 年,第 210—212 页。

② 安德鲁·欧文主编:《爱思唯尔科学哲学手册:数学哲学》,康仕慧译,北京:北京师范大学出版社,2015 年。

③ James Robert Brown, *Philosophy of Mathematics: A Contemporary Introduction to the World of Proofs and Pictures*.

④ William Aspray & Philip Kitcher (eds.), *History and Philosophy of Modern Mathematics*, pp. 20-31.

以与现代数学相比较为荣,而通过现代数学重写古希腊数学则确立了现代文明的源头在古希腊。实际上,辉格解释最大的问题在于把古代诸多数学文明都看作现代数学的低级阶段,从而严重阻碍了数学史的研究实践。1975 年,温古鲁撰文批评对于古希腊数学的现代代数学解释。[①] 此后,数学史研究中的反辉格倾向愈演愈烈,逐渐波及古埃及、古巴比伦、古印度、古中国、中世纪伊斯兰世界等所有古代数学领域。在中国数学史领域,吴文俊提出"古证复原"原则,之后逐渐引发了数学史的外史研究与史料拓展等变化。这些变化本质上都在追问"什么是数学",从而深化了对于相关数学哲学问题的探讨。虽然彻底的反辉格数学史是做不到的,但是现代数学史家往往都具有清晰的反辉格意识。从数学哲学的角度看,辉格数学史预设了柏拉图主义的立场,因此数学史研究只是以现代数学为参照系来揭示某项数学真理在何时何地被发现。尽管也有一些研究会揭示数学知识的认识过程,但总体而言此类研究是单向地受数学哲学的指导与影响。反辉格思潮引发了数学史家去思考"现代数学对古代数学的解释限度""是否只有一种数学"等问题;在不预设立场的情况下,数学史研究有可能来质疑、修补或完善柏拉图主义,从而使得现代数学史研究已经十分接近前文所述的第二类数学哲学研究。

实作转向(practice turn)使得数学史与数学哲学研究具有了前所未有的紧密联系,提供了数学史研究的新思路。2014 年,一些学者编辑了一本名叫《实作转向后哲学、历史学和社会科学研究》的论文集,收录了 9 篇论文,从各种角度探讨实作转向。[②] 在该书的介绍部分,编者指出广义的科学研究在 19 世纪 70 年代经历了实作转向的变化。研究者逐渐更关注实作的具体细节以及物质、默会、心理-社会层面的维度。该转向起源于科学哲学研究,进而影

---

① Sabetai Unguru, "On the Need to Rewrite the History of Greek Mathematics", *Archive for History of Exact Sciences*, Vol. 15, No. 1, 1975.

② Léna Soler et al. (eds.), *Science After the Practice Turn in the Philosophy, History and Social Studies of Science*, New York: Routledge, 2014.

响到其他社会领域。编辑者认为这一转向包含了以下几方面的变化:(1)从先验的、理想化的研究到以充足经验为基础的研究;(2)从规范的研究到描述的研究;(3)从以当下为中心重构过去的科学到由充足历史重构的过去的科学;(4)从去语境的、智力的、清晰的、个体的、纯粹认知的研究到语境的、默会的、合作的、心理社会学特征的研究;(5)从研究结果到研究过程;(6)从科学作目的到科学作为转变。从数学的角度看,实作转向的实质是要求研究者关注到数学思想之外的研究活动,认为这些活动与数学思想同样重要。因此,这一转向是对以往思想史占主导的数学史与数学哲学研究的一种修补,对两者的研究都产生了重要影响。在此过程之中,数学实作被作为一个核心概念提出来,并成为联系数学史与数学哲学的关键。该文集中本德格姆(Jean Paul Van Bendegem)和林力娜的文章分别谈到实作转向对数学哲学与数学史的影响。

本德格姆讨论了数学实作哲学对数学哲学的影响。[①] 根据他的论述,拉卡托斯注重数学的发现过程,被认为是数学哲学实作转向的起点。基切尔(Philip Kitcher)在其 1983 年的著作《数学知识的本质》中试图给出一种形式化模型,以描述作为一种活动的数学,这是实作转向的第二步。之后,数学哲学开始关注社会学、教育学与民俗学,最后关注到脑科学与认知科学。由此,数学实作哲学包含了以下 8 个研究进路:(1)拉卡托斯路径;(2)描述的分析的自然化进路;(3)规范的分析的自然化进路;(4)数学社会学进路;(5)数学教育进路;(6)数学民俗学进路;(7)数学的演进生物学进路;(8)数学的认知心理学进路。作者认为如何协调各种研究进路,以及如何建立数学实作哲学与传统数学哲学之间的桥梁是实作转向之后的关键问题。

林力娜以分析中国古代数学为例,说明如何通过研究实作来最大程度挖

---

① Jean Paul Van Bendegem, "The Impact of the Philosophy of Mathematical Practice on the Philosophy of Mathematics", in Léna Soler et al. (eds.), *Science After the Practice Turn in the Philosophy, History and Social Studies of Science*, pp. 215-216.

掘史料及开展概念史研究。[1] 在该文中,林力娜首先通过分析中国古代数学
经典《九章算术》与《孙子算经》中的除法实作,指出除法在这些传世算书中
占据中心的地位。进而,她通过分析出土简牍中的除法实作,指出在《九章算
术》成书之前,除法经历了一个关键转变——这一转变与该算法运用的数码
系统有关,或许十进制位值制的算筹制度就在此时被引入。由此,林力娜认
为这说明中国古代数学不仅关注算法,也关注算法实施的实作活动。最后,
她从方法论层面总结,认为数学史研究不仅应关注结果,也应关注实作活
动——而且研究产生史料的实作活动可以作为挖掘史料的工具,并有助于开
展概念史研究。

总之,由于共同关注数学实作这一研究目标,经历该转向的数学史与
数学哲学有着天然的联系,两者的紧密程度超过了之前研究范式本性的契
合。在此研究取向下,数学史与数学哲学研究都可能以分析数学史上的实
作为切入点,并进而探讨数学哲学问题。在此意义上,可以说两方已经
重合。

综上所述,数学史研究中辉格解释问题的实质是探讨古今数学本质之异
同。史料的多元性引导我们深刻理解古代数学的多样性。古为今用问题则
期待在此基础上发展今天的数学,并涉及数学史的学科定位问题。实作转向
则使得数学史与数学哲学取得了前所未有的紧密联系,开创了数学史研究的
新方向。四者是互相关联而又各有侧重的议题,对四者的反思说明中国数学
史研究应在史料与方法上有新的思考和突破。

本书从算学与经学的关系角度重新梳理中国数学史,其目的之一是试图
通过对儒家与算家两种算法传统的分析,从古代数学多样性的角度揭示数学

---

[1] Karine Chemla, "Observing Mathematical Practices as A Key to Mining Our Sources and Conduc-ting Conceptual History: Division in Ancient China as A Case Study", in Léna Soler et al. (eds.), *Science After the Practice Turn in the Philosophy, History and Social Studies of Science*, pp. 238-268.

的混杂本质,以及两种传统与现代数学之关系,并在此基础上发展出一些从数学实作角度分析数学史料的基本方法,例如:

(一)分析数学工具及其操作;①

(二)分析数学工具与文本术文之间的关系;②

(三)分析文本中数学问题的分类与形式;③

(四)分析文本中算法或术出现的位置(经文、注或疏);④

(五)分析数字在数学实作中的作用;⑤

(六)分析图形在数学实作中的作用;⑥

(七)分析度量衡单位在数学实作中的作用;⑦

(八)分析算法的数学意义与实际(如经学、天文学)意义之间的关系;⑧

(九)结合某些历史学、世界数学史与数学哲学理论的研究。⑨

以往对于数学史研究的分析往往采用与科学史相同的"内史-外史"的框架分析方法。这种科学史编史学中的分析方法往往过度简单化了数学史的研究实践,将之固定在内史或外史的位置上,从而成为一种学术评论技巧,实则阻碍了数学史研究的开展。从本章的分析看,数学史研究者应站在前

---

① 如本章第一节之案例,亦见朱一文:《再论〈九章算术〉通分术》,《自然科学史研究》2009 年第 3 期。

② 见本书第八章第一节之案例,亦见朱一文:《数:筹与术——以九数之方程为例》,《汉学研究》2010 年第 4 期。

③ 见本书第七章第一节,亦见 Zhu Yiwen, "How do We Understand Mathematical Practices in Non-mathematical Fields? Reflections Inspired by Cases from 12th and 13th Century China", *Historia Mathematica*, Vol. 52, 2020。

④ 见本书第五章第一、二、三节。

⑤ 见本书第五章第一、二节,亦见朱一文:《儒学经典中的数学知识初探——以贾公彦对〈周礼·考工记〉'㮚氏为量'的注疏为例》,《自然科学史研究》2015 年第 2 期。

⑥ 见本章第二节之案例、本书第六章第一节、第七章第二节,亦见朱一文:《初唐的数学与礼学——以诸家对〈礼记·投壶〉的注疏为例》,《中山大学学报(社会科学版)》2017 年第 2 期。

⑦ 见本书第五章第一节,亦见朱一文:《从度量衡单位看初唐算法文化的多样性》,《中国科技史杂志》2019 年第 1 期。

⑧ 见本书第五章第三节,亦见 Karine Chemla & Zhu Yiwen, "Contrasting Commentaries and Contrasting Subcommentaries on Mathematical and Confucian Canons. Intentions and Mathematical Practices", in Karine Chemla & Glenn W. Most (eds.), *Mathematical Commentaries in the Ancient World. A Global Perspective*, Cambridge: Cambridge University Press, 2022, pp. 278-433。

⑨ 见本章第四节之论述。

人的研究基础上,从原始文献出发,采取灵活的哲学立场,兼具历史眼光与现代意识,分析数学发生、发展与被书写、被实作的历史语境,以期深刻揭示数学及其历史发展之本质。这样一种做法从数学实作的角度消解了内史与外史之争论,展现了数学史研究的复杂性与多元功能,预示了该研究的美好未来。

第二章
郑玄与《九章算术》

　　作为两汉经学的集大成者，郑玄（127—200）遍注群经、融合古今文说。《后汉书·郑玄传》云郑氏通《三统历》《九章算术》，又云"玄善算"，[①]由此可知郑玄在天文、数学[②]方面有一定的造诣。然而，与其经学研究相比，学术界对其科学知识与思想研究不多。[③] 不过，郑玄与中国古代数学的关系一直备受关注。近代数学史家钱宝琮认为"《九章算术》和许慎《说文解字》相仿，是东汉初年儒学的一部分，与儒家的传统思想有密切关系"，又说"《九章算术》的编集与东汉初年经古文学派的儒士有密切的关系"，并提到了郑众（？—83）、马融（79—166）、马续（马融之兄）三位经学家。[④] 郭书春认为郑玄"与刘洪、徐岳等实际上形成了一个数学中心"，并说"刘徽是通过郑玄注本研读《周礼》的，郑玄注本成为他注《九章》时'采其所见'的直接数据之一"。[⑤] 刘洪（约129—210）作《乾象历》、徐岳（生于东汉末）著《数书记遗》、刘徽魏景元四年注《九章算术》，他们都是当时著名的天文历算家。学术界的这些看法肯定了东汉经学与

---

① ［南朝宋］范晔：《后汉书》，北京：中华书局，1965年，第1207页。
② "数学"在古代的语境中有数术的含义，本书中出现的"数学"不取此古义，而只取今义，即相当于英文之 mathematics。
③ 陈美东《中国科学技术史：天文学卷》（2001）与郭书春主编《中国科学技术史：数学卷》（2010）都没有专论郑玄的天文学与数学。吴存浩对于郑玄的自然科学成就作了一般性论述，参见吴存浩：《简论郑玄在自然科学上所取得的成就》，《昌潍师专学报》2000年第4期。学术界对于郑玄《周礼·考工记》注是否发现胡克弹性定律，争议很多，参见仪德刚：《反思"郑玄弹性定律之辩"——兼答刘树勇先生》，《中国科技史杂志》2019年第1期。
④ 钱宝琮：《〈九章算术〉及其刘徽注与哲学思想的关系》，载李俨、钱宝琮：《李俨钱宝琮科学史全集》第9卷，第685—695页。
⑤ 郭书春：《刘徽与先秦两汉学者》，《中国哲学史》1993年第2期。

《九章算术》之编撰间的关系,肯定了郑玄对刘徽作注的影响。

笔者近年来着力研究儒家经典注疏中的数学文献,发现南北朝隋唐儒家在经学研究中发展出了相对独立的、与《九章算术》不同的算法传统(后人称之为"经算"),并且这一算法传统一直延续到清末。具体而言,《九章算术》的"术"是构造性的,其筹算过程是机械化的,具有"寓理于算"的特点,而且其应用是广泛的;①相较之下,经学研究中的算法传统基本不用算筹,而仅凭借书写进行计算和推理,并且只发生在郑玄等前人关于数学的注解之处。②就此而言,郑玄等人的数学注释为后世儒家提供了发展数学的文本语境,某种程度上可视为儒家算法传统的源头。有人可能会问郑玄自己的数学实作是否也是儒家传统?笔者认为答案是否定的③。但是,郑氏为何采取这种注经方式,而这一方式又何以能对后世数学的发展产生如此大的影响?为了回答这些问题,我们有必要进一步分析郑玄与中国古代数学或《九章算术》的关系、郑氏自身的数学实作、其以数学注经的方式及历史背景,是为本书论述算学与经学关系的开始。

一、郑玄引《九章算术》以注经

在遍注群经的过程中,郑玄用到许多思想资源。以往学界比较关注郑玄

---

① 吴文俊认为中国传统数学的算法具有构造性和机械化特色,参见吴文俊:《从〈数书九章〉看中国传统数学构造性与机械化特色》,载吴文俊主编:《秦九韶与〈数书九章〉》,第73—88页。李继闵(1938—1993)认为中国传统数学理论在表现形式上的特点是"寓理于算",参见李继闵:《〈九章算术〉导读与译注》,西安:陕西科学技术出版社,1998年,第38页。

② 关于儒家算法的特色,参见 Zhu Yiwen, "Different Cultures of Computation in Seventh Century China from the Viewpoint of Square Root Extraction", *Historia Mathematica*, Vol. 43, 2016; Zhu Yiwen, "How do We Understand Mathematical Practices in Non-mathematical Fields? Reflections Inspired by Cases from 12th and 13th Century China", *Historia Mathematica*, Vol. 52, 2020; Zhu Yiwen, "Another Culture of Computation from Seventh-Century China", in Karine Chemla, Agathe Keller & Christine Proust (eds), *Cultures of Computation and Quantification in the Ancient World*, Switzerland: Springer, 2023。

③ 笔者认为郑玄无疑使用的是《九章算术》中的数学,这符合《后汉书》所云。郑玄时代儒家还未形成自身独立的算法传统。后世儒家如何利用郑注的文本空间发展儒家算法传统,这是本书后几章阐述的主题。

在其中所用到的谶纬思想。[1] 其实,郑玄也大量用到数学。笔者认为,大致而言,郑氏对数学的用法有三个层次:首先,他论述了数学与周礼之关系;其次,他的数学注提供了后世发展数学的文本语境;最后,他的目的都是以数学为工具来消除或弥合各经典之间的差异。下面依次论述之。

郑玄的礼学研究对后世影响极大,以至于有"礼是郑学"的说法。[2] 在这中间,郑氏注《周礼》"九数"对古人数学认识的发展有很大的影响。《周礼·地官·保氏》云:"养国子以道,乃教之六艺。一曰五礼,二曰六乐,三曰五射,四曰五驭,五曰六书,六曰九数。"郑玄引郑众说:"九数,方田、粟米、差分、少广、商功、均输、方程、赢不足、旁要。今有重差、夕桀、句股也。"[3]这即是把"九数"解释成关于数学的九个名目。今本《九章算术》的九章卷名依次为:方田、粟米、衰分、少广、商功、均输、盈不足、方程、句股。衰分即差分、盈不足即赢不足,因此郑玄引郑众说与《九章算术》高度接近(仅盈不足和方程的顺序、旁要和句股不同)。学界一般认为这就说明了《周礼》"九数"与《九章算术》的传承关系。其实,由于郑玄通《九章算术》,他引郑众的说法,就是建构了由《周礼》"九数"到郑众"九数"的递进发展关系。借由这一关系,郑玄把数学引入了《周礼》,并暗示《九章算术》由其衍生而来。刘徽注《九章算术》序云:"按周公制礼而有九数,九数之流,则《九章》是矣。"[4]无疑是沿用并肯定了郑玄的看法。

郑玄注经多次直接提到"粟米法"或"粟米之法"。《周礼·考工记》"槀

---

① 例如吕凯:《郑玄之谶纬学》,台北:台湾商务印书馆,1982 年;池田秀三、洪春音:《纬书郑氏学研究序说》,《书目季刊》2004 年第 4 期;姜喜任:《论郑玄〈乾凿度〉〈乾坤凿度〉注的圣王经世义蕴》,《周易研究》2016 年第 5 期等。

② [汉]郑玄注,[唐]孔颖达等疏:《礼记正义》,[清]阮元校刻:《十三经注疏》,第 1352、1550 页。关于对"礼是郑学"说法的分析,参见叶纯芳:《中国经学史大纲》,北京:北京大学出版社,2016 年,第 161—162 页。

③ [汉]郑玄注,[唐]贾公彦疏:《周礼注疏》,[清]阮元校刻:《十三经注疏》,第 731 页。郑众为汉代大儒,其《周礼》注对郑玄影响很大,参见田瑞雪:《郑众〈周礼解诂〉研究》,河南大学硕士学位论文,2019 年。

④ 郭书春汇校:《汇校〈九章算术〉》(增补版),第 1 页。

氏为量"云："量之以为鬴。深尺，内方尺而圜其外。其实一鬴。"①②经文对量器鬴的形制言说简略。③ 郑氏注云"以其容为之名也。四升曰豆，四豆曰区，四区曰鬴，鬴六斗四升也。鬴十则钟。方尺，积千寸。于今粟米法，少二升八十一分升之二十二。其数必容鬴。此言大方耳。圜其外者，为之唇。"④郑玄先引用《春秋左传》对鬴的记载"四升曰豆，四豆曰区，四区曰鬴"，得到鬴的容积是六斗四升，即 1 鬴 = 4 区 = 16 豆 = 64 升 = 6 斗 4 升（1 斗 = 10 升）。然后，郑玄又按照鬴的形制是一个边长为 1 尺的正方体（即"方尺"），得其体积为 1000（立方）寸（即"积千寸"）。⑤ 郑氏按"粟米法"计算，把 1000 寸的体积转换成容积后，与 6 斗 4 升比较，发现其量值少 $2\frac{22}{81}$ 升。故认为鬴一定是比一尺之方更大的方（即"此言大方耳"）；而所谓"圜其外"，则指的是这个方的唇。在郑注的基础上，唐贾公彦《周礼注疏》给出了此段的计算细节。⑥

《仪礼·丧服》曰："饮粥，朝一溢米，夕一溢米。"⑦这是讲在丧礼中一个人每天早晚只能各饮一溢米的粥。郑玄《仪礼》注："二十两曰溢，为米一升

---

① 古语中"圜"与"圆"不同。按许慎《说文解字》："圜，天体也"，又云"圆，圜全也。"清人段玉裁注："圜，环也。"（［汉］许慎、［清］段玉裁注：《说文解字注》，第 277 页。）这就是说圜的本意是天体，在指几何物体时具有圆与环的双重意义，而圆仅指一种理想的形状。因此，当今学界一般不把圜字简化为圆，如"圜丘""圜道""圜钱"等名词，以及明清之际《圜容较义》《圜解》等数学著作皆保持圜字原样。故本书在引用原文时，凡出现"圜"字皆保持原样，在论述时则按文意及今人习惯写作"圆"字。
② ［汉］郑玄注，［唐］贾公彦疏：《周礼注疏》，［清］阮元校刻：《十三经注疏》，第 971 页。
③ 历来学者对鬴的形制有诸多争论。王莽铜斛于 20 世纪被发现以后，学术界基本认同鬴与王莽铜斛的形制一致，即为圆柱形，而方尺用来描述外接圆的大小，参见关增建：《祖冲之对计量科学的贡献》，《自然辩证法通讯》2004 年第 1 期。此问题尚未解决，本书不展开讨论。
④ ［汉］郑玄注，［唐］贾公彦疏：《周礼注疏》，［清］阮元校刻：《十三经注疏》，第 971 页。
⑤ 郑玄此处对于体积的表达方式是中国古代常用的，即用长度表示体积，意指一个长方体，其一面为单位面积，则其长度就代表其体积。这一方式同样也可以表示面积，意指一个长方形，其宽为单位长度，则其长度就代表其面积。李继闵、王荣彬对此有精到的论述，参见王荣彬、李继闵：《中国古代面积、体积度量制度考》，《汉学研究》1995 年第 2 期。杨涤非、邹大海近来发现军事活动中有另一种体积和容积的计量方式，参见杨涤非、邹大海：《关于中国古代体积与容积计量方式的新发现》，《自然科学史研究》2014 年第 3 期。笔者的研究则说明用该种方式表面积和体积时的单位长度和单位面积之单位取决于上下文（即我们只能根据文本语境来确定单位是 1 尺还是 1 寸）。
⑥ 对此处贾公彦算法的分析，见本书第五章第一节。
⑦ ［汉］郑玄注，［唐］贾公彦疏：《仪礼注疏》，［清］阮元校刻：《十三经注疏》，第 1097 页。

二十四分升之一。"①郑氏又注《礼记·丧大记》云:"二十两曰溢,于粟米之法,为米一升二十四分升之一。"②两处郑注均认为溢是重量单位,1 溢 = 20 两,按"粟米之法"相当于容积 $1\frac{1}{24}$ 升。③ 在郑注的基础上,北周甄鸾撰、唐初李淳风(602—670)④等注释《五经算术》、唐初孔颖达(574—648)⑤编撰《礼记正义》《春秋左传正义》、贾公彦作《周礼注疏》对这两处的计算细节都有探讨。⑥ 今本《九章算术》卷二"粟米"是各种谷物之间的换算,卷五"商功"之"委粟术"中则有体积与容积之转换。⑦ 因此,郑玄引"粟米法"注《周礼》《礼记》处理体积、重量与容积的换算问题,是将数学引入经学研究。

郑玄注经往往仅给出算法的大概,而没有计算的细节。例如《周礼·考工记》云:"参分弓长,以其一为之尊"。⑧ 这是讲战车的伞弓分成三等分,其向下折的高度等于一分。郑注:"尊,高也。六尺之弓,上近部平者二尺,爪末下于部二尺。二尺为句,四尺为弦,求其股。股十二。除之,面三尺几半也。"⑨郑玄指出六尺之弓,其折下须为二尺,于是形成斜边为 4 尺、一直角边为 2 尺的直角三角形(见图 2.1)。利用勾股定理,开方除之(即"除之"⑩),得股(的平方)为 12(平方)尺,股长度接近 3 尺半(即"面三尺几半")。《九章算术》卷九"勾股"曰:"今有弦五尺,句三尺,问为股几何。答曰:四尺。句股

① [汉]郑玄注,[唐]贾公彦疏:《仪礼注疏》,[清]阮元校刻:《十三经注疏》,第 1097 页。
② [汉]郑玄注,[唐]孔颖达等疏:《礼记正义》,[清]阮元校刻:《十三经注疏》,第 1576 页。
③ 郑玄断定溢为重量单位可能是不正确的。根据今人的研究,溢在先秦有时为重量单位,有时为容量单位。见丘光明、邱隆、杨平:《中国科学技术史:度量衡卷》,北京:科学出版社,2001 年,第 34—35、139—142 页。
④ 《旧唐书》卷七九《李淳风传》云:"咸亨初,官名复旧,还为太史令,年六十九卒",反推之得李氏生卒年。([后晋]刘昫等:《旧唐书》,北京:中华书局,1975 年,第 2719 页。)
⑤ 据《旧唐书》卷七三《孔颖达传》,孔氏逝世于贞观二十二年(648)。([后晋]刘昫等:《旧唐书》,第 2603 页。)同时,据于志宁碑文知孔氏享年 75 岁。([清]王昶:《金石萃编》卷四七,清嘉庆十年刻同治钱宝传等修补本。由此得知其生卒年。)
⑥ 对此处诸家算法的分析,见本书第五章第二节。
⑦ 《九章算术》卷二"粟米",讲的是各种谷物交换时的比率;卷五"商功"之"委粟术"云"其米一斛积一尺六寸五分寸之一",相当于给出了 1 斛(米)=1.62(立方)寸的换算关系。
⑧ [汉]郑玄注,[唐]贾公彦疏:《周礼注疏》,[清]阮元校刻:《十三经注疏》,第 910 页。
⑨ 同上。
⑩ 在中国古代数学中,开方被认为是除法的一种,因此常有"开方除之"或"除之"来指开方。

术曰：……又，句自乘，以减股自乘，其余，开方除之，即股。"①可见，郑玄的算法与《九章算术》勾股术一致，而且同样没有给出开方运算的细节。贾公彦在此基础上给出了不同于《九章算术》筹算开方术的几何开方算法，甄鸾撰、李淳风等注释之《五经算术》则解之于筹算开方术。②

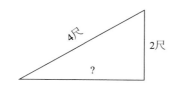

图 2.1　郑玄"参分弓长，以其一为之尊"

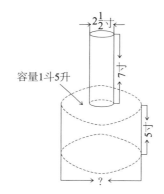

图 2.2　《礼记·投壶》"壶颈修七寸，腹修五寸，口径二寸半，容斗五升"

又《礼记·投壶》云："壶颈修七寸，腹修五寸，口径二寸半，容斗五升……"③这即是说壶的形状分成上下两个圆柱体：上部分壶颈高 7 寸，直径 2.5 寸；下部分壶腹高 5 寸，容积 1 斗 5 升（见图 2.2）。《礼记》经文没有直接给出壶腹的直径。故郑玄注云："修，长也。腹容斗五升，三分益一，则为二

---

① 郭书春汇校：《汇校〈九章筭术〉》（增补版），第 409—410 页。
② 对于此例各家算法的分析，见本书第五章第一、三节。
③ ［汉］郑玄注，［唐］孔颖达等疏：《礼记正义》，［清］阮元校刻：《十三经注疏》，第 1666 页。《大戴礼记》则云："壶脰修七寸，口径二寸半，壶高尺二寸，受斗五升，壶腹修五寸。"数值与《礼记》一致，参见［清］王聘珍撰，王文锦点校：《大戴礼记解诂》，北京：中华书局，1983 年，第 244 页。

斗,得圜囷之象,积三百二十四寸也。以腹修五寸约之,所得。求其圜周,圜周二尺七寸有奇。是为腹颈九寸有余也……"①郑氏通过计算得出壶腹的直径是 9 寸有余,其计算过程大致是:先把壶腹的容积 1 斗 5 升增加 1/3(即"三分益一"),得到 2 斗,对应于 324(立方)寸的体积。而后以腹高 5 寸除之,利用计算可得腹底圆周长 2 尺 7 寸有奇,进而求得其直径。此处郑玄同样未述计算的细节。② 甄鸾撰、李淳风等注释《五经算术》、孔颖达等《礼记正义》、宋儒朱熹以及清儒等均续有讨论。

郑玄有时给出计算的结果,而不给出过程。《仪礼·丧服》云:"传曰:斩者何? 不缉也。苴绖者,麻之有蕡者也。苴绖大搹,左本在下。去五分一以为带。齐衰之绖,斩衰之带也,去五分一以为带。大功之绖,齐衰之带也,去五分一以为带。小功之绖,大功之带也,去五分一以为带。缌麻之绖,小功之带也,去五分一以为带。"③斩衰、齐衰、大功、小功和缌麻是丧礼五服依次递降的等级名称。绖指头带(称为"首绖")或腰带(称为"要绖")。宋杨复《仪礼图》与清张惠言《仪礼图》所载可为参考(见图2.3、图2.4)。带即是绞带、绳带,用来束衣服。④ 由此,经文给出五服绖带(断面周长)的换算关系。⑤ 即相当于:

$$斩衰之绖 - \frac{1}{5}斩衰之绖 = 斩衰之带 = 齐衰之绖$$

$$齐衰之绖 - \frac{1}{5}齐衰之绖 = 齐衰之带 = 大功之绖$$

---

① [汉]郑玄注,[唐]孔颖达等疏:《礼记正义》,[清]阮元校刻:《十三经注疏》,第 1666 页。

② 见本书第五章第二、三节,第六章第一节,第九章第三节。

③ [汉]郑玄注,[唐]贾公彦疏:《仪礼注疏》,[清]阮元校刻:《十三经注疏》,第 1097 页。

④ 《仪礼·丧服》:"绞带者,绳带也。"郑注:"绞带象革带,齐衰以下用布。"[汉]郑玄注,[唐]贾公彦疏:《仪礼注疏》,[清]阮元校刻:《十三经注疏》,第 1096—1097 页。

⑤ 《仪礼》经文并未指出此绖带长度具体所指。笔者与学界朋友交流后,大致得到两种看法。一种认为指丧服经带上绳缨的长度。但是,"绳缨"是专名,此处并未出现,而且,绞带是不带绳缨的。因此,此看法不可取。另一种看法认为是丧服绖带断面之周长。按郑玄注、贾公彦疏,斩衰之绖九寸,约为 20.79 厘米(取汉代 1 寸 = 2.31 厘米),则其半径约为 3.31 厘米(取 $\pi = 3.14, 2\pi R = 20.79$)。作为丧服的最高等级,这一尺度是可行的。故笔者同意这一观点。

$$大功之经-\frac{1}{5}大功之经=大功之带=小功之经$$

$$小功之经-\frac{1}{5}小功之经=小功之带=缌麻之经$$

$$缌麻之经-\frac{1}{5}缌麻之经=缌麻之带$$

郑注《仪礼》："盈手曰搹,搹,扼也。中人之扼,围九寸。以五分一以为杀者,象五服之数也……"[1]又注《礼记》："(齐衰)经之大俱七寸五分寸之一,(齐衰)带五寸二十五分寸之十九。(大功)经之大俱五寸二十五分寸之十九,(大功)带四寸百二十五分寸之七十六。"[2]由此,郑玄给出了斩衰、齐衰、大功、小功经带的四个数值,但未给算法。贾公彦、孔颖达等注疏均给出具体算法。[3]又郑注《仪礼·丧服》"饮粥,朝一溢米,夕一溢米"云:"二十两曰溢,为米一升二十四分升之一。"注《礼记·丧大记》同段文字则指出"粟米之法",但这两处都没有给出细节。

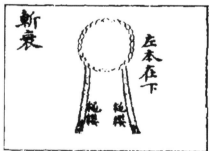

图 2.3 杨复《仪礼图》

(图片来源:[宋]杨复:《仪礼图》,载《景印文渊阁四库全书》第 104 册,
台北:台湾商务印书馆,1986 年,第 199 页。)

---

① [汉]郑玄注,[唐]贾公彦疏:《仪礼注疏》,[清]阮元校刻:《十三经注疏》,第 1097 页。
② [汉]郑玄注,[唐]孔颖达等疏:《礼记正义》,[清]阮元校刻:《十三经注疏》,第 1499 页。
③ 见本书第五章第二节。

图 2.4　张惠言《仪礼图》

（图片来源：[清]张惠言：《仪礼图》，载《续修四库全书》第 90 册，

上海：上海古籍出版社，2001 年，第 133 页。）

郑玄注纬书也用到数学。《周易乾凿度》卷下云：“置一岁积日，法二十九日八十一分日四十二①，除之得一。命日月得积十二月与十九分月之七，一岁。”②这是讲《太初历》回归年长度 $365\frac{385}{1539}$ 日，除以每月 $29\frac{43}{81}$ 日，得到每年 $12\frac{7}{19}$ 个月。郑注：“置一岁积日为实，其法必通分乃成。则实亦常通。二通六，三三。以千五百三十九日，计下分三百八十五。始必通，是则以十九得，乃除之，去约多余，则一岁积月分定矣。”③郑氏先指出分数除法要通分，继而求得 $1539 \div 81 = 19$，于是 $365\frac{385}{1539} \div 29\frac{43}{81} = \frac{365 \times 1539 + 385}{1539} \div$

$\frac{29 \times 81 + 43}{81} = \frac{562120 \div 2392}{1539 \div 81} = \frac{235}{19} = 12\frac{7}{19}$。郑氏续云“此为计下分门时作法耳。计下分以四十一为中，其求一岁积月及以分，直以此计岁，除积日月亦

---

① 　根据计算，“四十二”应为“四十三”。

② 　[汉]郑玄注：《周易乾凿度》，载《景印文渊阁四库全书》第 53 册，台北：台湾商务印书馆，1986 年，第 877 页。

③ 　清人张惠言《易纬略义》(1920)引各家说法，认为此处文字多有脱衍。笔者此处仅引本文，对脱衍等问题不作讨论。

自得之"①指出这是历法中的计算方法。郑玄又云:"今计已多积候。古会稽尉刘洪乾象法已为五百八十九分之日百四十五,而天度有外内,日月从黄道外,则即计下分从内则下,使外内门狭歧,使之然。术家作纯,数家作数,从时而见,故言之者无常,其实一也。此一彼唯圣人能正之也矣。"②刘洪作《乾象历》,其回归年长度确为 $365\frac{145}{589}$ 日。郑氏云"术家作纯,数家作数",认识到历法家是讨论天体运行的理论,而算学家则提供不同的数据。由此可见,郑玄确实通《九章算术》,通《太初历》《乾象历》等历法。

郑玄引《九章算术》以注经之目的是以数学来消除各经典或版本之间的差异,从而统一经义。郑玄注《周礼·考工记》"㮚氏为量",云"四升曰豆,四豆曰区,四区曰鬴,鬴六斗四升也。鬴十则钟……",得出"于今粟米法,少二升八十一分升之二十二"。贾公彦指出"四升曰豆,四豆曰区,四区曰鬴,鬴六斗四升也。鬴十则钟"引自《春秋左氏传》。因此,郑玄发现《左氏传》与《周礼》对㮚氏量的记载有差异,并试图以《九章算术》粟米法的计算来调和两者。《周礼·考工记》又云:"軓前十尺,而策半之。"③这是说战车挡板(称之为"軓")前的有 10 尺,而马鞭有 5 尺。郑注:"谓輈軓以前之长也。策,御者之策也。十,或作七。合七为弦,四尺七寸为钩,以求其股。股则短也,七非也。"④按《周礼》,马分三种:国马高 8 尺,田马高 7 尺,驽马高 6 尺;又国马之輈深 4 尺 7 寸,田马之輈深 4 尺,驽马之輈深 3 尺 3 寸。⑤ 郑玄发现《考工记》另一版本中是"軓前七尺",并通过勾股术的计算发现,如果"軓前七尺",则该尺寸不足以容纳最小的马(即长度小于 6 尺,见图 2.5、图 2.6),因此"十"是正确的,"七"是错误的。《后汉书·郑玄传》载郑玄晚年写给其子的书信

---

① 〔汉〕郑玄注:《周易乾凿度》,载《景印文渊阁四库全书》第 53 册,第 877 页。
② 同上。
③ "軓"原作"轨",按阮元校勘统改作"軓"。阮氏校云:"闽、监本同,误也。唐石经、余本、嘉靖本、毛本'轨'作'軓',注疏及下'不至軓'同,当据正。《释文》曰:'軓前,刘音犯,注同'。"(〔汉〕郑玄注,〔唐〕贾公彦疏:《周礼注疏》,〔清〕阮元校刻:《十三经注疏》,第 919 页。)
④ 〔汉〕郑玄注,〔唐〕贾公彦疏:《周礼注疏》,〔清〕阮元校刻:《十三经注疏》,第 913 页。
⑤ 同上。

云:"念述先圣之元意,思整百家之不齐,亦庶几以竭吾才,故闻命罔徒。"①由是可知,统一各家经义,恢复圣人的原意,是郑玄的抱负,而数学是实现其抱负的有力工具。

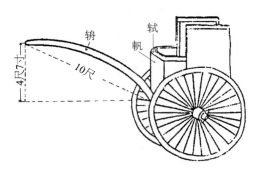

图 2.5　《周礼·考工记》"軓前十尺,而策半之"
（图片来源:[清]戴震:《考工记图》,戴震研究会等编纂:《戴震全集》第 2 册,
北京:清华大学出版社,1992 年,第 734 页,其中虚线及文字标识为自制。）

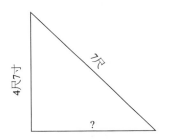

图 2.6　郑玄"合七为弦,四尺七寸为钩,以求其股"

从经学史的角度看,汉末经学章句繁多,令读书人无所适用。郑玄博览群经,兼习众说,融合古今文说,完成经学的统一。② 马融就曾以数学注经。③郑玄早年曾在其门下,三年不得见。"会融集诸生考论图纬,闻玄善算,乃召见于楼上。玄因从质诸疑义,问毕辞归。"④相比马融,郑玄更加重视数学的

---

① [南朝宋]范晔:《后汉书》,第 1209 页。
② 叶纯芳:《中国经学史大纲》,第 160—161 页。
③ 见本书第三章对于诸家注解《论语》"道千乘之国"的分析。
④ [南朝宋]范晔:《后汉书》,第 1207 页。

作用,并大量使用《九章算术》及其"粟米法""句股术"等算法注经,完成经学的统一。

二、郑玄以《九章算术》注经的历史语境

皮锡瑞(1850—1908)《经学历史》云:"郑君博学多师,今古文道通为一,见当时两家相攻击,意欲参合其学,自成一家之言,虽以古学为宗,亦兼采今学以附益其义。学者苦其时家法繁杂,见郑君广通博大,无所不包,众论翕然归之,不复舍此趋彼。于是郑《易注》行,而施、孟、梁丘、京之《易》不行矣;郑《书注》行,而欧阳、大小夏侯之《书》不行矣;郑《诗笺》行,而鲁、齐、韩之《诗》不行矣;郑《礼注》行,而大小戴之《礼》不行矣;郑《论语注》行,而齐、鲁《论语》不行矣。"①因之,我们要问:其他学者信服郑注是否与其把数学或《九章算术》作为注经工具之一有关呢?

事实上,这确与东汉晚期《九章算术》的法定权威地位有关。光和大司农铜斛铭文曰:"大司农以戊寅诏书,秋分之日,同度量,均衡石,捔斗桶,正权概,特更为诸州作铜斗、斛、称、尺。依黄钟律历,《九章算术》,以均长短、轻重、大小,用齐七政,令海内都同。光和二年闰月廿三日,大司农曹祾,丞淳于宫,右仓曹掾朱音,史韩鸿造。"②另外两个光和二年的铜斛和一个同年的铜权上也有类似的铭文。③ 这是现有文献中最早出现《九章算术》的地方。"光和"为汉灵帝年号,二年为179年,正是郑玄注经之时。④ 这些铭文说明其时《九章算术》已经被官方奉为经典,并与黄钟律历同为校正度量衡的重要工具。在此背景之下,郑玄用《九章算术》来考订或融合不同经典中的长度、体

① ［清］皮锡瑞:《经学历史》,北京:中华书局,1959 年,第 149 页。

② 国家计量总局主编:《中国古代度量衡图集》,北京:文物出版社,1981 年,第 97 页。

③ 高大伦、张懋镕:《汉光和斛、权的研究》,《西北大学学报(社会科学版)》1983 年第 4 期。该文推测曹祾即《后汉书》所载"太仆曹陵",光和元年(178)为太仆,二年改任大司农。

④ 从熹平元年(172)至光和六年(183),郑玄隐修经业,杜门不出,与何休论难《公羊》,注"三礼"。参见叶纯芳:《中国经学史大纲》,第 164 页。

积、容积、重量等数据就有了官方背书的合法性和权威性。

大司农斛、权铭文把数学放在重要位置的想法,实际来自于刘歆(前50—23)。班固(32—92)《汉书·律历志》(以下简称为《汉志》)引刘歆给王莽的奏疏云:"一曰备数,二曰和声,三曰审度,四曰嘉量,五曰权衡。参五以变,错综其数,稽之于古今,效之于气物,和之于心耳,考之于经传,咸得其实,靡不协同。"①即刘氏之"律"包括"备数"(关于数学)、"和声"(关于音律)、"审度"(关于长度)、"嘉量"(关于容积)、"权衡"(关于重量)五部分内容,"备数"居首,可以"稽之于古今"、"考之于经传"。

《汉志》云:

> 数者,一、十、百、千、万也,所以算数事物,顺性命之理也。《书》曰:"先其算命。"本起于黄钟之数,始于一而三之,三三积之,历十二辰之数,十有七万七千一百四十七,而五数备矣。其算法用竹,径一分,长六寸,二百七十一枚而成六觚,为一握。径象乾律黄钟之一,而长象坤吕林钟之长,其数以《易》大衍之数五十,其用四十九,成阳六爻,得周流六虚之象也。夫推历生律制器,规圜矩方,权重衡平,准绳嘉量,探赜索隐,钩深致远,莫不用焉。度长短不失毫氂,量多少不失圭撮,权轻重不失黍絫。纪于一,协于十,长于百,大于千,衍于万,其法在《算术》。宣于天下,小学是则。职在太史,羲和掌之。②

"一、十、百、千、万"为定位字。即刘歆认为"数"是人类用来规范宇宙万物(包括人)的一种普遍存在,并以此为基础将五声、度量衡、三统三正和历数关联起来,宇宙由此变成一个以"数"作联系和规范的系统。③ "本起于黄

---

① [汉]班固:《汉书》,北京:中华书局,1962 年,第 956 页。
② 同上书,第 956—957 页。
③ 丁四新:《"数"的哲学观念与早期〈老子〉文本的经典化——兼论通行本〈老子〉分章的来源》,《中山大学学报(社会科学版)》2019 年第 3 期。

钟之数,始于一而三之,三三积之,历十二辰之数,十有七万七千一百四十七,而五数备矣。其算法用竹,径一分,长六寸,二百七十一枚而成六觚,为一握。"$3^{11}=177147$,即指出"数"起源于黄钟,而其计算的方法是依靠算筹,271根圆柱形算筹形成正六边形(见图 2.7)。"径象乾律黄钟之一,而长象坤吕林钟之长,其数以《易》大衍之数五十,其用四十九,成阳六爻,得周流六虚之象也。"这是把算筹赋予律吕和《周易》之含义。

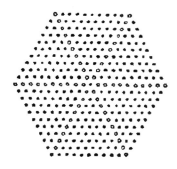

图 2.7　《汉书》"其算法用竹,径一分,长六寸,二百七十一枚而成六觚,为一握"
(图片来源:李俨:《筹算制度考》,载李俨:《中算史论丛》第 4 集,
北京:科学出版社,1955 年,第 4 页。)

《汉志》云"夫推历生律制器,规圜矩方,权重衡平,准绳嘉量,探赜索隐,钩深致远,莫不用焉。度长短不失毫氂,量多少不失圭撮,权轻重不失黍絫。"即刘氏强调"数"作用范围之广,音律、度量衡、历法皆可用之。又云"纪于一,协于十,长于百,大于千,衍于万,其法在《算术》。"以刘歆《七略》为基础的《汉书·艺文志》历谱类记有《许商算术》①《杜忠算术》。② 由此可知,"备数"是说当时已有以《算术》为名之书籍,载有关于记数的方法。③ 又云:"宣于天下,小学是则。职在太史,羲和掌之。"刘氏上奏之时即为羲和,这是强调

① 　许商为著名科学家,汉成帝时为大司农。参见吴文俊主编:《中国数学史大系》第 2 卷,北京:北京师范大学出版社,1998 年,第 13—14 页。
② 　[汉]班固:《汉书》,第 1766 页。
③ 　学术界对于《九章算术》的成书年代存在争议,刘歆时期《九章算术》是否成书还不确定。因此,我们无法确定此处之《算术》是否指《九章算术》。

该官位的权力。《汉志》"嘉量"篇中,刘歆提出"用度数审其容"的原则,给出了王莽铜斛的形制与数据,并指出"职在太仓,大司农掌之"。[①] 学术界一般认为他使用了 3.1547 的圆周率数值来计算。[②] 总之,刘歆的论述建构了"数"在考订音律、度量衡、历法等方面的基础作用,并指出关于数的计算方法载于《算术》。光和大司农斛、权铭文确立了这一思想与《九章算术》的权威地位。郑玄以数学或《九章算术》注经来调和各经之间的差别,也是刘歆思想与做法的延续。

值得注意的是,《汉书·律历志》提出算筹"长六寸"。东汉经学家许慎(约 58—147)《说文解字》则云:"筭,长六寸。计历数者。从竹从弄,言常弄乃不误也。"[③]显然继承了《汉志》的说法。《汉志》云"其算法用竹"与"其法在《算术》",说明"算法"是具体的计算方法,"算术"是具有普遍性的"术",两者是特殊与一般的关系。郑玄延续了这一认识。许慎撰《五经异义》,郑玄驳之,撰《驳五经异议》,也用到数学。例如许氏云:"异义:《公羊》说:殷三千诸侯,周千八百诸侯。古《春秋左氏传》说:禹会诸侯于涂山,执玉帛者万国。唐虞之地万里,容百里地万国,其侯伯七十里,子男五十里余,为天子间田。"[④]郑氏驳曰:"诸侯多少,异世不同。万国者,谓唐虞之制也。武王伐纣三分有二八百诸侯,则殷末诸侯千二百也。至周公制礼之后,准《王制》千七百七十三国,而言周千八百者,举其全数。"[⑤]这即是许慎认为《春秋公羊传》与《春秋左氏传》关于诸侯的数量有矛盾。郑玄则认为这些只是"举其全数",即取整数而言,从而调和了两家说法。许慎认为《公羊》与《左氏》关于闰月的问题有差别,云"《公羊》说每月告朔朝庙,至于闰月不可以朝者,闰月残聚余分之月无政,故不可以朝。经书闰月犹朝庙,讥之。《左氏》说闰以政

---

①　[汉]班固:《汉书》,第 967—968 页。
②　丘光明、邱隆、杨平:《中国科学技术史·度量衡卷》,第 216—230 页。
③　[汉]许慎,[清]段玉裁注:《说文解字注》,第 198 页。
④　[清]皮锡瑞:《驳五经异议疏正》,《续修四库全书》第 171 册,上海:上海古籍出版社,2002年,第 206 页。
⑤　同上。

时,时以作事,事以厚生,生民之道。于是乎在不告朔弃时政也。"郑玄以《尚书·尧典》"以闰月定四时成岁"驳之。并云:"今废其大、存其细,是以加犹讥之。"①由此可见,尽管同样认识到各经之间的不同,与许慎相比,郑玄更擅长用数学、历法等来调和它们。

总之,与郑众、许慎、马融等学者相比,郑玄更擅长以数学、历法或《九章算术》来注经、融合统一古今文说。与刘洪、徐岳、赵爽等历算家相比,郑玄引《九章算术》以注经实际打破了《九章算术》"问、答、术"的体例,提供了新的发展数学的数学文本语境(即隐题)。② 刘歆提出数学是音律、度量衡和历法基础的思想,光和二年大司农铜斛、铜权铭文则确立了这一思想与《九章算术》的官方权威地位,郑玄大量引《九章算术》与官方立场契合。在学术与政治的历史语境之下,郑玄以数学注经获得了双重的合法性,并最终为经学家们所接受。

三、郑玄以数学注经的历史影响

从经学史的角度看,郑玄遍注群经完成了经学的统一,对后世影响极大。其实,从数学史的角度来说,郑玄以数学注经的做法,亦对后世影响极大。

郑玄引郑众说注九数,暗示《九章算术》来自《周礼》九数。既是对中国数学起源的一种建构,又形塑了数学是礼或经学一部分的观念。一方面,刘徽注《九章算术》明确提出"周公制礼而有九数,九数之流,则《九章》是

---

① 〔清〕皮锡瑞:《驳五经异议疏正》,《续修四库全书》第 171 册,第 198 页。
② 清代阮元有《畴人传》一书,《后汉二》一卷有:刘洪、蔡邕、何休、郑玄、徐岳、郑萌、赵爽。阮氏论郑玄云"康成括囊大典,网罗众家,为千古儒宗,于天文数术,尤究极微眇。如笺《毛诗》,据《九章》粟米之率;注《易纬》,用《乾象》斗分之数。盖其学有本,东京诸儒,皆不逮也。"(〔清〕阮元、罗士琳、华世芳、诸可宝、黄钟骏等撰,冯立升、邓亮、张俊峰校注:《畴人传合编校注》,郑州:中州古籍出版社,2012 年,第 61 页。)关于对郑玄创造数学隐题的分析,参见 Zhu Yiwen, "How do We Understand Mathematical Practices in Non-mathematical Fields? Reflections Inspired by Cases from 12th and 13th Century China", *Historia Mathematica*, Vol. 52, 2020。

矣"①,认同了郑氏的说法。宋代《算学源流》谈到中国数学的起源,首先引李淳风《晋书·律历志》"黄帝使隶首作算"的说法,继而引《汉书·律历志》所载刘歆奏疏,之后便引《周礼》"九数"之郑玄注。② 另一方面,甄鸾撰《五经算术》以传统算学解答儒家经典中的数学问题,李淳风等为之注释并立于唐朝学官,两家都试图延续郑玄引《九章算术》注经的做法。宋代大儒朱熹(1130—1200)虽然前期倾向于把数学排除在理学体系之外,但晚年还是将数学纳入其编撰的《仪礼经传通解》。③ 明清之际,学者们对于中国数学起源和数学与儒学关系的探讨,仍然受到郑玄的影响。④

　　郑玄注经往往只给出算法的大概或者计算结果,而没有计算细节,这给后世学者提供了发展数学的文本语境。唐初编撰《五经正义》,郑玄注被选为《毛诗》《周礼》《仪礼》《礼记》等经的标准注解。孔颖达、贾公彦等在郑注基础上进行注疏,在其未给出计算细节之处,补充了大量数学实作,却与《九章算术》《五经算术》不尽相同,由此形成了经学研究中独特的算法传统。该传统受魏晋玄风之影响,其兴起不晚于皇侃(488—545)之《论语义疏》。⑤ 其不使用算筹、以文字推理的特点,则与郑玄而下之儒家重经典、轻器物的知识传授方式有关。由此导致的结果偏离了郑玄引《九章算术》入经学的初衷——儒家算法为经学的一部分,而以《九章算术》为代表的传统算学则是相对独立的领域。朱熹前期对经算传统有所轻视,但是晚年却对之有所发展。明清之际,该算法传统续有发展。

　　郑玄以数学融合、统一经义的做法也被后世学者接受。包咸(前7—65)与马融注《论语》"道千乘之国"各有不同,包氏依《礼记·王制》《孟子》,马

① 郭书春汇校:《汇校〈九章算术〉》(增补版),第177页。
② 郭书春主编:《中国科学技术典籍通汇:数学卷》第1册,郑州:河南教育出版社,1993年,第427页。
③ 见本书第六章第一节。
④ 见本书第八章。
⑤ 见本书第三章第二节。

氏则依《周礼》。何晏两存之。皇侃则以儒家开方算法来解释两者差别。①
朱熹不同意郑玄注《礼记·投壶》"三分益一则为二斗"的做法,也以算法释
之。② 明清之际大儒黄宗羲(1610—1695)继续了这一讨论。③ 清中叶孔广森
(1751—1786)、焦循(1763—1820),清末黄以周(1828—1899)、刘岳云
(1849—1917)等对此亦续有讨论。④

　　综上所述,在东汉末年经学章句繁多,刘歆提出的数学是一种以音律、度
量衡、历法为基础的思想。在《九章算术》被确立为校订度量衡权威之背景
下,为了统一经学、融合古今文说,比他人更擅长《九章算术》与历法的郑玄,
采取了以数学注经的做法,期望《九章算术》成为礼学或经学的一部分。然
而,郑玄经注往往只叙梗概,或径行只示结果而不示计算细节。因此,后世儒
家(皇侃、孔颖达、贾公彦等)利用郑氏语焉不详之处,在魏晋玄风与轻器重
经的儒学传统之下,发展出与传统数学相对独立的、不使用算筹、以文字推理
的算法传统。后世算家(甄鸾、李淳风等)虽力图以传统算学注经、统一两种
算法传统,但未获成功。南宋大儒朱熹早年将两种算法传统排除在其理学之
外,晚年则将两者一道纳入其礼学之内,导致明清学者对待算学与儒学的多
种不同态度与做法。因此,虽然郑玄以数学注经的做法对后世影响极大,但
是这一影响的结果却偏离了郑玄引《九章算术》入经学之初衷。

---

① 见本书第三章第二节。
② 见本书第六章第一节。
③ 见本书第八章第二节。
④ 见本书第九章第三节。

第三章
南北朝数学的分途与合流

南北朝上承两汉魏晋、下启隋唐,是中国数学发展的重要时期。唐显庆元年(656),李淳风等编订的十部算经(后世称为《算经十书》)中,除了汉代的《周髀算经》《九章算术》,魏刘徽所作的《海岛算经》,唐王孝通所撰《缉古算经》外,剩余的六部都完成于这一时期。这六部算书是《缀术》《孙子算经》《夏侯阳算经》《张丘建算经》《五曹算经》《五经算术》,其中祖冲之的《缀术》源于南朝,其他五部源于北朝。因此,尽管分期略有差异,学术界普遍认为三国至隋代中国传统数学获得了高度发展,[①]最终形成了以十部算经为代表的理论体系。[②]

不过,尽管我们对于汉唐数学已有相当程度的了解,但是对其背后的历史动因并不十分清楚。换言之,对于中国传统数学理论的形成过程,尤其是南北朝时期的数学发展,仍有研究空间。[③] 另外,学术界普遍认为作为中国传统学术显学的经学在南北朝时期出现了分野,[④]初唐颜师古(581—645)校

---

① Joseph Needham, *Science and Civilization in China, Volume 3: Mathematics and the Sciences of the Heavens and the Earth*, New York: Cambridge University Press, 1959, pp. 33-38; Jean-Claude Martzloff, *A History of Mathematics*, Berlin: Springer-Verlag, 2006, pp. 14-15;纪志刚:《南北朝隋唐数学》,石家庄:河北科学技术出版社,2000 年,第 3—5 页。

② 李俨:《中国算学史》,上海:商务印书馆,1937 年;钱宝琮主编:《中国数学史》,北京:科学出版社,1964 年;李迪:《中国数学通史·上古到五代卷》,南京:江苏教育出版社,1997 年;郭书春主编:《中国科学技术史·数学卷》。

③ 陈巍认为《五曹算经》"田曹"卷的田地面积算法与北魏土地制度的实际需求有关,继而研究了《五曹算经》成书的社会历史因素,参见陈巍、邹大海:《中古算书中的田地面积计算与土地制度——以〈五曹算经〉"田曹"卷为中心的考察》,《自然科学史研究》2009 年第 4 期。这是少数关于影响南北朝数学的社会历史因素的研究之一。

④ [清]皮锡瑞:《经学历史》,第 170—192 页;焦桂美:《南北朝经学史》,上海:上海古籍出版社,2010 年,第 173—187 页;叶纯芳:《中国经学史大纲》,第 188—200 页。

订《五经》①、孔颖达等编撰《五经正义》完成了经学的统一。② 那么,算学领域是否也出现了类似的从分野到统一的过程? 问题的复杂性在于:时人虽已观察到南北经学"所为章句,好尚互不相同"③,但是在算学领域似乎知识的一般性(generality)才是学者们共同持有的价值。④

与此同时,南北朝时期算学与经学的关系确实十分密切。周瀚光认为北周甄鸾所撰《五经算术》是辅助阅读儒家经典的工具书,⑤陈巍认为它是经学中的算学⑥。笔者近年来通过将《五经算术》与初唐儒家对于同样文献的注疏作对比,发现两者并不相同,因此该书既不是儒经的辅助作品,也不是经学中的算学。《五经算术》实际上折射出南北朝时期儒家算法传统(后世称为"经算")的兴起,它与以《九章算术》为代表的传统算学分庭抗礼,甄鸾撰写此书,以及李淳风等人对此书之注释是试图将传统算学应用于经学。⑦ 这些研究说明有必要从算学与经学关系的视角重新审视南北朝数学的发展,增进我们对于中国数学史和数学本质的理解,这也是本章的目的。

一、南北传统算学的分途与合流

南北算学确实有所差别,这一点前人已经观察到。例如,李迪认为"这个时期的数学家一方面学习和研究《九章算术》,并吸收其中许多内容;另一方面又打破《九章》格局,主要表现有二:其一不采用'方田'、'粟米'等'九数'

---

① 初唐《五经》指《毛诗》《尚书》《礼记》《周易》《春秋左传》五部儒家经典。
② 叶纯芳:《中国经学史大纲》,第237—247页。
③ [唐]李延寿:《北史》,北京:中华书局,1974年,第2709页。
④ 林力娜通过《九章算术》刘徽注论证了一般性(generality)在中国古代数学中是高于抽象性(abstraction)的认识论价值,参见 Karine Chemla," Generality above Abstraction: The General Expressed in Terms of the Paradigmatic in Mathematics in Ancient China", *Science in Context*, Vol. 16, 2003。这说明算学领域确实可能更看重一般性。
⑤ 周瀚光:《从〈算经十书〉看儒家文化对中国古代数学的影响》,《广西民族大学学报(自然科学版)》2015年第1期。
⑥ 陈巍:《〈五经算术〉的知识谱系初探》,《社会科学战线》2017年第10期。
⑦ 见本书第四、五章。

名称;其二是有些著作开头用一定篇幅介绍预备知识。"①他的论述实际是说南朝算学延续、发展了《九章算术》,而北朝算学则打破了《九章》的格局。郭书春则认为南朝算学"在魏晋数学的基础上继续发展","与之相对照的是,北朝出现了一批普及性著作",并认为"就抽象程度和理论水平而言",后者不如前者。② 纪志刚则"用《世说新语》对南学和北学的概括③,来总结南北两朝的数学特点,即:南朝数学清通简要,北朝数学渊综广博。"④这些论述基本是以算学的形式和抽象特点来作对比。笔者认为我们应该在算学与经学关系的脉络下来理解南北算学的差别。为此,本节先分析南北算学之差别,进而从与经学关系的角度来探究其原因,最后论述南北算学合流的过程。

(一)南朝传统算学之特色

南朝算学的代表人物是何承天(370—447)、祖冲之(429—500)及其子祖暅之(一说祖暅,456—536),三人生活的年代涵盖南朝宋(420—479)、齐(479—502)、梁(502—557)三朝。何承天最重要的工作是作《元嘉历》。⑤ 何氏的主要数学工作是创设调日法,并以该法来设置朔望月的奇零部分。北宋周琮(约 11 世纪)指出何氏创设了调日法。⑥ 南宋秦九韶(1208—1268)《数书九章》第 12 问"治历演纪"给出了该算法的计算细节。李继闵的系列文章对调日法有详尽的算理分析。⑦ 除此之外,唐李淳风所撰《隋书·天文志》云

① 李迪:《中国数学通史:上古到五代卷》,第 214 页。
② 郭书春主编:《中国科学技术史:数学卷》,第 171 页。
③ 《世说新语》云:"诸季野语孙安国云'北人学问,渊综广博。'孙答曰:'南人学问,清通简要。'支道林闻之曰:'圣贤固所忘言。自中人以还,北人看书,如显处视月。南人学问,如牖中窥日。'"([南朝宋]刘义庆撰,余嘉锡笺疏:《世说新语笺疏》,北京:中华书局,1983 年,第 216 页。)
④ 纪志刚:《南北朝隋唐数学》,第 3 页。
⑤ 陈美东:《中国科学技术史:天文学卷》,北京:科学出版社,2003 年,第 261—265 页。
⑥ 《宋史·律历志》载周琮《明天历》云:"宋世何承天更以四十九分之二十六为强率,十七分之九为弱率,于强弱之际以求日法。承天日法七百五十二,得十五强,一弱。自后治历者,莫不因承天法,累强弱之数,皆不悟日月有自然合会之数。"([元]脱脱等:《宋史》,北京:中华书局,1977 年,第 1686 页。)
⑦ 李继闵:《算法的源流——东方古典数学的特征》,北京:科学出版社,2007 年,第 212—288 页。

何氏"周天三百六十五度三百四分之七十五。天常西转,一日一夜,过周一度。南北二极,相去一百一十六度、三百四分度之六十五强。"[①]钱宝琮据此计算($365\frac{75}{304} \div \frac{22}{7} = \frac{365 \times 304 + 75}{304} \times \frac{7}{22} = 116\frac{65}{304}$ 强),认为何氏应使用了22/7 的圆周率数值。[②]

祖冲之也在天文、算学两方面都作出了贡献。他的《大明历》需要在确定日名、岁名、回归年和朔望月的条件下,求解上元积年,其中需要用到解同余方程组的方法。[③] 李淳风《隋书·律历志》"备数"节记载祖冲之"更开密法"得到圆周率在 3.1415926 至 3.1415927 之间,及 355/113 与 22/7 两个近似值。[④] 李氏并在"嘉量"节记载了祖冲之分别以算术和圆周率考订《周礼》桌氏量和王莽铜斛的事迹。[⑤] 关增建指出,古人研究圆周率,有两种传统:一种是为了解决天文学问题,张衡、王藩、皮延宗是代表;一种是为了解决计量问题,刘歆、刘徽、祖冲之是代表。[⑥] 李淳风注释《九章算术》、撰《隋书·律历志》确实都指出祖冲之的工作以刘徽为基础。不过,在刘徽之前还应有汉末大儒郑玄对古量器的讨论,刘徽是在郑玄《周礼》注的基础上讨论桌氏量的。[⑦] 笔者认为,从与经学关系的角度看,应有刘歆—郑玄—刘徽—祖冲之

---

① ［唐］魏徵、令狐德棻等:《隋书》,北京:中华书局,1973 年,第 512 页。
② 钱宝琮主编:《中国数学史》,第 87 页。同为李淳风撰写的《隋书·律历志》论述圆周率,提到刘歆、张衡、刘徽、王藩、皮延宗和祖冲之等人,参见［唐］魏徵、令狐德棻等:《隋书》,第 87 页。现今,除了皮延宗之外,其他人的圆周率数值都流传至今。因此,钱宝琮认为《隋书》"说有皮延宗而遗漏了何承天大概是错记的",参见钱宝琮主编:《中国数学史》,第 87 页。然而,两处文献同为李淳风所撰,记错的可能性非常小。事实上,李淳风注释《九章算术》圆田术、撰《隋书·律历志》都把 22/7 归功于祖冲之。因此皮延宗应该另有新率,而何承天可能对 22/7"用而不知"。
③ 曲安京:《中国历法与数学》,北京:科学出版社,2005 年,第 66—70 页。
④ ［唐］魏徵、令狐德棻等:《隋书》,第 387 页。
⑤ 原文分别有"祖冲之以算术考之"和"祖冲之以圆率考之"字样,参见［唐］魏徵、令狐德棻等:《隋书》,第 408—409 页。这两条与李淳风在"备数"条论述的关于率和圆周率的发展正好对应。因此,郭书春认为"祖冲之以算术考之"的"祖冲之"三字是衍文,参见郭书春:《刘徽与王莽铜斛》,《自然科学史研究》1988 年第 1 期。这一看法是不正确的,同为李淳风所撰《晋书·律历志》考察桌氏量的文字与《隋志》相同,但"以算术考之"前没有"祖冲之"三字,是因为根据李淳风的撰写原则,《晋志》中要尽量避免出现晋朝之后的人物名词。详见本书第四章的讨论。
⑥ 关增建:《祖冲之对计量科学的贡献》,《自然辩证法通讯》2004 年第 1 期。
⑦ 郭书春:《刘徽与先秦两汉学者》,《中国哲学史》1993 年第 2 期。

这一历史脉络。李淳风《隋书·律历志》还记载祖冲之"又设开差幂、开差立,兼以正圆参之。指要精密,算氏之最者也。所著之书,名为《缀术》,学官莫能究其深奥,是故废而不理"。[1]《缀术》是初唐被立于学官的十部算经之一,今已不存;开差幂和开差立大约与解方程相关,与圆周率一道是祖氏的数学成就。[2]《南齐书》云祖冲之"注《九章》、造《缀术》十篇"。[3] 祖冲之《九章注》今已不存,唯有李淳风注释《九章算术》保存了其子祖暅之在刘徽注基础上对开立圆术的推演。

综上所述,南朝的算学研究主要出现在以下三个领域中:第一,天文历算的不定问题;第二,量器尺寸的考订;第三,《九章算术》刘徽注所未尽之处(包含刘氏涉及的天文历算和量器尺寸的问题)。由于关系到历算,所以南朝算学很可能是在师徒、父子间内部传承。

(二)北朝前期算学之特色

北朝早期算学与三本数学著作关系密切:《孙子算经》《夏侯阳算经》《张丘建算经》。其中,《孙子算经》成书于公元 400 年前后。[4] 原本《夏侯阳算经》今已不存,今本《夏侯阳算经》乃唐中叶韩延所著,原书只有约 600 字被征引下来。[5]《张丘建算经》约成书于 431—450 年之间,[6] 书序署名"清河张丘建",故知为北朝数学著作。《张丘建算经》序云:"其夏侯阳之方仓,孙子之荡杯,此

---

① ［唐］魏徵、令狐德棻等:《隋书》,第 388 页。
② 郭书春据此认为初唐学官看不懂《缀术》,是故废而不理,参见郭书春主编:《中国科学技术史·数学卷》,第 194 页。这种看法是存在问题的,因为此条是李淳风记载的,而李氏同时也是唐代国子监算学馆的学官,教习包含《缀术》在内的十部算经。显然,李氏应该不会说自己看不懂《缀术》。实际上,李淳风这里应该是说隋朝算学馆的学官看不懂《缀术》,因此废而不理。这里的旁证是北周甄鸾撰注算书很多,但是唯独没有《缀术》。李淳风实际上是在暗示《缀术》在唐朝已经得到了很好的教学。李氏这一策略实际上和他将数学与王朝正统性相结合,从而论证数学之重要性的目标是一致的。详见本书第四章。
③ ［梁］萧子显:《南齐书》,北京:中华书局,1972 年,第 906 页。
④ 钱宝琮:《〈孙子算经〉提要》,载钱宝琮校点:《算经十书》,北京:中华书局,1963 年,第 275—277 页。
⑤ 钱宝琮:《〈夏侯阳算经〉提要》,载钱宝琮校点:《算经十书》,第 551—554 页。
⑥ 冯立升:《〈张邱建算经〉的成书年代问题》,载李迪主编:《数学史研究文集》第 1 辑,呼和浩特:内蒙古大学出版社/台北:九章出版社,1990 年,第 46—49 页。

等之术,皆未得其妙。"①可见,《夏侯阳算经》成书在《张丘建算经》之前,约在《孙子算经》前后。② 因此,尽管《孙子算经》《夏侯阳算经》朝代未定,但两书在撰写体例、预备知识、算学内容等方面与《张丘建算经》有明显的传承关系。

　　《孙子算经》卷上开篇依次给出度量衡制度、大数记法制度、"周三径一"、"方五邪七"以及黄金、白金等物质比重,接着给出"一纵十横"的算筹记数法以及筹算乘法和除法,之后给出谷物的换算率、分数便捷运算的口诀及两道筹算乘除的实例。③ 这些内容没有出现在《九章算术》中,被认为属于预备知识。④ 今本《夏侯阳算经》引"夏侯阳曰:夫算之法,约省为善。有分者通之……"⑤《张丘建算经》序云:"夫学算者,不患乘除之为难,而患通分之为难"⑥,开篇便是六道筹算分数乘除运算的实例。⑦ 很明显,该书认为《孙子算经》《夏侯阳算经》未讲清楚筹算分数算法(尤其是通分),故着力介绍之。同样,《九章算术》也没有给出分数运算的筹算操作细节,因此这些内容也被认为属于预备知识。事实上,筹算记数、整数和分数运算、度量衡制度等内容,与其说是预备知识,不如说是把原来《九章算术》未尽的地方写出来(《孙子算经》还给出了筹算开方的具体细节)——由此打破了算学在师徒或父子间传授的藩篱,使得北朝算学的传授模式与南朝不尽相同。

　　今本《孙子算经》《张丘建算经》都分为上、中、下三卷,而据文献记载,《夏侯阳算经》有三卷⑧或一卷⑨,都不同于《九章算术》的九卷编排。不过,

---

① ［北魏］张丘建:《张丘建算经》,《宋刻算经六种》,北京:文物出版社,1980 年,第 1b 页。
② 郭书春主编:《中国科学技术史·数学卷》,第 188 页。
③ ［北魏］孙子:《孙子算经》,《宋刻算经六种》,第 2a—6a 页。
④ 李迪:《中国数学通史:上古到五代卷》,1997 年,第 214 页。
⑤ ［唐］韩延:《夏侯阳算经》,《天禄琳琅丛书·第 1 集》第 17 册,北京:故宫博物院,1932 年,第 2a 页。
⑥ ［北魏］张丘建:《张丘建算经》,《宋刻算经六种》,第 1a 页。
⑦ 同上书,第 2a—5b 页。林力娜详尽分析了这六问的筹算操作及其反映出的文本语言特点,参见 Karine Chemla, "Describing Texts for Algorithms: How They Prescribe Operations and Integrate Cases. Reflections Based on Ancient Chinese Mathematical Source", in Karine Chemla & Jacques Virbel (eds.), *Texts, Textual Acts and the History of Science*, Switzerland: Springer, 2015, pp. 317-384。
⑧ ［后晋］刘昫等:《旧唐书》,第 2039 页。
⑨ ［宋］欧阳修、宋祁:《新唐书》,北京:中华书局,1975 年,第 1545 页。

《孙子算经》《张丘建算经》有不少算题属于《九章算术》范围或者直接取自《九章算术》。① 而且两书都扩展了新的算题，如《孙子算经》中的物不知数、孕妇生男生女问题，以及《张丘建算经》中的百鸡问题。因此，可以说北朝前期的这几部算书是在《九章算术》的基础上，扩充了新的算题语境。此外，值得注意的是，《孙子算经》序云："夫筹者，天地之经纬，群生之元首，五常之本末，阴阳之父母，星辰之建号，三光之表里，五行之准平，四时之终始，万物之祖宗，六艺之纲纪……"②这一论述十分夸张地表现出作者认为算学的应用无所不包的观点，实际展现了扩大算学应用范围的倾向。③

综上所述，我们可以发现，北朝前期相关的算学著作中的筹算基础知识、不定问题等主要是拓展《九章算术》未尽之处。这一做法使得这些算书成为习算者较好的数学课本。刘义庆（403—444）《世说新语》说"如筹算，虽无情，运之者有情。"④讲的是筹算虽无感情，但运筹者是有感情的。可以想见，旁观者仅凭筹算操作并不能完全感受到运筹者的情感。这很好地折射出南朝算学尤其是历算运筹的情况，运筹者情感的内在性对天算知识的私密性也是一种保护。《孙子算经》等数学著作试图将筹算过程写下来，正是希望将运筹者之情纸面化，也在实际上开启了筹算文本化的进程。⑤

（三）从经学史看南北算学差异之原因

颜之推（531—597）《颜氏家训》云："算术亦是六艺要事；自古儒士论天

---

① 纪志刚：《南北朝隋唐数学》，第 62—63、86—87 页。

② ［北魏］孙子：《孙子算经》，《宋刻算经六种》，第 1a 页。

③ 关于《孙子算经》序言所蕴含意义的详尽分析，参见纪志刚：《〈孙子算经序〉的数学哲理》，《科学技术与辩证法》1990 年第 1 期。

④ ［南朝宋］刘义庆撰，余嘉锡笺疏：《世说新语笺疏》，第 239 页。

⑤ 数学史家研究古代筹算制度的重要文献，一处是北朝《孙子算经》《张丘建算经》中的文字描述；另一处是宋代秦九韶《数书九章》，李冶《测圆海镜》《益古演段》，杨辉《田亩乘除比类捷法》中的算图。前者开启了筹算文本化的进程，后者使得中国传统数学取得了半文本化和符号化的成就。参见朱一文：《数：算与术——以九数之方程为例》，《汉学研究》2010 年第 4 期；朱一文：《数学的语言：算筹与文本——以天元术为例》，《九州学林》2010 年第 4 期；朱一文：《秦九韶对大衍术的筹图表达——基于〈数书九章〉赵琦美钞本（1616）的分析》，《自然科学史研究》2017 年第 2 期；Zhu Yiwen, "On Qin Jiushao's Writing System", *Archive for History of Exact Sciences*, Vol. 74(4), 2020。

道,定律历者,皆学通之。然可以兼明,不可以专业。江南此学殊少,唯范阳祖暅精之,位至南康太守。河北多晓此术。"①该书是颜氏晚年对其南北生活经验的总结。颜氏论述的南北算学人物,符合我们对南北算学的分析。隋初刘祐撰《九章杂算文》,②其书名即体现出北朝算学既继承了《九章算术》,又在此基础上扩展了算题语境的特点。

　　南北算学为何会形成这些差异?这个问题学术界讨论较少。通常的回答是南北分治导致算学传统不同,类似南宋算学与金元算学之差别。南北学术的差别也体现在经学、文学和史学中,③显示出政治地理分野的广泛影响。笔者认为这一说法固然不误,不过,从算学与经学关系的角度该议题还可以进一步讨论。《北史·儒林传》云:"南人约简,得其英华;北人深芜,穷其枝叶。"④叶纯芳认为这一说法"语义不详,且有重南轻北之嫌,近人多不以为然",⑤并认为南北经学之别是"南朝重魏晋经学、北朝重两汉经学"。⑥ 玄理化是魏晋经学的特色之一。叶氏以南朝唯一完整传世至今的经学著作——皇侃《论语义疏》为例,指出该书虽以何晏《论语集解》为基础,但玄风远在何书之上。叶氏又指出北学基本保持汉代经说的传统,较少受到玄学的影响。当然,南北经学的分野是相对的,而不是绝对的。与此相对,钱宝琮认为《九章算术》是东汉初年儒学的一部分。⑦ 笔者认为在汉代学术与政治的背景之下,郑玄引《九章算术》以注经,实际是力图使之成为经学的一部分。⑧ 郭书春论证了刘徽注《九章算术》受到郑玄注经的影响,⑨并且刘徽的数学析理还深受魏晋玄学辩难之风的影响,与当时何晏(?—249)、王弼(226—249)、嵇

①　[北齐]颜之推撰,王利器集解:《颜氏家训》,上海:上海古籍出版社,1980年,第524—525页。
②　[后晋]刘昫等:《旧唐书》,第2039页。
③　焦桂美:《南北朝经学史》,第17—44页。
④　[唐]李延寿:《北史》,第2709页。
⑤　叶纯芳:《中国经学史大纲》,第188页。
⑥　同上书,第188—190页。
⑦　钱宝琮:《〈九章算术〉及其刘徽注与哲学思想的关系》,载李俨、钱宝琮:《李俨钱宝琮科学史全集》第9卷,第685—695页。
⑧　详见本书第二章。
⑨　郭书春:《刘徽与先秦两汉学者》,《中国哲学史》1993年第2期。

康（224—263）的玄学析理相通。① 以此观之，南朝何承天与祖冲之、祖暅之
父子三人的算学研究是建立在《九章算术》刘徽注未尽之处上，并取得了
极大推进；与北朝早期相关的《孙子算经》《夏侯阳算经》《张丘建算经》则是
在《九章算术》之上，补充《九章算术》没有讲明的基础知识和新的算题。就
此而言，南北算学的相对分野可以说是"南朝算学重刘徽注，北朝算学重《九
章算术》"。这样恰与南北经学分野的情况一致，从侧面反映出南北学术的
一般特点。

　　总之，从算学与经学关系的角度看，郑玄引《九章算术》注经、刘徽注《九
章算术》是两大重要事件。前者进一步经典化了《九章算术》，把算学与经学
紧密联系；②后者则为中国数学打上了魏晋玄学的烙印。南朝算学继承刘徽
注，取得了很高的理论化成就；北朝算学继承《九章算术》和郑玄注，补充相
关基础知识和新的算题，既部分改变了算学知识的传承模式，又开启了中国
传统筹算文本化之历程。

（四）南北算学之合流

　　南北朝后期，分途的算学逐渐合流。纪志刚观察到一个值得注意的现
象：公元520年之后（即北魏后期），历家蜂起，至584年前后（隋朝初年），60
余年间竟有10部历法问世（其中4部未正式颁布）。③ 这与北魏初期行用
《景初历》、前期改历不多的情况形成鲜明对比。纪氏认为此现象的重要原
因是张子信的一系列天文学发现。其实，张子信天文发现对历法的影响更多
体现在隋初的《皇极历》和《大业历》。北魏后期改历频繁可能与公元525年
祖暅之被魏兵俘虏，在元延明家滞留一年有关。其时，元延明（484—530）召

---

① 　郭书春：《古代世界数学泰斗刘徽》，济南：山东科学技术出版社，1992年，第321—330页。
② 　笔者认为，在郑玄引《九章算术》注经之前，汉武帝独尊儒术、《汉书·律历志》论述刘歆数学
　　普遍应用性的思想、东汉大司农斛铭文刻上《九章算术》是三件将《九章算术》经典化的重要
　　里程碑式事件。
③ 　纪志刚：《南北朝隋唐数学》，第8页。

信都芳入宾馆。在信都芳的建议下祖暅之获得礼遇。第二年,祖氏被送回南朝。在此期间,祖氏向信都芳传授天文历算,[①]信都芳由此对历法更加精通,私撰《灵宪历》,并对李业兴等人的《兴和历》提出批评。[②] 这一过程是南北历算合流的一部分。此外,今本《夏侯阳算经》卷上有"梁大同元年甄鸾校之……"[③]大同为梁武帝年号,元年为 535 年,可知甄鸾原为梁朝人,之后入仕北周,作《天和历》(北周天和元年,即 566 年)。由此可见,南北朝后期多有南朝历家因各种原因北上,从而形成南北历算的合流。

李淳风《隋书·律历志》载:"《甄鸾算术》云:'周朝市尺,得玉尺九分二厘。'"[④]又载:"《甄鸾算术》云:'玉升一斗,得官斗一升三合四勺。'"[⑤]可见,甄鸾仕周之后,也在量器尺寸考订的语境下研究算学。据李俨统计,史籍记载甄鸾撰注的算书极多,计有《周髀算经》《九章算术》《海岛算经》《孙子算经》《夏侯阳算经》《张丘建算经》《五曹算经》《五经算术》《数术记遗》《三等数》《甄鸾算术》共 11 部。[⑥] 这些书来自于南北两边,还有甄鸾自己撰写的《五曹算经》《五经算术》与《甄鸾算术》。初唐国子监算学馆的数学教科书总计 12 部,即十部算经加上《数术记遗》《三等数》两部讲记数制度的著作。与此相比,甄鸾撰注算书仅少了祖冲之《缀术》和唐王孝通所撰《缉古算经》两部,[⑦]而《甄鸾算术》未立于学官。《唐六典》谈到初唐算学制度时云:"二分其经以为之业:习《九章》《海岛》《孙子》《五曹》《张丘建》《夏侯阳》《周髀》十有五人。习《缀术》《缉古》十有五人。其《记遗》《三等数》亦兼习之。"[⑧]这就相当于把必修的十部算经分成两组,而《数术记遗》《三等数》两部讲记数制

---

① [唐]李延寿:《北史》,第 2933 页;[唐]李百药:《北齐书》,北京:中华书局,1972 年,第 675 页。
② 唐泉、万映秋:《〈兴和历〉颁行的前前后后》,《自然科学史研究》2018 年第 2 期。
③ [唐]韩延:《夏侯阳算经》,《天禄琳琅丛书·第 1 集》第 17 册,第 6b 页。
④ [唐]魏徵、令狐德棻等:《隋书》,第 405 页。
⑤ 同上书,第 410 页。
⑥ 李俨:《中国古代数学史料》,上海:科学技术出版社,1957 年,第 70—72 页。
⑦ 甄鸾未注《缀术》很可能是因为看不懂(即李淳风《隋书·律历志》所云"学官莫能究其深奥,是故废而不理"),而并非北朝没有此书。而《缉古算经》作于甄鸾之后,甄氏自不能注释。
⑧ [唐]李林甫等撰,陈仲夫点校:《唐六典》,北京:中华书局,1992 年,第 563 页。

度的算书作为选修。对于学习年限，《唐六典》又云："《孙子》《五曹》共限一年业成。《九章》《海岛》共三年。《张丘建》《夏侯阳》各一年。《周髀》《五经算》共一年。《缀术》四年。《缉古》三年。"①由此可见，十部算经又被分为五组。《孙子算经》《五曹算经》两部书比较浅显，讲数学基础知识，为一组；刘徽作《海岛算经》，本就是"缀于勾股之下"，因此与《九章算术》为一组，这是核心数学知识；《张丘建算经》《夏侯阳算经》均着重讨论分数计算，故为一组；《周髀算经》《五经算术》都是分别把算学应用于天文学和经学，都是讲数学的应用，故为一组；《缀术》《缉古算经》两书水平最高，均谈到解高次方程问题，故为一组。由此可知，甄鸾撰注算书实为李淳风选择算学馆教科书奠定了基础，进一步推动了南北算学的合流。

总之，在南北朝后期，随着南人祖暅之、甄鸾等出于各种原因来到北方，南北算学出现合流的趋势。这一趋势主要体现在两方面：一是算学研究语境的扩展——南学的历算、量器、刘徽注加上北学新的算题语境；二是算学知识的传授模式逐渐完备——南朝算学师徒、父子间的传授加上北朝算书所载记数制度和筹算运算的基础知识。唐初建立国子监算学馆、李淳风等注释十部算经之后，南北算学最终完成了合流。

二、经算的兴起与算学的再次分途

南北朝数学史值得注意的另一面是：在扩大算学应用范围的过程中，出现了解释儒家经典中相关数学文献的著作，即甄鸾所撰《五经算术》。笔者通过将之与南北朝隋唐儒家对经典的同例注疏作对比，发现两者并不相同。② 因此，《五经算术》折射出传统算学研究与经学研究在与计算有关的内容上的分歧。张缵所撰《算经异义》，③从书名上看，类似东汉儒学大师许慎

① ［唐］李林甫等撰，陈仲夫点校：《唐六典》，第 563 页。
② 详见本书第五章。
③ ［唐］魏徵、令狐德棻等：《隋书》，第 1026 页。

所撰《五经异义》及郑玄《驳五经异义》，都是解释各经之间的差别。这说明时人意识到不同算学著作之间的"异义"。具体来说，这一分歧可以从两方面来看：

其一，出现一系列解释儒家经典的算学著作。元延明欲抄集五经算事为《五经宗》(一说《五经宗略》)，并令信都芳算之。[①] "会延明南奔，芳乃自撰注。"[②]其实，元延明《五经宗》原意也许只是将儒家关于数学的注解抄出来，但信都芳注释之时，无疑加上了传统算学的内容。李迪认为甄鸾是将其中数学性强的部分抽出来，加按语完成《五经算术》。[③] 因此，《五经宗》《五经算术》都是把传统算学应用于儒家经典的作品。两唐书所载阴景愉《七经算术通义》和宋泉之《九经术疏》应该也是类似的作品。[④] 唐初李淳风将《五经算术》纳入十部算经，确认其在算学领域内的地位。

其二，经算传统的兴起。[⑤] 汉儒马融、郑玄等注经，时常用到数学或《九章算术》，实际是期望将算学纳入经学，统一融合古今文说。[⑥] 然而，他们的注解往往只给出计算结果或算法，而没有具体细节。这为后世儒家提供了发展数学的文本空间。南北朝经学家正是利用了这一空间，发展出经算传统（或儒家算法传统）。皇侃《论语义疏》中给出几何开方算法，开经算之先河。[⑦] 由于儒学强大的地位优势，儒家解经实际并不理会传统算学和《五经

---

① ［北齐］魏收：《魏书》，北京：中华书局，1974 年，第 1955 页。
② ［唐］李延寿：《北史》，第 2933 页。
③ 李迪：《中国数学通史：上古到五代卷》，第 275 页。
④ ［后晋］刘昫等：《旧唐书》，第 2039 页；［宋］欧阳修、宋祁：《新唐书》，第 1546 页。
⑤ 有人认为"汉、三国、南北朝、隋唐的儒家注疏儒家经典中的算学内容、算法与《九章算术》及其刘徽注传统的算学内容、算法体量上不对称，而且前者浅易、粗泛，后者更专门、精深，将它们并立是否合适？（传统社会中，专门研究算学的人是轻视儒家的数学水平的。）"笔者同意儒家与算家算法传统在体量上不对称的观点。然而，笔者强调的是两者形成不同的算法文化，因此尽管体量不可比，但在文化与数学实作差别的角度上而言，两者是可以比较的。此外，诚如所言，专门研究算学的人是轻视儒家的数学水平的，但另一方面儒家算法传统由于其强势地位，却也轻视算家传统——这从儒家经典注疏中所用数学知识与传统算学不同可见。因而，两者在此形成另一种有趣的可比较之处。
⑥ 详见本书第二章。
⑦ 朱一文：《儒家开方算法之演进——以诸家对〈论语〉"道千乘之国"的注疏为中心》，《自然辩证法通讯》2019 年第 2 期。

算术》等著作,从而使得算学再次出现分途。儒家与算家两种算法传统长期共存,直至清末现代数学传入为止。① 晚清潘应祺所著《经算杂说》讨论的依旧是儒家经典中的数学问题。在既有研究的基础上,本节进一步探讨经算兴起、算学再次分途的过程,以使我们对于南北朝数学史的论述更为完备。为此,我们必须从汉儒对于《论语》"道千乘之国"注解的差异说起。

(一)数学隐题:汉儒对《论语》"道千乘之国"之注解

《论语》卷一:"子曰:'道②千乘之国,敬事而信,节用而爱人,使民以时。'"③一般认为此段孔子是讲治理国家(即"千乘之国")的办法。周代分封制度下所说的"千乘之国",原意指拥有千辆战车的国家。汉朝建立之后,随着国家制度的改变,"千乘之国"逐渐失去了其理解的现实语境。于是,汉儒解经须将之转化为实际的土地丈量单位。

"亩""田""里"是夏、商、周三代的土地面积单位,汉代沿袭之。④ 东汉包咸注"道千乘之国"云:"道,治也。千乘之国者,百里之国也。古者井田,方里为井。十井为乘,百里之国适千乘也。"⑤此段文字,梁皇侃《论语义疏》略有不同,云:"导,治也。千乘之国者,百里之国也。古者井田,方里为井,井十为乘。百里之国者,适千乘也。"⑥包咸,《后汉书》卷七九《儒林列传》有传,曾作《论语》章句,后失传。魏何晏《论语集解》中保留了此段注解。包氏以周代井田制度解之,认为一井为一里之方,相当于 1(平方)里;十井为十个一里之方,相当于 10 × 1(平方)里,为一乘;百里之国,即 100 里(之平方)= 10 000 × 1(平方)里,相当于千乘。由此,千乘之国方百里。

---

① 关于算家与儒家两种算法传统在清中叶的再创造,参见 Chen Zhihui, "Scholars' Recreation of Two Traditions of Mathematical Commentaries in Late Eighteenth-century China", *Historia Mathematica*, Vol. 44(2), 2017。
② "道",皇侃义疏做"导"。今据阮元十三经注疏本做"道"。
③ [魏]何晏集解,[宋]邢昺疏:《论语注疏》,[清]阮元校刻:《十三经注疏》,第 2457 页。
④ 丘光明、邱隆、杨平:《中国科学技术史·度量衡卷》,第 70—71 页。
⑤ [魏]何晏集解,[宋]邢昺疏:《论语注疏》,[清]阮元校刻:《十三经注疏》,第 2457 页。
⑥ [梁]皇侃撰,高尚榘校点:《论语义疏》,北京:中华书局,2013 年,第 8—9 页。

稍后的马融亦注"道千乘之国"云："道谓为之政教。司马法：六尺为步，步百为亩，亩百为夫，夫三为屋，屋三为井，井十为通，通十为成，成出革车一乘。然则千乘之赋，其地千成，居地方三百一十六里畸。"①此段文字，梁皇侃《论语义疏》亦略有不同，马融曰："导者，谓为之政教也。司马法：'六尺为步，步百为亩，亩百为夫，夫三为屋，屋三为井，井十为通，通十为城，城出革车一乘。'然而千乘之赋，其地千城也。居地方三百一十六里奇。"②马融为东汉大儒，《后汉书》卷六《马融列传》言其注《论语》，后失传。何晏引马融注，与包咸不同，马氏引"司马法"，由"六尺为步"得出千乘之国方三百一十六里有畸，即 316 里（之平方）有余。马融注中实际上隐含了一个数学问题，但他并没有给出具体的计算过程。

何晏《论语集解》引包咸与马融的注疏，云："融依《周礼》，包依《礼记·王制》《孟子》，义疑。故两存焉。"③但是，何氏将马融注列于前，实际已经有其倾向。按何氏所云，包咸注据《礼记·王制》《孟子》，而马融注据《周礼》。由此，两人注解之差异实则反映出东汉经学的"官学的争立"（即清人所谓"今古文之争"）。④ 更重要的是，此处马融以数学为工具解经，试图表明《周礼》与《论语》的相容性。

汉末，经学章句繁多，令时人感到厌烦而无所适从。郑玄博览群经，兼习众说，融合古今文说，完成经学之统一。⑤ 曾在马融门下的郑玄通《九章算术》，其注经多引《九章》术语，例如其注《周礼》"㮚氏为量"引《九章》"粟米法"。⑥ 郑玄又引郑众注给出了《周礼》的九数名目，即"九数：方田、粟米、差分、少广、商功、均输、方程、赢不足、旁要。今有重差、夕桀、句股也。"⑦马融、郑玄等以《九章算术》等数学著作来注解儒家经典，融合统一古今文说，是当

---

① ［魏］何晏集解，［宋］邢昺疏：《论语注疏》，［清］阮元校刻：《十三经注疏》，第 2457 页。
② ［梁］皇侃撰，高尚榘校点：《论语义疏》，第 8—9 页。
③ ［魏］何晏集解，［宋］邢昺疏：《论语注疏》，［清］阮元校刻：《十三经注疏》，第 2457 页。
④ 叶纯芳：《中国经学史大纲》，第 149—156 页。
⑤ 同上书，第 160—161 页。
⑥ ［汉］郑玄注，［唐］贾公彦疏：《周礼注疏》，［清］阮元校刻：《十三经注疏》，第 917 页。
⑦ 同上书，第 731 页。

时的一种风气。郑玄引《九章算术》注经塑造了算学与经学的紧密联系，获得了学术与政治的双重合法性。[①] 钱宝琮认为"《九章算术》和许慎《说文解字》相仿，是东汉初年儒学的一部分，与儒家的传统思想有密切关系"。[②] 然而，马、郑等汉儒的解释往往隐含着数学问题，却又不给出计算细节，给后人留下了进一步发挥的空间。

(二)经算之兴起

皇侃是南梁经学大家。他"尤明三礼、孝经、论语。兼为国子助教，于学讲说，听者常数百人。撰《礼记讲疏》五十卷。书成奏上，诏入秘阁。""又撰《论语义》《礼记义》，见重于世，学者传焉。"[③]其所撰《论语义疏》是唯一完整流传至今的南北朝经学著作。其中注解"千乘之国"，在马融注的基础上补充开方细节(即已知国之面积 100 000 平方里，求其边长)，然而却非《九章算术》筹算开方术。何晏《论语集解》给出了"千乘之国"的注解倾向。皇侃《论语义疏》虽同时注解包咸注与马融注，但皇氏将马融置于前，实际也有倾向。皇氏对马融注的详解开创了儒家开方算法。皇氏疏云："有地方十里者千，即是千城也，则容千乘也。"[④]皇氏的用语"方某某里"指以某某里为边长的正方形。这就是说，方十里(边长 10 里的正方形，相当于 100 平方里)为"一乘"，千乘为一千个一乘，即相当于 $100 \times 1000 = 100\,000$ 平方里。由此可知，马融的计算为 $\sqrt{100\,000} = 316$ 里有奇，而皇疏则给出了具体算法，按文意分作两段分析：

> 方百里者，有方十里者百。若方三百里，三三为九，则有方百里者九。合成方十里者九百也。是方三百里，唯有九百乘也。若作千

---

① 详见本书第二章的相关论述。
② 钱宝琮:《〈九章算术〉及其刘徽注与哲学思想的关系》，载李俨、钱宝琮:《李俨钱宝琮科学史全集》第 9 卷，第 685—695 页。
③ [唐]李延寿:《南史》，北京:中华书局，1976 年，第 1744 页。
④ [梁]皇侃撰，高尚榘校点:《论语义疏》，第 9 页。

乘,犹少百乘。百乘是方百里者一也。①

此段之中,皇侃指出方百里(即边长为 100 里的正方形)等于 100 个方十里(即边长为 10 里的正方形),即 100 乘。方三百里则等于 9 个方百里,等于 900 个方十里,即 900 乘。千乘之国为 900 乘加上 100 乘,即方三百里加上方一百里(见图 3.1)。于是,问题便转化为如何把三百里之方与一百里之方合成一个更大的方形(即边长为 316 里多)。

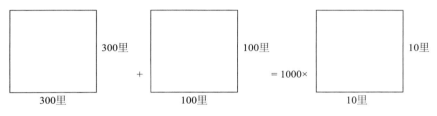

图 3.1　皇侃解"千乘之国"

今取方百里者一,而六分破之。每分得广十六里,长百里。引而接之,则长六百里,其广十六里也。今半断,各长三百里。设法特埠前三百里南西二边,是方三百十六里也。然西南角犹缺方十六里者一。方十六里者一,有方十里者二,又方一里者五十六里也。是少方一里者二百五十六里也。然则向割方百里者为六分,埠方三百里两边,犹余方一里者四百。今以方一里者二百五十六埠西南角,犹余方一里者一百四十四。又设法破而埠三百十六里两边,则每边不复得半里。故云"方三百十六里有奇"也。②

皇侃继而将百里之方分作 6 份,每份为宽 16 里、长 100 里的长方形,余宽 4 里、长 100 里的长方形(见图 3.2)。将 6 份首尾连结为一个宽 16 里、长

①　[梁]皇侃撰,高尚榘校点:《论语义疏》,第 9 页。
②　同上书,第 9—10 页。

600 里的大长方形。把此大长方形一分为二，每份为宽 16 里、长 300 里的中长方形，再把这两个中长方形加在三百里之方的两边，就形成了一个缺一个角的边长为 316 里的大正方形。所缺角为一个 16 里×16 里的正方形，相当于 2 个方十里加上 56 个方一里，总面积为 256 里。值得一提的是，此处皇侃用长度表示面积，这是中国古代常用的表示面积与体积的方法，与本书第二章所论郑玄之表示方法相同，即表示面积时，指一单位宽度的长方形，其长就是所给之长度；表示体积时，指一单位底面的长方体，其高就是所给之长度。由此，原先百里之方剩余 400 平方里，取出 256 平方里填满大正方形所缺角（见图 3.3），尚余 144 平方里，此时若再对所余之 144 平方里进行分割，加于 316 里之方的两边，则每边所加之长度均小于半里。因此，马融说"三百一十六里有奇"。

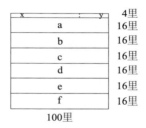

图 3.2　皇侃"百里之方"

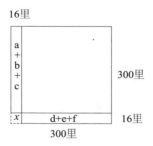

图 3.3　皇侃"三百十六里之方"

总之，皇侃的开方算法相当于是先把 1000 乘（100 000 平方里）看作 300 里之方与 100 里之方的和，而后逐渐切割 100 里之方，将之加在 300 里方之上以构建更大的正方形。这一算法以图形操作而不用算筹，计算思路、几何解释都与

《九章算术》《孙子算经》《五经算术》等算书所载的筹算开方术不同。

何晏作《论语集解》，皇侃《论语义疏》是继集解之后的再集解作品，体现了六朝人解经的风气。[①] 魏晋以降，对《论语》"道千乘之国"马融注的再解释成为主流。前人论皇侃学术，多言受玄风之影响，但此处却开儒家开方算法之先。皇侃疏实质上违背了汉儒马融、郑玄等以传统数学解经的做法，展现了六朝经学独特的一面。晚清刘岳云《五经算术疏义》批评"皇侃不知算术，故周折如此"。[②] 但出人意料的是，这一做法在唐儒孔颖达对《礼记·投壶》、贾公彦对《周礼·考工记》的注疏中得以沿用和发展，明确了开方即将一长方形转化为正方形的图形操作，称为"方之"。[③] 继而，经宋儒邢昺、朱熹等人发展，[④]一直延续至清代，形成了独特的儒家开方算法传统。

清人马国翰辑有皇侃之《礼记义疏》，其中《坊记篇》计算周代天子、诸侯国之大小，[⑤]《服问篇》计算丧服经带大小，都用到数学。[⑥]《礼记·丧服》给出五服经带（即头带和腰带）相差 1/5 递减，郑玄注给出首经 9 寸，以下依次计算（即 $9 - 9 \times \frac{1}{5}$ 等）。皇氏注"三年之丧"云"首经五寸余，要带四寸余……要带四寸余，其首经合五分加一，成五寸余也"。[⑦] 此处虽然首经制度为五寸余，但其算法结构与郑玄注类似，皇氏开启了对这一问题之计算细节的讨论。唐初孔颖达《礼记正义》、贾公彦《仪礼注疏》继承了这一讨论，按郑玄数值和经算方法给出了完整的计算细节。[⑧]

孔颖达《礼记正义》"服问篇"在引用上述皇侃义疏之后，云"此皇氏熊氏

---

①　叶纯芳：《中国经学史大纲》，第 191 页。

②　［清］刘岳云：《五经算术疏义》，光绪二十五年（1899）刻本，第 19a—19b 页。

③　详见本书第五章第一、二节。

④　详见本书第六章。

⑤　［梁］皇侃：《礼记皇氏义疏》，［清］马国翰辑：《玉函山房辑佚书·第二册》，扬州：广陵书社，2004 年，第 1032—1034 页。

⑥　同上书，第 1035—1036 页。

⑦　同上书，第 1036 页。

⑧　详见本书第五章第二节。

之说"。① 熊氏即北朝经学大家熊安生(？—578)，北齐河清(562—564)年间，"阳休之特奏为国子博士"；北周宣政元年(578)，"拜露门博士、下大夫，时年八十余"。撰《周礼义疏》《礼记义疏》《孝经义疏》，并行于世。② 根据《北史·熊安生传》的记载，一般认为熊氏受业于陈达、徐遵明、李宝鼎等人。但孔颖达疏说明熊氏很可能通过间接的方式受到皇侃的影响。南北朝后期学者交流频繁，南朝沈重(500—583)亦是经学大家，北周武帝(560—578 在位)闻其名，以厚礼聘至周都。③ 北方学者来南者亦有崔灵恩、卢广、蒋显等人。④ 皇侃讲学听众常数百人，包含其算法在内的学说是完全有可能在南北朝后期传到北方的。受业于熊氏的著名学者有隋代大儒刘焯(544—610)和刘炫(约 546—约 613)。孔颖达尝入刘焯门下，其编撰《礼记正义》"仍具皇氏以为本，其有不备，以熊氏补焉"⑤。可见孔氏对皇侃和熊安生礼学成就的肯定。贾公彦其氏系有北学渊源，注疏《周礼》《仪礼》亦多因袭旧疏。⑥

总之，皇侃延续魏晋玄风，创设儒家算法。其重要特征是依靠文字进行推理，与以《九章算术》为代表的传统算学不尽相同。南北朝后期，随着南北学者交流频繁，皇氏算法很可能随其经学研究一道传至北方，并通过沈重、熊安生、刘炫、刘焯等学者得到进一步发展。入隋之后，经学趋向统一。唐初孔颖达编撰《五经正义》、贾公彦撰《周礼注疏》《仪礼注疏》都运用了经算方法。随着这些著作成为唐初国子监太学、国子学、四门学馆的教科书，经算逐渐为大部分读书人所熟悉，并形成了相对独立于传统算学的另一大计算文化传统。

(三)算学之再次分途

如果说南北算学的差别与政治地理之因素以及南北经学之分野有关，那

---

① [汉]郑玄注，[唐]孔颖达等疏，《礼记正义》，[清]阮元校刻：《十三经注疏》，第 1659 页。
② [唐]李延寿：《北史》，第 2743—2745 页。
③ 同上书；[唐]令狐德棻等：《周书》，北京：中华书局，1971 年，第 808—811 页。
④ 叶纯芳：《中国经学史大纲》，第 203 页。
⑤ [汉]郑玄注，[唐]孔颖达等疏，《礼记正义》，[清]阮元校刻：《十三经注疏》，第 1223 页。
⑥ 乔秀岩：《义疏学衰亡史论》，台北：万卷楼图书股份有限公司，2013 年，第 153—159、201—212 页。

么算家与儒家两家算法传统之分途的情况则完全不同。政治地理因素造成数学文明之差别,最为常见。其实,学术界有所谓古埃及数学、古美索不达米亚数学、古希腊数学、古印度数学、伊斯兰数学等称谓,其背后之缘由均在于政治地理。然而,这些称谓似乎也隐含着各大数学文明自身传统的单一性。算家与儒家两家算法传统可视为中国传统之下的不同数学文化,也即在为不同群体所共享的做数学的方式上有所区别。① 算家算法传统来自《九章算术》及刘徽注,其术依靠筹算实施,具有构造性和机械化特色,②其数学推理有寓理于算的特点,③文本呈现为"问题+算法"的形式。儒家算法传统则不用筹算,其算法也不具有构造性和机械化特色,数学推理亦依赖文字而非寓理于算,文本则嵌于儒家经典注疏中,这些都与传统算学不同。很显然,儒家算法传统与经学研究的特点十分契合,是经学中的算学,故后世称之为"经算"。

　　算家出现过与许多类似《五经算术》这样将算学应用于经学的著作,并希望用以取代经算体系,然而最终都未能获得成功。其原因主要有二:第一,经学与算学地位悬殊。虽然在算家看来,儒家算法传统比较初级和简单,甚至劣于算家传统,但是经学的地位要远远超过算学——附之于经学之经算亦如此。因此,既然生长于经学自身的经算体系已经形成,那么南北朝及隋唐诸儒注解经典时,便不会考虑使用算家传统。这一情形实际背离了郑玄将《九章算术》引入儒家经典的初衷,反映出经算传统深受魏晋玄风之影响。第二,初唐国子监儒学三馆与算学馆并立,两家算法传统都获得了制度的确认。然而,在师资、生源、考试方式、教科书方面,两者差距极大。制度化使得两家算法传统之别从学术之分野进入实际生活,从而牵涉到更多人。④ 基于

---

① 林力娜将数学文化定义为群体所共享的做数学的方式,笔者此处采用了她的说法,参见 Karine Chemla, "How Has One, and How Could Have One Approached the Diversity of Mathematical Cultures?", in Volker Mermann & Martine Skutella (eds.), *Proceedings of the 7th European Congress of Mathematics 2016: Berlin, July 18-22, 2016*, European Mathematical Society, 2018, pp. 1-61。
② 吴文俊:《从〈数书九章〉看中国传统数学构造性与机械化特色》,载吴文俊主编:《秦九韶与〈数书九章〉》,第 73—88 页。
③ 李继闵:《〈九章算术〉导读与译注》,第 38 页。
④ 详见本书第五章第四节。

此,经学研究更无可能应用算家传统,而必须沿用经算传统,《五经算术》则被限于算学领域内部。① 相较之下,尽管算学与天文历算也并非完全相同,但是两者在地位、制度方面颇为接近,因此历算往往应用传统算学,两者的差别远小于算学与儒学两种算法传统之分野。②

综上,经算的兴起导致算学再次分途,是以往不为学术界所知的一面。这一分途的原因在于文化与制度两方面,类似传统算学与墨经数学之别。由此,折射出中国古代数学的多样性和混杂性本质。晚清以降,现代数学传入中国。这几种算法传统都被现代化,从而再次实现了合流,中国数学的数条支流终于汇入现代数学的大海之中。

三、重述南北朝算学史

综上研究,笔者在此节对南北朝算学史做一重述。

东汉大儒郑玄引《九章算术》注儒家经典与刘徽注《九章算术》是影响南北朝传统算学走向的两件大事。郑玄引《九章算术》的初衷是希望凭借数学融合古今文说,却也造就了算学与经学的密切关系以及算学属于经学的认知。延续郑玄的认知,刘徽注《九章算术》呈现出魏晋经学之特色。南北朝时期,由于政治、地理上的区隔,南朝重魏晋经学,北朝重两汉经学。在算学属于经学的意义之下,《九章算术》与刘徽注便被分别理解为两汉与魏晋之学。因此,南朝算学建立在刘徽注的基础上,何承天以及祖冲之、祖暅之父子的历算、度量衡、算学研究是其后继,补刘徽算理研究之未尽;北朝算学则以《九章算术》为基础,《孙子算经》《夏侯阳算经》《张丘建算经》是其后继,补

---

① 从对数学功能和作用的认识来看,算家往往倾向于算学应用的普遍性,而唐代儒家则坚持经学研究使用经算体系,宋代大儒朱熹更认为不同领域所用之数不同。林力娜认为不同数学文化会造成不同的数学本体论(mathematical ontology),参见 Karine Chemla, "Different Clusters of Text from Ancient China, Different Mathematical Ontologies", *HAU: Journal of Ethnographic Theory*, Vol. 9, 2019。

② Zhu Yiwen, "How do We Understand Mathematical Practices in Non-mathematical Fields? Reflections Inspired by Cases from 12th and 13th Century China", *Historia Mathematica*, Vol. 52, 2020.

《九章算术》基础知识、算题语境等方面之未尽。南朝算学获得了高度理论化的发展，但传授模式私密；北朝算学则在算学知识文本化、算学之普及等方面取得突破。隋初刘祐撰《九章杂算文》，或能体现北朝算学之特色。故颜之推云："江南此学殊少，唯范阳祖暅精之，位至南康太守。河北多晓此术。"南北朝后期，随着祖暅之、甄鸾等南人适北，南北算学逐渐合流。甄鸾注南北算书、撰《五曹算经》《五经算术》，唐建立国子监算学馆、李淳风等注释十部算经，这一合流得以最终完成。

然而，经算的兴起却造成算学的再次分途。梁经学大家皇侃《论语义疏》《礼记义疏》延续魏晋玄风，创设儒家算法。南北朝后期，南北学术交流逐渐繁荣，北朝经学大家熊安生等采纳了皇氏经算方法，从而形成独立于传统算学的经算传统。唐初孔颖达等编撰《五经正义》、贾公彦注疏《周礼》《仪礼》均延续了儒家算法传统。张缵撰《算经异义》，或阐述各算书算法之别。元延明欲抄集五经算事为《五经宗》，其门下的信都芳授天文历算于祖暅之，继以算学完成《五经宗》，这可能是甄鸾《五经算术》的基础。这一类以传统算学解释儒家经典中数学注疏的作品，表明算家意识到两种算法传统之别，并在算学应用广泛的价值观之下，试图将算学应用于经学。唐初李淳风将《五经算术》纳入十部算经，确立其属于算学经典；又撰《隋书》《晋书》中之天文、律历、五行三志，极大地论述了数学对王朝礼制的重要性。随着国子监儒学三馆与算学馆的并立，两种来自于不同学术研究的算法传统都获得了制度性的保障，并一直延续到清末现代数学传入为止。

总之，我们可以说南北朝数学的发展，受到两汉魏晋经学的影响极大。南朝何承天、祖冲之、祖暅之的算学突破，皇侃创设儒家算法都受到魏晋玄风之影响。北朝算学普及性著作则受两汉经学之影响。隋朝一统，唐朝国子监的设立，既完成了南北传统算学之合流，又确保了算家与儒家两种算法传统之并立。

从本章的研究来看，政治地理、文化制度等因素都会影响不同数学传统的形成。这些数学传统在算法实作、文本语境、本体论和认识论价值等方面都可能有所差别,这也揭示出数学的基础或其本质深受历史和文化因素的影响。因此,如果数学史研究不局限于某一特定的数学认识(如现代数学),而采用开放的观念,就有可能从历史的角度给出"什么是数学"的新解答。

第四章
初唐的学术与政治

  经过南北朝时期的发展,唐代初年形成了算家与儒家两家算法传统并立的局面。李淳风等把《五经算术》纳入初唐国子监算学馆的十部算经之内,将以《九章算术》为代表的传统算学应用于儒家经典之中。然而,孔颖达等编撰《五经正义》、贾公彦等注解《周礼》《仪礼》使用的皆是儒家算法。因此,为了揭示出初唐数学的复杂局面,本章从分析李淳风对正史书志的撰写入手,探究其中反映出的初唐学术与政治之关系;后一章则从孔颖达、贾公彦等对儒家经典的数学注疏入手,分析初唐儒家的算法体系及两家算法传统之关系。

  李淳风是初唐时期一位相当重要的学者,通晓天文历算、度量声律、五行占卜,撰写《隋书》《晋书》两书中之天文、律历、五行三志(后文简称"两书六志"),又和梁述、王真儒等注释十部算经,[1]还创作过《乙巳元历》和《麟德历》,著有《法象志》《历象志》《乙巳占》,这些著作大部分都留存至今。[2] 2012 年出版的《李淳风集》[3]收集了李氏的大部分著作,当然其中有很多是后人托名的伪作。学术界对李淳风的研究是比较多的,往往取其著作中某一部分的内容,从学科史

---

① 唐代十部算经指《九章算术》《周髀算经》《海岛算经》《孙子算经》《张丘建算经》《缀术》《五曹算经》《五经算术》《辑古算经》《夏侯阳算经》。宋代刊刻十部算经的时候,《缀术》《夏侯阳算经》已经遗失,因此用《数术记遗》《韩延算经》代替,其中仍称《韩延算经》为《夏侯阳算经》。
② [后晋]刘昫等:《旧唐书》,第 2718—2719 页。
③ [唐]李淳风撰,栾贵明校:《李淳风集》,北京:中央编译出版社,2012 年。

的角度研究其相应的学术贡献。① 虽然这些研究对于我们了解李淳风的各项学术活动很有帮助,但是我们也必须认识到,于我们了解李氏生平学术工作的期望而言,现有的研究成果仍难称完备。与此同时,国内外史学界一直颇为关注对于正史书志的研究,将《隋书》诸志作为专题进行研究亦有逐渐升温的趋势。② 不过,学界仍然缺乏对于两书六志的专题研究。事实上,两书六志中包含了数学、音律、度量衡、天文等重要内容,呈现出李氏所建构的独特律历体系。因此,本章从分析李氏对两书律历志的撰写入手,亦试图探讨这一议题。③

一、李淳风生平

李淳风的生平之所以重要,是因为我们从中可以了解到其写作两书六志时的处境。前人对李氏生平已有大致的勾勒,④在此基础上,笔者再增添文

---

① 如曾振宇、崔明德:《李淳风"军气占"考论》,《历史研究》2009 年第 5 期,基于《乙巳占》研究李淳风的军气占,以及王鹏飞:《评李淳风占风情的方法》,《自然科学史研究》2010 年第 4 期,是基于《乙巳占》的相关内容研究李淳风的军气占和占风情的方法;姬永亮:《李淳风对古代度量衡的考订》,《哈尔滨工业大学学报(社会科学版)》2009 年第 1 期,基于《隋书·律历志》研究李淳风对度量衡考订的工作;关增建:《李淳风及其〈乙巳占〉的科学贡献》,《郑州大学学报(哲学社会科学版)》2002 年第 1 期,探讨《乙巳占》的科学史意义;刘钝:《关于李淳风斜面重差术的几个问题》,《自然科学史研究》1993 年第 2 期,以及曲安京:《李淳风等人盖天说日高公式修正案研究》,《自然科学史研究》1993 年第 1 期,两文基于李淳风等对《周髀算经》的注释探究李淳风的斜面重差;刘金沂:《李淳风的〈历象志〉和〈乙巳元历〉》,《自然科学史研究》1987 年第 2 期,专门研究李淳风的历法贡献。此外,曾昭燮:《唐代天文数学家李淳风的科学成就》,《厦门大学学报(自然科学版)》1979 年第 4 期,探讨了李淳风天文历算成就;陈美东:《中国科学技术史:天文学卷》以及郭书春主编《中国科学技术史:数学卷》两书中都有专门的章节论述李淳风的天文、数学工作。
② 参见何丙郁(Ho Peng Yoke)用英文翻译的《晋书·天文志》,Ho Peng Yoke, *The Astronomical Chapters of The Chin Shu*, Paris: Mouton & Co and École Pratique des Hautes Études, 1966;興膳宏、川合康三『隋書經籍志詳攷』、東京: 汲古書院、1995 年;杜云虹:《〈隋书·经籍志〉研究》,山东大学文史哲研究院博士学位论文,2012 年;Daniel Patrick Morgan & Damien Chaussende (eds.), *Monographs in Tang Official History: Perspectives from the Technical Treatises of the History of Sui (Sui shu)*, Switzerland: Springer, 2019。在《晋书》《隋书》诸志中,我们明确知道作者的只有李淳风撰写的这六志。
③ 笔者相信本章对两书律历志的研究结论也适用于李淳风对两书天文志、五行志的撰写。
④ 如陈美东:《中国科学技术史:天文学卷》,第 350—352 页;Howard L. Goodman, "The Life and Intellectual World of Li Chunfeng (602-670)", in Daniel Patrick Morgan & Damien Chaussende (eds.), *Monographs in Tang Official History: Perspectives from the Technical Treatises of the History of Sui (Sui shu)*, pp. 29-50。

献,主要聚焦在两个问题上:(1)李淳风撰写《隋书》和《晋书》律历志的时间,以及两书律历志之间的撰写关系;(2)撰写正史的活动在李淳风人生中的重要程度,以及与李氏其他活动之间的关联。

李淳风之父李播是隋朝官员,弃官而为道士,注《老子》。[1] 这说明李淳风儿时可能受到了不错的教育。贞观初,李淳风上疏 18 条意见"驳傅仁均历议",[2]最终 7 条意见被采纳。[3] 也因此,李氏被"授将仕郎,直太史局"。[4] "将仕郎"是品级最低的官位,从九品下阶。[5] 这是我们所知的李淳风仕途的开始。贞观十四年(640)和十八年(644),李淳风又两次上疏质疑傅仁均历法。其中,十四年的那次,李淳风得到孔颖达等人的支持,最后太宗也听从了李淳风的意见;十八年的那次,众人商量后难以决定,因此决定用傅仁均的平朔法,直到麟德元年(664)终止(是年改用李淳风的麟德历)。[6] 李淳风一生作了两部历法:早年作《乙巳元历》,撰《历象志》;[7]晚年又增损刘焯《皇极历》,作《麟德历》。[8]

贞观七年(633),李淳风造浑仪,撰《法象志》奏之,太宗称善,加授承务郎。[9] "承务郎"是文散官,从八品下阶。[10] 其后又迁"太常博士",[11]隶属执掌礼乐的太常寺,[12]从七品上阶。[13] 贞观十五年(641),李淳风除太常博士,寻转

---

① 参见[后晋]刘昫等:《旧唐书》,第 2717 页;[宋]欧阳修、宋祁:《新唐书》,第 5798 页。
② [后晋]刘昫等:《旧唐书》,第 2717 页。
③ [宋]欧阳修、宋祁:《新唐书》,第 536 页。
④ [后晋]刘昫等:《旧唐书》,第 2717 页。
⑤ 参见[后晋]刘昫等:《旧唐书》,第 1784 页;[宋]欧阳修、宋祁:《新唐书》,第 1187 页。根据两唐书,唐朝官职每一个品级以"正""从"区分为上下两级,"正""从"又各有"上阶""下阶"的区别,因此每一品级细分为四级:正上阶、正下阶、从上阶和从下阶。
⑥ [宋]欧阳修、宋祁:《新唐书》,第 536 页。
⑦ 我们难以确证李淳风作《乙巳元历》和撰《历象志》的具体时间,大致可以推定在 629 年至 645 年之间。参见刘金沂:《李淳风的〈历象志〉和〈乙巳元历〉》,《自然科学史研究》1987 年第 2 期。
⑧ 根据名称,麟德历应完成于 664 年,并于麟德二年,即 665 年施用。
⑨ 参见[后晋]刘昫等:《旧唐书》,第 2718 页;[宋]欧阳修、宋祁:《新唐书》,第 5798 页。
⑩ [后晋]刘昫等:《旧唐书》,第 1801 页;[宋]欧阳修、宋祁:《新唐书》,第 1187 页。
⑪ [后晋]刘昫等:《旧唐书》,第 2718 页;[宋]欧阳修、宋祁:《新唐书》,第 5798 页。
⑫ [唐]李林甫等撰,陈仲夫等点校:《唐六典》,第 396 页。
⑬ [后晋]刘昫等:《旧唐书》,第 1798 页。

太史丞，①又调回太史局工作。太史丞是太史局的副职，从七品下阶。② 品级虽比太常博士低一阶，但综合来看确是一个更适合李淳风的职位。同年，李淳风"与诸儒修书"，开始撰写《隋书》《晋书》的天文、律历、五行三志。③ 贞观十九年（645），李淳风撰《乙巳占》。④ 贞观二十二年（648），李淳风升任太史令，正式成为太史局的一把手。⑤ 太史令，从五品下阶，⑥是李氏一生获得的最高职位，一直到去世，任此职共 22 年。《宋刻算经六种》中有四部书卷首都有"唐朝议大夫行太史令上轻车都尉臣李淳风等奉敕注释"。⑦ 这说明李氏注释十部算经的时候已经是太史令，即贞观二十二年之后。朝议大夫是文散官，正五品下阶；⑧上轻车都尉是勋官，正四品上阶。⑨ 据此推测是在贞观二十二年左右，"太史监候王思辩表称《五曹》《孙子》十部算经理多踳驳"⑩。太史监候隶属于太史局，从九品下阶。⑪ 与李淳风一同注释算经的梁述是算学博士（从九品下阶），⑫王真儒是太学助教（从七品上阶）。⑬ 显庆元年，十部算经注释完成。同年，高宗恢复国子监算学馆，⑭十二月十九日，尚书左仆射于志宁奏置令习李淳风等注释的十部算经，分为十二卷行用。⑮ 同年，李氏亦因修国史功被封为昌乐县男。⑯

---

① ［后晋］刘昫等：《旧唐书》，第 2718 页；［宋］欧阳修、宋祁：《新唐书》，第 5798 页。
② ［后晋］刘昫等：《旧唐书》，第 1799 页。
③ 同上书，第 2718 页；［宋］欧阳修、宋祁：《新唐书》，第 5798 页。
④ 由于贞观十九年是乙巳年，因此推测《乙巳占》成书于该年。
⑤ ［后晋］刘昫等：《旧唐书》，第 2718 页；［宋］欧阳修、宋祁：《新唐书》，第 5798 页。
⑥ ［后晋］刘昫等：《旧唐书》，第 1795 页。
⑦ 这四部书是《九章算术》《周髀算经》《孙子算经》和《张丘建算经》。《数术记遗》和《夏侯阳算经》卷首无李淳风等注释之语，这是因为《夏侯阳算经》实为唐中叶韩延所作，李氏自然无法注释；《数术记遗》原是作为十部算经之外的辅助读物，故李氏之注释未及于此。
⑧ ［后晋］刘昫等：《旧唐书》，第 1795 页；［宋］欧阳修、宋祁：《新唐书》，第 1187 页。
⑨ ［后晋］刘昫等：《旧唐书》，第 1793 页；［宋］欧阳修、宋祁：《新唐书》，第 1189 页。
⑩ ［后晋］刘昫等：《旧唐书》，第 2719 页。
⑪ ［唐］李林甫等撰，陈仲夫等点校：《唐六典》，第 304 页。
⑫ ［后晋］刘昫等：《旧唐书》，第 1803 页；［宋］欧阳修、宋祁：《新唐书》，第 1268 页。
⑬ ［后晋］刘昫等：《旧唐书》，第 1798 页。
⑭ 同上书，第 2717 页；［宋］欧阳修、宋祁：《新唐书》，第 5798 页。
⑮ ［宋］王溥：《唐会要》，北京：中华书局，1955 年，第 1163 页；［宋］王钦若等：《册府元龟》，北京：中华书局，1960 年，第 10310 页。
⑯ ［后晋］刘昫等：《旧唐书》，第 2719 页。

龙朔二年(662),高宗改百官及官名,①太史令改为秘阁郎中。② 咸亨元年(670),官名复旧,卒。③ 需要注意的是,由于李淳风最后一个官名是秘阁郎中,因此后世给李淳风著作加官名或者提到李淳风的时候,往往称"秘阁郎中李淳风",但这并不表示这些著作一定写于龙朔二年之后。例如今传本《乙巳占》题"秘阁郎中",僧一行说"秘阁郎中李淳风撰《法象志》",④因此就有学者认为《乙巳占》《法象志》是成书较晚的作品,⑤这些实是误解。

在简单回顾了李淳风生平之后,我们将焦点集中到李氏撰写两书六志的时间上。现在的《隋书》诸志,原来实际上是《五代史志》。所谓五代指南朝梁、陈,北朝齐、周和隋五个朝代。武德五年(622),起居舍人令狐德棻请修五代史,至贞观十年(636)书成。⑥ 此时,这五本史书,即《梁书》《陈书》《北齐书》《周书》和《隋书》,都没有志书。于是,贞观十五年,太宗召集诸儒修《五代史志》,李淳风也在其中,至显庆元年书成。⑦《五代史志》后来又编入《隋书》,因而现在一般称之为《隋书》志。⑧ 另一方面,贞观二十年(646)太宗下诏修《晋书》,⑨于贞观二十二年书成。⑩ 但贞观十五年,李淳风就开始预撰两书六志。

可以推断,李淳风完成两书六志的主体部分是在贞观十五年到贞观二

---

① ［后晋］刘昫等:《旧唐书》,第 1786 页。
② 同上书,第 2719 页。
③ 同上。
④ ［宋］欧阳修、宋祁:《新唐书》,第 1295 页。
⑤ 例如关增建:《李淳风及其〈乙巳占〉的科学贡献》,《郑州大学学报(哲学社会科学版)》2002 年第 1 期,第 211 页;陈美东:《中国科学技术史:天文学卷》,第 350—352 页。
⑥ ［唐］魏徵、令狐德棻等:《隋书》,第 903—1904 页。
⑦ 同上。
⑧ 在本书中,笔者也沿用这种习惯用法。
⑨ ［唐］房玄龄等:《晋书》,北京:中华书局,1974 年,第 3305—3306 页。
⑩ 根据两唐书李淳风传,李淳风在贞观二十二年因修史官晋升为太史令,因此我们推论《晋书》应该是在该年修成。［后晋］刘昫等:《旧唐书》,第 2718 页;［宋］欧阳修、宋祁:《新唐书》,第 5798 页。

十二年之间。理由如下:其一,在大约贞观二十二年到显庆元年之间,李淳风与梁述、王真儒注释了十部算经,因此,认为李淳风撰史的工作在贞观二十二年结束是一种相对自然的看法;其二,从本章对《隋书》《晋书》的比较来看,两书有着较多的联系,似应属于同一时段完成的作品。当然,李淳风在贞观二十二年和显庆元年两次因修史获得提升,因此也有可能在贞观二十二年以后,李淳风又继续对《隋书》诸志进行了修订。笔者强调的是,李氏撰写两书六志主体的时间是贞观十五年到二十二年,但并不排除在贞观二十二年到显庆元年间对之有细微的增修。实际上,在贞观二十二年之前,李淳风作为太史丞也注解过十部算经之一的《缉古算经》。① 因此,严格来说李淳风注释算经应始于贞观十五年(是年他晋升为太史丞)。同样,笔者强调的也是,李淳风等注释算经主体的时间是在贞观二十二年到显庆元年之间,亦并不排除在贞观十五年之前,李淳风已经对部分算经进行了注释。

尽管学术界可能认为李淳风的主要成就集中于天文历算,但回到历史的语境之中,撰写正史书志和注解十部算经无疑是他一生中最重要的工作。从贞观十五年至显庆元年的这十五年(李淳风从 39 岁到 55 岁),他完成了"撰史注经"的工作。在此之前,李淳风虽入仕十几年,但始终职于天文星占。撰写正史志书的工作,使其身份向写史之儒家学者转化;注释十部算经的工作,亦使其身份向注解经典之儒家学者转化。在这人生顶峰的十五年间,李淳风的官位亦升到了顶峰,他享受正四品上阶"上轻车都尉"的荣誉官衔,享受正五品下阶"朝议大夫"的俸禄,正职是从五品下阶的"太史令"。最后,他因修史功被赐予昌乐县男的爵位,高宗重开算学馆,而他注释的十部算经成为官方教科书。根据上面的论述,笔者把李淳风生平的活动做成表4.1,以供参考。

---

① [宋]欧阳修、宋祁:《新唐书》,第 1547 页。

表 4.1 李淳风生平事件

时间	事件	领域	官衔	品级	文献出处
约 627	驳傅仁均历	天文①、历法	授将仕郎，直太史局	从九品下阶	《旧唐书·李淳风传》
633	作浑仪，撰《法象志》	天文	授承务郎	从八品下阶	《旧唐书·李淳风传》《新唐书·李淳风传》
？			迁太常博士	从七品上阶	《旧唐书·李淳风传》《新唐书·李淳风传》
？	作《乙巳元历》，撰《历象志》	历法			《乙巳占》
640	驳傅仁均历	天文、历法	从李淳风意见		《新唐书·历志》
644	驳傅仁均历	天文、历法	未定		《新唐书·历志》
645	撰《乙巳占》	天文			《乙巳占》
641—约 648	撰《隋书》《晋书》天文、律历、五行三志	修史（天文、算学、音律、度量衡、历法等）	641 年，除太常博士，寻转太史丞	从七品下阶	《旧唐书·李淳风传》《新唐书·李淳风传》
？			朝议大夫	正五品下阶	《算经十书》
？			上轻车都尉	正四品上阶	《算经十书》
约 648—656	与梁述、王真儒注释十部算经	注经（算学）	648 年，迁太史令	从五品下阶	《旧唐书·李淳风传》《新唐书·李淳风传》《算经十书》
656			封昌乐县男		《旧唐书·李淳风传》
656			十部算经立于学官		《旧唐书·李淳风传》《新唐书·李淳风传》《唐会要》
662			官名改为秘阁郎中	从五品下阶	《旧唐书·李淳风传》
664	作《麟德历》	历法			《旧唐书·历志》《新唐书·历志》
670	卒		官名复旧	从五品下阶	《旧唐书·李淳风传》

① 此处"天文"取其古意，近于 astrology 或者 astral science，不同于其今意，即 astronomy。

二、李淳风对晋朝律历体系的态度

作为中国历史上唯一一个同时撰写了两部正史志书的学者,李淳风的撰写工作应有一定的指导思想。太宗在《修晋书诏》中明确说"其所须,可依五代史故事",[1]说明《晋书》和《五代史》必有一定的关系。在此背景下,笔者通过比较李淳风撰写的《隋书·律历志上》(即原《五代史志》,后文简称为《隋志》)和《晋书·律历志上》(后文简称为《晋志》),[2]来揭示李氏撰两史的指导思想,见表4.2。表中用实方框标识两者相似或相同的部分,用虚方框标识两者的差别之处,而黑体字的部分是重点,后文会有详尽讨论。[3]

表 4.2 《晋书·律历志上》和《隋书·律历志上》比较

晋书·律历志上	隋书·律历志上
序言	序言
易曰:"形而上者谓之道,形而下者谓之器。"夫神道广大,妙本于阴阳;形器精微,义先于律吕。圣人观四时之变,刻玉纪其盈虚,察五行之声,铸金均其清浊,所以遂八风而宣九德,和大乐而成政道。然金质从革,侈golden无方;竹体圆虚,修短利制。是以神瞽作律,用写钟声,乃纪之以三,平之以六,成于十二,天之道也。又叶时日于晷度,效地气于灰管,故阴阳和则景至,律气应则灰飞。灰飞律通,吹而命之,则天地之中也。故可以范围百度,化成万品,则虞书所谓"叶时月正日,同律度量衡"者也。中声节以成文,德音章而和备,则可以动天地,感鬼神,导性情,移风俗。叶言志于咏歌,鉴盛衰于治乱,故君子审声以知音,审音以知乐,审乐以知政,盖由兹道。太史公律书云:"王者制事立物,法度	自夫有天地焉,有人物焉,树司牧以君临,悬政教而成务,莫不拟诸乾坤之大象,禀中和以建极,撰影响之幽赜,成律吕之精微。是用范围百度,财成万品。昔者淳古茦篪,创睹人籁之源,女娲笙簧,仍昭凤律之首。后圣广业,稽古弥崇,伶伦含少,才擅比竹之工,虞舜昭华,方传刻玉之美。是以称朕:"叶时月正日,同律度量衡。"又曰:"予欲闻六律、五声、八音、七始训,以出纳五言。"此皆候金常而列管,凭璇玑以运钧,统三极之元,纪七衡之响,可以作乐崇德,殷荐上帝。故能动天地,感鬼神,和人心,移风俗,考得失,征成败者也。粤在夏、商,无闻改作。其于周礼,典同则"掌六律六同之和,以辨天地四方阴阳之声,以为乐器"。景王铸钟,问律于泠州鸠,对曰:"夫律者,所以立钧出度。"钧有五,

---

① [唐]房玄龄等:《晋书》,第3306页。
② 由于篇幅所限,无法对李淳风的两书六志作完整对照,因此选取了两书律历志上作为比较,笔者认为所得结论具有一般性,即不限于律历志。
③ 本章后续表格体例与此同。

序言	序言
轨则,一禀于六律。六律为万事之本,其于兵械尤所重焉。故云望敌知吉凶,闻声效胜负,百王不易之道也。"	则权衡规矩准绳咸备。故诗曰:"尹氏太师,执国之钧,天子是神,俾众不迷"是也。太史公律书云:"王者制事立物,法度轨则,一禀于六律,为万事之本。其于兵械,尤所重焉。故云:'望敌知吉凶,闻声效胜负。'百王不易之道也。"
及秦氏灭学,其道浸微。汉室初兴,丞相张苍首言音律,未能审备。孝武帝创置协律之官,司马迁言律吕相生之次详矣。及王莽之际,考论音律,刘歆条奏,**大率有五:一曰备数,一、十、百、千、万也;二曰和声,宫、商、角、徵、羽也;三曰审度,分、寸、尺、丈、引也;四曰嘉量,籥、合、升、斗、斛也;五曰权衡,铢、两、斤、钧、石也。**班固因而志之。蔡邕又记建武已后言律吕者。至司马绍统采而续之。汉末天下大乱,乐工散亡,器法埋灭。魏武始获杜夔,使定乐器声调。夔依当时尺度,权备典章。及武帝受命,遵而不革。至泰始十年,光禄大夫荀勖奏造新度,更铸律吕。元康中,勖子藩嗣其事,未及成功,属永嘉之乱,中朝典章,咸没于石勒。及元帝南迁,皇度草昧,礼容乐器,扫地皆尽,虽稍加采掇,而多所沦胥,终于恭、安,竟不能备。今考古律相生之次,及魏武已后言音律度量者,以志于篇云。	及秦氏灭学,其道浸微。汉室初兴,丞相张苍首言音律,未能审备。孝武帝创置协律之官,司马迁言律吕相生之次,详矣。及王莽之际,考论音律,刘歆条奏,班固因志之。蔡邕又记建武以后言律吕者,司马绍统采而续之。炎历将终,而天下大乱,乐工散亡,器法湮灭。魏武始获杜夔,使定音律,夔依当时尺度,权备典章。及晋武受命,遵而不革。至泰始十年,光禄大夫荀勖,奏造新度,更铸律吕。元康中,勖子藩,复嗣其事。未及成功,属永嘉之乱,中朝典章,咸没于石勒。及帝南迁,皇度草昧,礼容乐器,扫地皆尽。虽稍加采掇,而多所沦胥,终于恭、安,竟不能备。宋钱乐之衍京房六十律,更增为三百六十。梁博士沈重,述其名数。后魏、周、齐,时有论者。今依班志,编录五代声律度量,以志于篇云。
	汉志言律,一曰备数,二曰和声,三曰审度,四曰嘉量,五曰衡权。自魏、晋已降,代有沿革。今列其增损之要云。
无	备数
无标题	和声
京房问对 荀勖问对 五音十二律	梁武帝《钟律纬》 律管围容黍 候气 律直日
审度	审度
起度之正,汉志言之详矣。武帝泰始九年。中	史记曰:"夏禹以身为度,以声为律。"礼记曰:

审度	审度
书监荀勖校太乐,八音不和,始知后汉至魏,尺长于古四分有余。勖乃部著作郎刘恭依周礼制尺,所谓古尺也。依古尺更铸铜律吕,以调声韵。以尺量古器,与本铭寸尺无差。又,汲郡盗发六国时魏襄王冢,得古周时玉律及钟、磬,与新律声韵暗同。于时郡国或得汉时故钟,吹律命之皆应。勖铭其尺曰:"晋泰始十年,中书考古器,揆校今尺,长四分半。所校古法有七品:一曰姑洗玉律,二曰小吕玉律,三曰西京铜望臬,四曰金错望臬,五曰铜斛,六曰古钱,七曰建武铜尺。姑洗微强,西京望臬微弱,其余与此尺同。"铭八十二字。此尺者勖新尺也,今尺者杜夔尺也。 荀勖造新钟律,与古器谐韵,时人称其精密。惟散骑侍郎陈留阮咸讥其声高,声高则悲,非兴国之音,亡国之音。亡国之音哀以思,其人困。今声不合雅,惧非德正至和之音,必古今尺有长短所致也。会咸病卒,武帝以勖律与周汉器合,故施用之。后始平掘地得古铜尺,岁久欲腐,不知所出何代,果长勖尺四分,时人服咸之妙,而莫能厝意焉。	"丈夫布手为尺。"周官云:"璧羡起度。"郑司农云:"羡,长也。此璧径尺,以起度量。"易纬通卦验:"十马尾为一分。"淮南子云:"秋分而禾薪定,薪定而禾熟。律数十二薪而当一粟,十二粟而当一寸。"薪者,禾穗芒也。说苑云:"度量权衡以粟生,一粟为一分。"孙子筭术云:"蚕所生吐丝为忽,十忽为秒,十秒为毫,十毫为厘,十厘为分。"此皆起度之源,其文舛互。唯汉志:"度者,所以度长短也,本起黄钟之长。以子穀秬黍中者,一黍之广度之,九十黍为黄钟之长。一黍为一分,十分为一寸,十寸为一尺,十尺为一丈,十丈为一引,而五度审矣。"后之作者,又凭此说,以律度量衡,并因秬黍,散为诸法。其率可通故也。黍有大小之差,年有丰耗之异,前代量校,每有不同,又俗传讹替,渐致增损。今略诸代尺度一十五等,并异同之说如左。
史臣案:勖于千载之外,推百代之法,度数既宜,声韵又契,可谓切密,信有征也。而时人寡识,据无闻之一尺,忽周汉之二器,雷同臧否,何其谬哉!世说称"有田父于野地中得周时玉尺,便是天下正尺,荀勖试以校己所治金石丝竹,皆短校一米。"又,汉章帝时,零陵文学史奚景于泠道舜祠下得玉律,度以为尺,相传谓之汉官尺。以校荀勖,勖短四分;汉官、始平两尺,长短度同。又,杜夔所用调律尺,比勖新尺,得一尺四分七氂。魏景元四年,刘徽注九章云:王莽时刘歆斛尺弱于今尺四分五氂,比魏尺其斛深九寸五分五氂;即荀勖所谓今尺长四分半是也。元帝后,江东所用尺,比荀勖尺一尺六分二氂。赵刘曜光初四年铸浑仪,八年铸土圭,其比荀勖尺一尺五分。荀勖新尺惟以调音律,至于人间未甚流布,故江左及刘曜仪表,并与魏尺略相依准。	十五等尺 一、周尺 汉志王莽时刘歆铜斛尺。 后汉建武铜尺。 晋泰始十年荀勖律尺,为晋前尺。 祖冲之所传铜尺。 二、晋田父玉尺 梁法尺,实比晋前尺一尺七厘。 三、梁表尺 实比晋前尺一尺二分二厘一毫有奇。 四、汉官尺 实比晋前尺一尺三分七毫。 晋时始平掘地得古铜尺。 五、魏尺 杜夔所用调律,比晋前尺一尺四分七厘。 六、晋后尺 实比晋前尺一尺六分二厘。 七、后魏前尺 实比晋前尺一尺二寸七厘。 八、中尺 实比晋前尺一尺二寸一分一厘。 九、后尺 实比晋前尺一尺二寸八分一厘。即开皇官尺及

审度	审度
	后周市尺。 后周市尺,比玉尺一尺九分三厘。 开皇官尺,即铁尺,一尺二寸。 十、东后魏尺 实比晋前尺一尺五寸八毫。 十一、蔡邕铜籥尺 后周玉尺,实比晋前尺一尺一寸五分八厘。 十二、宋氏尺 实比晋前尺一尺六分四厘。 钱乐之浑天仪尺。 后周铁尺。 开皇初调钟律尺及平陈后调钟律水尺。 十三、开皇十年万宝常所造律吕水尺 实比晋前尺一尺一寸八分六厘。 十四、杂尺 赵刘曜浑天仪土圭尺,长于梁法尺四分三厘,实比晋前尺一尺五分。 十五、梁朝俗间尺 长于梁法尺六分三厘,短于刘曜浑仪尺二分,实比晋前尺一尺七分一厘。

嘉量	嘉量
周礼:"桌氏为量,蘸深尺,内方尺而圆其外,其实一蘸。其臀一寸,其实一豆。其耳三寸,其实一升。重一钧,其声中黄钟。概而不税。其铭曰:'时文思索,允臻其极。嘉量既成,以观四国。永启厥后,兹器维则。'"春秋左氏传曰:"齐旧四量,豆、区、蘸、钟。四升曰豆,各自其四,以登于蘸。"四豆为区,区斗六升也。四区为蘸,六斗四升也。蘸十则钟,六十四斗也。郑玄以为蘸方尺,积千寸,比九章粟米法少二升八十一分升之二十二。**以算术考之**,古斛之积凡一千五百六十二寸半,方尺而圆其外,减傍一鳌八豪,其径一尺四寸一分四豪七秒二忽有奇,而深尺,即古斛之制也。 九章商功法程粟一斛,积二千七百寸;米一斛,积一千六百二十七寸;菽苔麻麦一斛,积二千四百三十。此据精粗为率,使价齐,而不等其器之积寸也,以米斛为正,则同于汉志。	周礼,桌氏"为量,蘸深尺,内方尺而圆其外,其实一蘸;其臀一寸,其实一豆。其耳三寸,其实一升。重一钧,其声中黄钟。概而不税。其铭曰:'时文思索,允臻其极。嘉量既成,以观四国。永启厥后,兹器维则。'"春秋左氏传曰:"齐旧四量,豆、区、蘸、钟。四升曰豆,各自其四,以登于蘸。"六斗四升也。"蘸十则钟",六十四斗也。郑玄以为方尺积千寸,比九章粟米法少二升、八十一分升之二十二。**祖冲之以算术考之**,积凡一千五百六十二寸半。方尺而圆其外,减傍一厘八豪七秒二忽有奇而深尺,即古斛之制也。 九章商功法程粟一斛,积二千七百寸。米一斛,积一千六百二十寸。菽苔麻麦一斛,积二千四百三十寸。此据精粗为率,使价齐而不等。其器之积寸也。以米斛为正,则同于汉志。孙子算术曰:"六粟为圭,十圭为秒,十秒为撮,十撮为

嘉量	嘉量
魏陈留王景元四年,刘徽注九章商功曰:"当今大司农斛,圆径一尺三寸五分五氂,深一尺,积一千四百四十一寸十分寸之三。王莽铜斛,于今尺为深九寸五分五氂,径一尺三寸六分八氂七豪,以徽术计之,于今斛为容九斗七升四合有奇。"魏斛大而尺长,王莽斛小而尺短也。	勺,十勺为合。"应劭曰:"圭者自然之形,阴阳之始。四圭为撮。"孟康曰:"六十四黍为圭。"汉志曰:"量者,龠、合、升、斗、斛也,所以量多少也。本起于黄钟之龠。用度数审其容,以子穀秬黍中者千有二百,实其龠,以井水准其概。合龠为合,十合为升,十升为斗,十斗为斛,而五量嘉矣。其法用铜,方尺而圆其外,旁有庣焉。其上为斛,其下为斗,左耳为升,右耳为合、龠。其状似爵,以麋爵禄。上三下二,参天两地。圆而函方,左一右二,阴阳之象也。圆象规,其重二钧,备气物之数,各万有一千五百二十也。声中黄钟,始于黄钟而反覆焉。"其斛铭曰:"律嘉量斛,方尺而圆其外,庣旁九厘五毫,幂百六十二寸,深尺,积一千六百二十寸,容十斗。"**祖冲之以圆率考之**,此斛当径一尺四寸三分六厘一毫九秒二忽,庣旁一分九毫有奇。刘歆庣旁少一厘四毫有奇,歆数术不精之所致也。
	魏陈留王景元四年,刘徽注九章商功曰:"当今大司农斛圆径一尺三寸五分五厘,深一尺,积一千四百四十一寸十分寸之三。王莽铜斛于今尺为深九寸五分五厘,径一尺三寸六分八厘七毫。以徽术计之,于今斛为容九斗七升四合有奇。"此魏斛大而尺长,王莽斛小而尺短也。
	梁、陈依古。 齐以古升五升为一斗。 后周武帝"保定元年辛巳五月,晋国造仓,获古玉升。暨五年乙酉冬十月,诏改制铜律度,遂致中和。累黍积龠,同兹玉量,与衡度无差。准为铜升,用颁天下。内径七寸一分,深二寸八分,重七斤八两。天和二年丁亥,正月癸酉朔,十五日戊子校定,移地官府为式。"此铜升之铭也。其玉升铭曰:"维大周保定元年,岁在重光,月旅蕤宾,晋国之有司,修缮仓廪,获古玉升,形制典正,若古之嘉量。太师晋国公以闻,敕纳于天府。暨五年岁在协洽,皇帝乃诏稽准绳,考灰律,不失圭撮,不差累黍。遂镕金写之,用颁天下,以合太平权衡度量。"今若以数计之,玉升积玉尺一百一十寸八分有奇,斛积一千一百八寸五

嘉量	嘉量
	分七厘三毫九秒。又甄鸾算术云："玉升一升，得官斗一升三合四勺。"此玉升大而官斗小也。以数计之，甄鸾所据后周官斗，积玉尺九十七寸有奇，斛积九百七十七寸有奇。后周玉斗并副金错铜斗及建德六年金错题铜斗实，同以秬黍定量。以玉称权之，一升之实，皆重六斤十三两。开皇以古斗三升为一升。大业初，依复古斗。

衡权	衡权
衡权者，衡，平也；权，重也。衡所以任权而均物，平轻重也。古有黍、絫、锤、锱、镮、钧、锊、溢之目，历代参差。汉志言衡权名理甚备，自后变更，其详未闻。元康中，裴頠以为医方人命之急，而称两不与古同，为害特重，宜因此改治权衡，不见省。赵石勒十八年七月，造建德殿，得圆石，状如水碓，铭曰："律权石，重四钧，同律度量衡。有辛氏造。"续咸议，是王莽时物。	衡者，平也；权者，重也。衡所以任权而钧物平轻重也。其道如底，以见准之正，绳之直。左旋见规，右折见矩。其在天也，佐助璇玑，斟酌建指，以齐七政，故曰玉衡。权者，铢、两、斤、钧、石也，以称物平施，知轻重也。古有黍、絫、锤、锱、镮、钧、锊、镒之目，历代差变，其详未闻。前志曰：权本起于黄钟之重。一龠容千二百黍，重十二铢。两之为两，二十四铢为两。十六两为斤。三十斤为钧。四钧为石。五权谨矣。其制以义立之，以物钧之。其余大小之差，以轻重为宜。圜而环之，令之肉倍好者，周旋亡端，终而复始，亡穷已也。权与物钧而生衡，衡运生规，规圆生矩，矩方生绳，绳直生准。准正则衡平而钧权矣。是为五则，备于钧器，以为大范。案赵书，石勒十八年七月，造建德殿，得圆石，状如水碓。其铭曰："律权石，重四钧，同律度量衡。有辛氏造。"续咸议是王莽时物。后魏景明中，并州人王显达，献古铜权一枚，上铭八十一字。其铭云："律权石，重四钧。"又云："黄帝初祖，德匝于虞。虞帝始祖，德匝于新。岁在大梁，龙集戊辰。戊辰直定，天命有人。据土德，受正号即真。改正建丑，长寿隆崇。同律度量衡，稽当前人。龙在己巳，岁次实沈，初班天下，万国永遵。子子孙孙，享传亿年。"此亦王莽所制也。其时太乐令公孙崇，依汉制先修称尺，及见此权，以新称称之，重一百二十斤。新称与权，合若符契。于是付崇调乐。孝文时，一依汉志作斗尺。梁、陈依古称。齐以古称一斤八两为一斤。周玉称四两，当古称四两半。开皇以古称三斤为一斤，大业中，依复古秤。

　　资料来源：表格中引文分别取自中华书局 1973 标点本《隋书》，第 385—412 页；以及 1974 年标点本《晋书》，第 473—493 页。

由表 4.2 可见,《晋志》和《隋志》有非常多的关联,有些地方是一样或类似的,有些不一样,还有一些是各自独有的。让我们来逐步加以分析讨论:

首先,我们发现两者在篇章结构上存在明显的差别。《晋志》由五部分组成——序言(无标题)、和声(无标题)、审度、嘉量和衡权;《隋志》由六部分组成——序言(无标题)、备数、和声、审度、嘉量和衡权。也就是说,《隋志》比《晋志》多了"备数"的内容。事实上,班固在《汉书·律历志》中记录了刘歆的律历体系,即:备数、和声、审度、嘉量和衡权。① 《隋志》其实完全沿用了《汉志》的结构,《晋志》亦沿用《汉志》,但独缺"备数"。另外,《隋志》对《汉志》的引用也多于《晋志》,如《隋志》审度"唯汉志者"云云,在对应的《晋志》中是没有的。

两志另一个显见的差别是:《晋志》着重于魏晋,极少论及南北朝故事;而《隋志》则着重五代,较少魏晋故事。这一差别很容易理解。因为《晋志》主讲晋朝历史,《隋志》实为五代史志。《晋志》中有大量篇节,主要是关于荀勖的律尺改革,实际上是李淳风直接录自沈约的《宋书·律历志》(后文简称为《宋志》)。② 对于宋、齐两朝故事,《晋志》中几乎没有,《隋志》则简略论及。这一原因亦很好理解:因为已有《宋书》和《魏书》两部律历志了(后文简称《魏书·律历志》为《魏志》)。两志的时间分野见表 4.3。

表 4.3　《晋书·律历志上》《隋书·律历志上》的时间分野

	魏、晋 (220—420)	宋、齐 (420—502)	五代 (502—589)
《晋书·律历志上》	详	无	无
《隋书·律历志上》	略	略	详

总之,两志负责的时段有差,《晋志》对于魏晋故事的论述(主要是荀勖),多于《隋志》;《隋志》对于《汉志》的引用多于《晋志》,《隋志》完全采用《汉志》

---

① [汉]班固:《汉书》,第 955—956 页。

② Howard L. Goodman, *Xun Xu and the Politics of Precision in Third-Century AD China*, Boston: Leiden Boston Press, 2010.

的结构，《晋志》独缺"备数"。当然，《隋志》和《晋志》也有不少完全相同或相似的地方，总结起来可以分为三部分：一是一些李淳风对《周礼》《史记》《汉书》的引用；二是一些关于数学、度量衡的内容；三是一些李氏自己的论述。

李淳风在《隋志》中完全采用《汉志》结构的原因是，他以《隋志》直接继承《汉志》，即在《隋志》中说："今依班志，编录五代声律度量，以志于篇云"，以及"《汉志》言律，一曰备数，二曰和声，三曰审度，四曰嘉量，五曰衡权。自魏、晋已降，代有沿革。今列其增损之要云"。其实，我们在李氏对《汉志》的引用和赞赏中可以看出他将《汉志》视为一个完备律例体系之典范。在《晋志》中，李氏虽没有完全纳采《汉志》体系，但也引用到了《汉志》的这五部分内容。①

笔者发现有一句话特别关键，它不仅体现了李淳风对晋朝律历的看法，更可以用来解释为何《晋志》缺少了"备数"。在两志的序言论述完晋朝律历的发展之后，李淳风说："终于恭、安，竟不能备。"恭帝、安帝是晋朝最后两个皇帝，因此李氏即是说有晋一代，律历不能完备。由此可见，李淳风对《晋志》比《汉志》独缺"备数"这一安排，正是为了显示晋朝律历的不完备。"备数"的"备"和"终于恭、安，竟不能备"的"备"有明显的直接联系。②

上述对于晋朝律历不完备的结论还可以帮助我们审核两志中那些互不相关的内容发生的时间。在《晋志》"和声"中，李淳风复制了很多《宋志》的内容，但并没有提到《宋书》或者沈约的名字。在《隋志》"和声"中，梁武帝《钟律纬》自然不会是晋朝之前的事，而且"律管围容黍""候气""律直日"也应该是完成于晋朝以后。在《隋志》"审度"中，李淳风列举了 15 等尺，在《晋

---

① 即"大率有五：一曰备数，一、十、百、千、万也；二曰和声，宫、商、角、徵、羽也；三曰审度，分、寸、尺、丈、引也；四曰嘉量，籥、合、升、斗、斛也；五曰衡权，铢、两、斤、钧、石也。"
② 如果我们上述推论正确，这一结论就可以用来区分《隋志》和《晋志》所引相关数学文献史料的年代。李淳风认为晋朝律历因为缺失"备数"而不完备，因此在李氏看来，《隋志》中的相关数学故事（如果没有注明出处）应发生在晋朝以后。进一步说，我们还可以尝试以此区分《九章算术》中的刘徽注和李淳风等人之注。刘徽活跃于魏晋时期，通过对比《九章算术》的注释和《隋志》的相关内容，如果发现两者类似或者相同，并且没有注明出处，则基本可以排除是刘徽注，而可以认为是李淳风等的注释。当然，在本章中，笔者并不会在此方向上展开过多，如何区分今存《九章算术》注释中哪些为刘徽注，哪些为李淳风注，是一个至今没有解决的问题。笔者会在此处对这一问题有所考虑，得益于林力娜教授的指引，在此深表感谢。

志》"审度"中,有相对应的第 2、4、5、6、14 种尺,都成于晋朝或者晋代。[1] 而在《隋志》中增加的尺,亦是为了显示晋朝律历的不完备性。在《隋志》"嘉量"中,有一处提到"祖冲之以算术考之",在对应的《晋志》"嘉量"中只有"以算术考之",缺"祖冲之"三字。因此不少学者只引《隋志》不引《晋志》,甚至有学者为了佐征自己的观点认为《隋志》中衍了"祖冲之"三字,[2]这些都是误解。实际上,这只是李淳风的写作规范,他在《晋志》中避免提及晋朝之后学者的名字(这也可以解释他为什么没有提到沈约或者魏收的名字)。《晋志》"衡权"非常短,《隋志》"衡权"引用了王莽 81 字的铭文,是为了显示其律历体系的完备性。

三、李淳风对前史律历志的态度

在本节中,笔者通过分析李淳风对前史律历志的引用来揭示李氏对前史律历诸志的看法。贞观十五年,当李淳风开始撰写两书律历志之时,他所面对的是极为繁杂的文献。显然,并不是所有的历史著作中都包含律历志(如陈寿《三国志》就没有律历志)。写书志的传统是从司马迁《史记》八书开始的。《史记》包含了律书和历书,《汉书》则首次将律、历合志,名曰"律历志"。此后,蔡邕《东观汉记》有律历志,[3]司马彪《续汉书》也有律历志,这部分内容后来被编入《后汉书》,就是我们今天看到的《后汉书·律历志》(后文简称为《后汉志》)。晋朝之后,梁沈约《宋书》和北齐魏收《魏书》都有律历志。此外,梁萧子显《南齐书》有书志,但其中并没有律历志。这些基本就是我们今天所知的大致情况。

《史记》《汉书》《续汉书》和《东观汉记》记载的是从五帝时期到汉末的

---

① 第 14 种尺,完成于十六国的刘赵政权时期。
② 郭书春:《刘徽与王莽铜斛》,《自然科学史研究》1998 年第 1 期。
③ 《东观汉记》今已不存,可参见《后汉书》之记载。([南朝宋]范晔:《后汉书》,第 3082—3084 页。)

历史,《宋书》和《魏书》记载的是刘宋和北魏的历史,李淳风对于这些文献的引用方式是有区别的。在《晋志》和《隋志》中,李淳风引用《史记》《汉书》《续汉书》和《东观汉记》时,都会提到书名或者作者的名字。然而,在引用《宋书》和《魏书》时,情况则有所不同。在《隋书》中,李淳风分别引《宋志》和《魏志》一次。《隋书·律历志中》,李淳风提到何承天改历,直接说《宋书》;①《隋书·律历志上》,"审度"谈到东魏尺,也是直接提到"魏收《魏史·律历志》"。② 相应地,在《晋书》中,除了我们之前已经提到的,李淳风复制了《宋书·律历志上》关于荀勖改革律尺的记载外,《晋书·律历志下》关于《景初历》的记载也几乎全部录自《宋书·律历志中》。在这两处长篇摘录中,李淳风都没有提到《宋书》或者沈约的名字。这种引用方式的差别,其原因除了李氏在《晋志》中避免提到晋朝以后的书名或者人名外,也有可能在于他对这些律历志有着不同的态度。在《隋志》中,李淳风对《宋志》《魏志》引用很少,在《晋志》中则大量不著名复制,这可能是由于他对这两部律历志的尊重不及前四部史书。

事实上,《隋志》和《晋志》各自序言的第二节大部分内容是相同的(《晋书》相应部分只多了黑体标示的文字),李淳风在其中既表达了他对晋朝律历的看法,也表达了他对前史律历志的看法。在《隋志》序言"及秦氏灭学"一段中,李淳风同时叙述了他对律历体系历史和律历志历史的看法。李氏对律历体系历史的看法,主要体现在"备"这个字上。李氏认为,未能"备"律历体系的有"首言音律"的张苍和"权备典章"的杜夔,即李氏认为实际上魏朝的律历也是不完备的。"备"律历体系的是刘歆(班固《汉志》的记载)。这里值得注意的是,李淳风对于荀勖及其子荀藩的评价,是"未及成功"。这就是说,尽管在《晋志》中李淳风对于荀勖的工作高度赞美(即表 4.2 中"史臣案"段),但这只是从律尺的角度而论。从律历体系的完备性上来说,李淳风认为

---

① [唐]魏徵、令狐德棻等:《隋书》,第 426 页。
② 同上书,第 405 页。

荀勖及其子的工作是有缺憾的。这段中李淳风叙述的律历志历史,就是从司马迁《史记》到班固《汉书》到蔡邕《东观汉记》再到司马彪(即司马绍统)《续汉书》的历史;而《宋书·律历志》和《魏书·律历志》都没有被纳入律历志的历史中,似乎李淳风认为,司马彪之后,便没有值得记录的律历志了。

为什么李淳风持有这样的看法? 我们已经知道他以《隋志》直接承继了《汉志》的律历体系,又故意以《晋志》独缺"备数"部分,表明晋朝律历体系的不完备。实际上,在《隋书·律历志上》和《隋书·律历志中》的序言中,李淳风分别说:"今依班志,编录五代声律度量,以志于篇云"①和"今采梁天监以来五代损益之要,以著于篇云"②。这即明确表示《隋志》继承《汉志》。同时在《晋书·律历志上》和《晋书·律历志中》开头,李淳风又分别说:"今考古律相生之次,及魏武已后言音律度量者,以志于篇云"③和"今采魏文黄初已后言历数行事者,以续司马彪云"④。这即明确表示《晋志》继承《续汉书·律历志》。笔者将李淳风对于前朝律历和律历志的看法制成表 4.4、表 4.5,如下。

表 4.4　李淳风对于律历体系历史的看法

	汉朝	魏晋	隋唐
律历体系	完备	不完备	?

表 4.5　李淳风对于律历志历史的看法

	《史记》《汉书》《东观汉记》《续汉书》	《宋书》《魏书》	《晋书》	《隋书》
律历志	正面价值	负面价值	继承《续汉书》	继承《汉书》

注:此处的"正面价值"和"负面价值"主要指两方面:一是李淳风认为前四部史书构成了律历志的历史,而在此之后的律历志(即《宋志》《魏志》)不值得写入历史,他的《晋志》《隋志》是对前四部史书的继承;二是李淳风认为汉唐之间的朝代没有完备的律历体系,这些朝代也不具有正统性,因而书写于这些朝代的律历志不值得写入历史。

---

① [唐]魏徵、令狐德棻等:《隋书》,第 386 页。
② 同上书,第 416 页。
③ [唐]房玄龄等:《晋书》,第 474 页。
④ 同上书,第 498 页。

根据表 4.4 和表 4.5,合理的推论是李淳风认为隋唐的律历体系是完备的。李淳风似乎在强烈地暗示,隋朝及其继承者唐朝,是汉朝律历体系的直接继承者。这不禁让人想起唐初有关唐朝正统性来源的争论。① 隋朝王通提出了隋继汉统的理论,后来其孙王博又进一步发展出唐继汉统的理论,这一说法最后得到武则天的支持。② 通过对《晋志》和《隋志》的精心撰写,李淳风把一个朝代的正统性直接和它律历体系的完备性联系起来,因而对径承汉统之说构成了实际上的支持。晋朝的律历体系是不完备的,故而不可继承汉朝。汉朝的继承者,不仅需要继承其强大的政治力量,还需要全面继承其律历体系,包括数和数学(即备数)、音律(即和声)、度量衡体系(即审度、嘉量、衡权)以及历法,而所有这些都关乎礼制和朝廷的行政管理。笔者认为,这就是李淳风撰写两书三志的指导思想。

四、李淳风的律历体系

李淳风能够在《晋志》中呈现出晋朝律历之不完备,又能在《隋志》中呈现出隋唐律历体系之完备,其关键就在于对“备数”的选择性书写。本节将分析李淳风的律历体系,尤其是“备数”在其中所起的作用。

《隋志》“备数”依据《汉志》之体例,其内容又受到《后汉书·律历志》(后文简称为《后汉志》)的影响,其中的许多内容是研究数学史和度量衡史的学者经常关注的,笔者在此将对之重新加以讨论。为此,笔者先将《隋志》《汉志》和《后汉志》中的相关内容,制成对比表 4.6。

---

① 刘浦江:《南北朝的历史遗产与隋唐时代的正统论》,《文史》2013 年第 2 期。
② 同上。

表4.6　《汉书·律历志上》《后汉书·律历志上》和《隋书·律历志上》比较

汉书·律历志上	后汉书·律历志上	隋书·律历志上
备数	无标题	备数
数者，一、十、百、千、万也，所以筭①数事物，顺性命之理也。书曰："先其筭命。"本起于黄钟之数，始于一而三之，三三积之，历十二辰之数，十有七万七千一百四十七，而五数备矣。其筭法用竹，径一分，长六寸，二百七十一枚而成六觚，为一握。径象乾律黄钟之一，而长象坤吕林钟之长。其数以易大衍之数五十，其用四十九，成阳六爻，得周流六虚之象也。夫推历生律制器，规圜矩方，权绳衡平，准绳嘉量，探赜索隐，钩深致远，莫不用焉。度长短者不失豪氂，量多少者不失圭撮，权轻重者不失黍絫，纪于一，协于十，长于百，大于千，衍于万，其法在筭术。宣于天下，小学是则。职在太史，羲和掌之。	古之人论数也，曰"物生而后有象，象而后有滋，滋而后有数。"然则天地初形，人物既著，则筭数之事生矣。记称大桡作甲子，隶首作数。二者既立，以比日表，以管万事。夫一、十、百、千、万，所用用也。律、度、量、衡、历，其别用也。故体有长短，检以度；物有多少，受以量；量有轻重，平以权衡；声有清浊，协以律吕；三光运行，纪以历数；然后幽隐之情，精微之变，可得而综也。	五数者，一、十、百、千、万也。传曰："物生而后有象，滋而后有数。"是以言律者，云数起于建子，黄钟之律，始一，而每辰三之，历九辰至酉，得一万九千六百八十三，而五数备成，以为律法。又参之，终亥，凡历十二辰，得十有七万七千一百四十七，而辰数该矣，以为律积。以成法除该积，得九寸，即黄钟宫律之长也。此则数因律起，律以数成，故可历管万事，综核气象。其筭用竹，广二分，长三寸，正策三廉，积二百一十六枚，成六觚，乾之策也。负策四廉，积一百四十四枚，成方，坤之策也。觚方皆经十二，天地之大数也。是故探赜索隐，钩深致远，莫不用焉。一、十、百、千、万，所同由也。律、度、量、衡、历率，其别用也。故体有长短，检之以度，则不失毫厘。物有多少，受之以器，则不失圭撮。量有轻重，平之以权衡，则不失黍丝。声有清浊，协之以律吕，则不失宫商。三光运行，纪以历数，则不差晷刻。事物糅见，御之以率，则不乖其本。故幽隐之情，精微之变，可得而综也。

续表

汉书·律历志上	后汉书·律历志上	隋书·律历志上
备数	无标题	备数
		夫所谓率者,有九流焉:一曰方田,以御田畴界域。二曰粟米,以御交质变易。三曰衰分,以御贵贱廪税。四曰少广,以御积幂方圆。五曰商功,以御功程积实。六曰均输,以御远近劳费。七曰盈朒,以御隐杂互见。八曰方程,以御错糅正负。九曰句股,以御高深广远。皆乘以散之,除以聚之,齐同以通之,今有以贯之。则筭数之方,尽于斯矣。 古之九数,圆周率三,圆径率一,其术疏舛。自刘歆、张衡、刘徽、王蕃、皮延宗之徒,各设新率,未臻折衷。宋末,南徐州从事史祖冲之,更开密法,以圆径一亿为一丈,圆周盈数三丈一尺四寸九厘二秒七忽,朒数三丈一尺四寸一分五厘九毫二秒六忽,正数在盈朒二限之间。密率,圆径一百一十三,圆周三百五十五。约率,圆径七,周二十二。又设开差幂,开差立,兼以正圆参之。指要精密,筭氏之最者也。所著之书,名为缀术,学官莫能究其深奥,是故废而不理。

资料来源:表格中引文分别取自中华书局 1962 年标点本《汉书》,第 956 页;1965 年标点本《后汉书》,第 2999 页;以及中华书局 1973 年标点本《隋书》,第 387—388 页。

① 中华书局 1962 年标点本《汉书》与 1973 年标点本《隋书》,皆作"算"。按《汉书》出版说明,其底本取清人王先谦《汉书补注》为底本([汉]班固:《汉书》,第 4 页)。又《隋书·律历志上》出一校勘,云"'算'原作'筭'。按'筭'是'算筹',与'算'本有区别,但可通用。本书原统用'筭'字,今都改为'算'"([唐]魏征、令狐德棻等:《隋书》,第 412 页)。由此可见,《汉书》《隋书》原本实际皆用"筭",以两书百衲本视之,皆然。中华书局 1965 年标点本《后汉书》取南宋绍兴本做底本,故保留"筭"字([南朝宋]范晔:《后汉书》,第 9 页)。故依据本书范例,本表中"算"统一作"筭"。

由上表可见,《隋志》"备数"可分为三节。第一节是关于数的总论,谈到了数的起源、算筹的规制和数的规制。《隋志》的这一部分内容,是在《汉志》和《后汉志》的基础上完成的。《汉志》提到了五数,李淳风给出了更复杂的说法;《汉志》提到了算筹的规制,李氏进一步结合《周易》给出正算筹、负算筹的规制。李淳风比较重要的发挥在于其对数的作用的论述。《后汉志》说:"夫一、十、百、千、万,所同用也。律、度、量、衡、历,其别用也。"李氏则说:"一、十、百、千、万,所同由也。律、度、量、衡、历、率,其别用也。"多了"率"一项内容。然后,他也添上了"事物糅见,御之以率,则不乖其本。"从现有的文献看,李淳风是第一个把"率"一项引入律历志的学者。

《隋志》"备数"第二、三两节,是《汉志》和《后汉志》没有的。第二节,正是讲"率"。其中引用的九个段落,正是《九章算术》九篇篇名的注释。① 李淳风最后说:"算术之方,尽于斯也。"我们可以认为李淳风所谓的"率"就是算术,也就是数学。有不少学者认为《九章算术》各篇名的注释是刘徽所作,笔者认为这些注释实际上出自李淳风等。理由主要有四:其一,如果这些部分是刘徽所作,根据李淳风撰写《隋志》的原则,他应该加上刘徽的名字;其二,是李淳风引入了"率",因此他自己对率进行注解也是顺理成章的;其三,根据李淳风等对十部算经的注释,我们可以看到他们经常进行名词解释,而这些注释也是对《九章算术》篇名的解释,是符合他们注释的风格的;其四,李籍《九章算术音义》也提到了这些注释,但是他只提到了《隋志》而没有提到刘徽。②

《隋志》"备数"的第三节,是关于圆周率的。李淳风撰写了前人研究圆周率的历史,祖冲之圆周率则被其视为最佳结果。

综上所述,李淳风在《隋志》"备数"第一节引入了"率",在第二节他解释率就是算术,即数学。然而,这只是他对率之解释的一个方面。表4.2《晋志》序言的黑体字部分和《隋志》序言的对应部分尤为重要,是理解李淳风律历体系的关键,笔者特做表4.7。

---

① 即一曰方田,以御田畴界域。二曰粟米,以御交质变易。三曰衰分,以御贵贱廪税。四曰少广,以御积幂方圆。五曰商功,以御功程积实。六曰均输,以御远近劳费。七曰盈朒,以御隐杂互见。八曰方程,以御错糅正负。九曰句股,以御高深广远。
② 郭书春汇校:《汇校〈九章筭术〉》(增补版),第819页。

表 4.7 李淳风的率和律

晋书·律历志上	隋书·律历志上
大率有五：一曰备数，一、十、百、千、万也；二曰和声，宫、商、角、徵、羽也；三曰审度，分、寸、尺、丈、引也；四曰嘉量，籥、合、升、斗、斛也；五曰权衡，铢、两、斤、钧、石也。	汉志言律，一曰备数，二曰和声，三曰审度，四曰嘉量，五曰衡权。

对于同样的两部分内容，李淳风既说"大率有五"，又说"《汉志》言律"。显然，在李淳风的观念里面，"大率"等于"律"。另一方面，"率"等于算术，也就是数学；而"律"在《晋志》和《隋志》中，也狭指律吕或音律。所以，我们可以说，在李淳风看来，率有大小，律也有大小。大率等于律，等于"律历志"的律，指备数、和声、审度、嘉量、衡权五部分内容。小率，即率，等于算术或数学；小律，等于律吕或音律。

同时，率（算术或数学）又是备数的一部分。在李淳风看来，数（备数）是比数学（率）大的。因为数有多种用法，数学只是其中之一。律、度、量、衡、历、率（即律吕、度、量、衡、历法和算术）这六样东西，都是数（备数）的不同的用法。李淳风的律历体系比较复杂（见表 4.8），在这样一个体系中一共有七项内容，其中备数是其他六项的基础，其他六项都是关于数的不同知识或用法。备数、和声、审度、嘉量、衡权是五个大率，其中备数之下，又有算术，即小率。共有五种工具对应这七项内容。和声需要律管，审度需要尺，嘉量需要容器，衡权需要权，备数、算术和历法都需要算筹。

表 4.8 李淳风的律历体系

律历	律或大率					历
知识/用法	和声	审度	嘉量	衡权	备数（包括算术或率）	历法
工具	律管	尺	容器	权	算筹	

让我们回过头再对《隋志》"备数"后两节作进一步分析。这两节分别谈到算术和圆周率，在表 4.1《隋志》"嘉量"部分，我们发现正好有两句话，是《晋志》没有的。一句是在《隋志》"嘉量"的开头，讨论周鬴的体积，李淳风最后说"祖冲之以算术考之"。另一句是在对王莽铜斛规制的讨论中，李淳风最后说"祖冲之以圆率考之"。这两句话中，李淳风都把祖冲之的工作作为

最佳的判断标准,这与其以祖冲之圆周率为最佳的看法一致。而且,其中"算术"、"圆率"正对应着《隋志》"备数"的后两节。由此可见,李淳风在《汉志》和《后汉志》的基础上,在《隋志》中加入了算术、圆率两部分内容,而这两部分内容正好是祖冲之考证周髀和王莽铜斛所需要用到的。因此,李淳风就通过这样一种方式证明了备数的基础地位,即嘉量需要用到备数(具体来说是算术和圆率)。同时,李氏也证明了,由于晋朝没有备数,更缺乏算术、圆率两部分内容,因而律历体系不可能完备。

如果我们把视野拓展到李淳风等对《九章算术》的注释,可以发现李氏一直在强调数学在律历体系中的重要性。《九章算术》卷五第 25 问、第 28 问是此处讨论的重点,它们与《隋志》联系紧密,见表 4.9。

表 4.9　《九章算术》注释和《隋书·律历志上》比较

九章算术	隋书·律历志上
卷五第 28 问	**嘉量**
于徽术,当置米积尺,以三百一十四米乘之,为实。二十五乘困高,为法。所得,开方除之,即周也。此亦据见幂以求周,失之于微少也。晋武库中有汉时王莽所作铜斛。其篆书字题斛旁云:律嘉量斛,方一尺而圆其外,庣旁九氂五毫,幂一百六十二寸,深一尺,积一千六百二十寸,容十斗。及斛底云:律嘉量斗,方尺而圆其外,庣旁九厘五毫,幂一百六十二寸,深一寸,积一百六十二寸,容一斗。合、龠皆有文字。升居斛旁,合、龠在斛耳上。后有赞文与今律历志同。亦魏晋所常用。今粗疏王莽铜斛文字尺寸分数。然不尽得升、合、勺之文字。按:此术本周自相乘,以高乘之,十二而一,得此积。今还元,置此积以十二乘之,令高自一,即复本周自乘之数。凡物自乘,开方除之复本数。故开方除之,即得也。	其斛铭曰:"律嘉量斛,方尺而圆其外,庣旁九厘五毫,幂百六十二寸,深尺,积一千六百二十寸,容十斗。"祖冲之以圆率考之,此斛当径一尺四寸三分六厘一毫九秒二忽,庣旁一分九毫有奇。刘歆庣旁少一厘四毫有奇,歆数术不精之所致也。
	衡权
	后魏景明中,并州人王显达,献古铜权一枚,上铭八十一字。其铭云:"律权石,重四钧。"又云:"黄帝初祖,德匝于虞。虞帝始祖,德匝于新。岁在大梁,龙集戊辰。戊辰直定,天命有人。据土德,受正号即真。改正建丑,长寿隆崇。同律度量衡,稽当前人。龙在己巳,岁次实沈,初班天下,万国永遵。子子孙孙,享传亿年。"此亦王莽所制也。
卷五第 25 问	**嘉量**
谓积二千四百三十寸。此为以精粗为率,而不等其㮚也。粟率五,米率三故米一斛于粟一斛五分之三。菽、荅、麻、麦亦如本率。云故	周礼,㮚氏"为量,䵽深尺,内方尺而圆其外,其实一䵽;其臀一寸,其实一豆,其耳三寸,其实一升。重一钧。其声中黄钟。概而不税。其铭

续表

卷五第 25 问	嘉量
谓此三量器为斛,而皆不合于今斛。当今大司农斛圆径一尺三寸五分五厘,正深一尺。于徽术为积一千四百四十一寸,排成余分又有十分寸之三。王莽铜斛于今尺为深九寸五分五厘,径一尺三寸六分八厘二毫。以徽术计之,于今斛为容九斗七升四合有奇。周官考工记㮚氏为量:深一尺,内方一尺而圆外,其实一鬴。于徽术此圆周积一千五百七十六寸。左氏传曰:齐旧四量豆、区、釜、钟。四升曰豆,各自其四,以登于釜。釜十为钟。钟六斛四斗。釜六斗四升,方一尺,深一尺,其积一千寸。若此方积容六斗四升,则通外圆积成旁,幂十四合一龠五分之三也。以数相乘之,则斛之制,方一尺而圆其外,庞旁一厘七毫,幂一百五十六寸四分之二,深一尺积一千五百六十二寸半,容十斗。 **王莽铜斛与汉书律历志所论斛同。**	曰:'时文思索,允臻其极。嘉量既成,以观四国。永启厥后,兹器维则。'春秋左氏传曰:"齐旧四量,豆、区、鬴、钟。四升曰豆,各自其四,以登于鬴。"六斗四升曰也。"鬴十则钟",六十四斗也。郑玄以为方尺积千寸,比九章粟米法少二升,八十一分升之二十二。祖冲之以筭术考之,积凡二千五百六十二寸半。方尺而圆其外,减傍一厘八毫。其径一尺四寸一分四毫七秒二忽有奇而深尺,即古斛之制也。 九章商功法程粟一斛,积二千七百寸。米一斛,积一千六百二十寸。菽荅麻麦一斛,积二千四百三十寸。此据精粗为率,使价齐而不等。其器之积寸也,以米斛为正,则同于汉志。 魏陈留王景元四年,刘徽注九章商功曰:"当今大司农斛圆径一尺三寸五分五厘,深一尺,积一千四百四十一寸十分寸之三。王莽铜斛于今尺为深九寸五分五厘,径一尺三寸六分八厘七毫。以徽术计之,于斛为容九斗七升四合有奇。"此魏斛大而尺长,王莽斛小而尺短也。

	审度
	魏陈留王景元四年,刘徽注九章云,王莽时刘歆斛尺,弱于今尺四分五厘。比魏尺,其斛深九寸五分五厘。即晋荀勖所云"杜夔尺长于今尺四分半"是也。

资料来源:表中所引《九章算术》据《九章算经》卷五,《宋刻算经六种》。并参考郭书春:《汇校〈九章算术〉》(增补版),第 191、193 页;Karine Chemla, Guo Shuchun, *Les Neuf Chapitres: Le Classique mathématique de la Chine ancienne et ses commentaires*, Paris: Dunod, 2004, pp. 452, 456。《隋志》引文取自中华书局 1973 年标点本《隋书》,第 385—412 页。

由于表 4.9 所引《九章算术》注文中都没有"臣李淳风谨按"的字样,因此,应将它们归于刘徽还是李淳风是有争议的。具体来说,第 25 问通常被认为是刘徽的注释,而第 28 问则争执不定。[①]在此笔者先论证它们的大部分都

---

① 郭世荣:《略论李淳风对〈九章〉及其刘徽注的注》,载吴文俊主编:《刘徽研究》,西安:陕西人民教育出版社,1993 年,第 364—375 页。

是李淳风等的注释。

第 28 问的注释说"后有赞文与今律历志同"。查唐及唐之前律历志，有王莽铜斛赞文的只有《隋书·律历志》，也就是表 4.9 右侧对应的 81 字铭文。因此这一部分只可能是李淳风等所写。李淳风先作《隋志》，再注算经，引用前文也是合理的。

第 25 问的注释中，中间一段从"当今大司农斛"到"九斗七升四合有奇"是刘徽注，这是很明确的，因为李淳风在《隋志》中引用了这部分内容，并提到了刘徽的名字。除此以外的其他部分，都是李淳风等的注释。理由有三：第一，《隋志》中实际上对其他部分也有引用，但并没有提到刘徽的名字；第二，通过表 4.9 的对比，自《隋志》可知，《九章算术》此注最后实际引用了祖冲之的工作，[1]但回避了祖冲之的名字，[2]能这样做的人只能是李淳风和他的同事；第三，此注提到了《汉书·律历志》，即"王莽铜斛与汉书律历志所论斛同"。查《九章算术》的所有注释，只有两次提到律历志，即表 4.9 所引，恰好一处对应《汉志》，一处对应《隋志》。这一提法也与李淳风认为《隋志》继承《汉志》的观点相符。

明确了第 25、28 两问注释的归属之后，我们再来看李淳风的工作。李氏撰写两书六志主体的时间是 641—648 年，继而在 648—656 年主持注释十部算经。一方面，他在书写历史的时候，引用了《九章算术》刘徽注；另一方面，他注释算经的时候，引用了他自己写的《隋志》和班固的《汉志》，而这两部律历志，根据他自己的观点，正是完备之律历体系的代表。笔者认为，李淳风实际上是在说：数学著作对于书写历史而言是必要的，而且重要的史书对于注释数学著作而言同样是必要的。通过这样的反复强调，李淳风既是在同时强化他两部分的工作，又在事实上将数学著作提升到了经典的地位。

---

① 即"以数相乘之"云云，对应着"祖冲之以筭术考之"云云。其中"一厘七毫"和"一厘八毫"，一般认为这两个数值是一样的，其中一个有抄写的错误。
② 此处李淳风不提祖冲之名字的原因和他在《晋志》中回避祖冲之名字的原因一样。

五、初唐学术与政治之关系

到现在为止，我们已就李淳风对历史的书写进行了许多分析。让我们先总结一下得到的结论，然后再从这些结论出发，检视我们所能观察到的初唐的学术和政治情况。

首先，通过《隋志》和《晋志》中刻意为之的结构上的差异，李淳风呈现出晋朝律历体系的不完备，并经五代，律历体系逐渐完备。通过赋予晋朝、南北朝律历志以负面的价值，李淳风实际上否定了晋朝法统，持有唐继汉统的观点。同时，通过对《隋志》和《晋志》的书写，李淳风推出了一个空前复杂的律历体系。在这个律历体系的七项内容中，数（包括数学）处于基础位置，其他六项（包括数学）都是数的不同运用。比较《汉志》"备数"和《隋志》"备数"可知，在李淳风看来：经五代，于《汉志》之基础上得以进一步完备的内容，主要是算术和圆率两部分。通过在《晋志》中不书"备数"，并且在《汉志》"备数"的基础上，增加这两部分内容，李淳风既说明了为何晋朝律历体系是不完备的，也说明了为何至隋朝，律历体系又逐渐完备。

事实上，这些论述背后隐含着李淳风独特的正统论。李淳风的观点是把一个王朝的合法性与其律历体系的完备性相关联，而此完备性则在很大程度上取决于数（包括数学）是否完备。根据这一理论：汉朝据有正统的原因是其具有完备的律历，即被班固写入《汉书·律历志》的刘歆体系；晋朝失去法统的原因是律历体系的不完备，具体而言是缺乏数的基础（更是缺失其中的算术和圆率两部分内容）；隋唐据有正统的原因同样是律历体系的完备，即被李淳风自己写入《隋书·律历志》中的体系。

李淳风为何会持有这样的观点，并且通过书写历史表达出来？为了回答这些问题，让我们先从正统论以及数学的作用与功能两方面回顾一下当时的历史背景。唐初对于唐朝正统性来源有过争论。[①] 简而言之，争论的原因在

---

① 　刘浦江：《南北朝的历史遗产与隋唐时代的正统论》，《文史》2013 年第 2 期。

于,唐朝继北朝之法统,而南朝则继晋朝之法统。正如欧阳修所云:"以东晋承西晋则无终,以隋承后魏则无始。"①当时主要有三种观点:一,北朝正统论;二,南朝正统论;三,径承汉统论。李淳风实际上持第三种观点。对于数学的作用和功能,在学者间也有不同的看法。儒家学者对数学的理解和功能与李淳风不同,如贾公彦就说:"计者算法,乘除之名出于此也。"②这里贾公彦把算术理解成"计"和"乘除",与李淳风在两书律历志中所着意强调的数学的基础位置和重要功能是非常不同的。此外,唐初对于国子监算学馆的数次兴废,③也从一个侧面反映出当时对于数学的作用和功能曾有非常激烈的争论。④

让我们回到贞观十五年。当时李淳风已近 40 岁,在太史局干了近 15年,逐步升到了太史丞的位置。他 40 岁之前的工作几乎全部在天文学上面。太史丞,从七品下阶,一个不大不小的官位。我们可以设想,接到撰写两书六志的任务,对他的人生是何等的重要。同时,我们可以推测,李淳风之所以接到这个任务,或许就和他提出的独特的正统观有关系。很可能在 641 年之前,李淳风就向太宗表达过他在这方面的看法,而太宗也像之前一样,愿意给他一个机会尝试。

在初唐对于唐朝正统论和数学作用功能的争论中,李淳风巧妙地找到了一个空间。这个空间就是推出一个空前的律历体系,把数学置于关乎律历体系之完备性的最为重要的位置上;并且同时推出一种新的正统理论,在这个理论中,一个王朝的正统性直接和其律历体系的完备性相关联。通过这样一种精心设计的复杂理论,李淳风表面上支持唐继汉统的学说,实则极大强调了数学的功能和作用。

李淳风及其父李播都没有明显的政治派系。李淳风是初唐少有的对数

---

①　[宋]欧阳修:《正统论(上)》,《欧阳文忠公文集》,《四部丛刊》本。

②　[汉]郑玄注,[唐]贾公彦疏,《周礼注疏》,[清]阮元校刻:《十三经注疏》,第 656 页。

③　李俨:《唐宋元明数学教育制度》,载李俨:《中算史论丛》第 4 集,北京:科学出版社,1955 年,第 238—247 页。

④　详见本书第五章第四节。

学、音律、度量衡、天文等多方面都非常精通的学者。我们可以推测,在唐初三种正统论中,李淳风是有意选择唐承汉统这一学说的。因为只有这一学说,可以让他推出他的律历体系和正统理论:不仅给他以发展律历之学的空间,而且给他以强化数学之重要性的空间。李淳风的这些看法,构成了一个极为复杂而精巧的政见。于是,当朝堂之上诸儒议论纷纷之时,李淳风也适时向太宗抛出了他的政见,并在之后将之写入两书六志以及李氏等对于十部算经的注释之中。笔者认为,只有认识到这一点,我们才能够逐渐理解李淳风对于正史的书写和对于算经的注释。

从历史发展的角度看,李淳风的理论在律历之学和正统论上,都有特殊的贡献。班固在《汉书》中记载了刘歆的五项律历体系,即备数、和声、审度、嘉量、衡权。司马彪在《续汉书》中提到了数的五种用法,即律、度、量、衡、历;他还指出律历体系实则包含六项内容(即数、律、度、量、衡、历),强调了历法也是数的用法。李淳风通过对《隋书·律历志》《晋书·律历志》的书写,推出了包含七项内容的律历体系,它们通过"率"和"律"相联系,而数(包括数学)处在基础的位置上。李氏律历体系的精巧性和复杂性都是空前的。在这个意义上,李淳风对律历之学有重要的贡献。

在中国古代,把律历和王朝正统相结合的努力一直没有停止过。当代许多学者已经在这方面做过深入的研究,留下了足够多的参考案例。如江晓原和黄一农研究过"中国古代天文计算和预测的准确性与王朝正统的关联";[1]美国学者霍华德(Howard Goodman)则研究过"律尺的精准度和王朝正统的关联"。[2] 这些研究表明,古代实际上存在着多种将律历体系和王朝正统性相关联的理论。从笔者目前掌握的知识来看,将律历体系的完备性与王朝的正统性相联系,李淳风是历史上的第一人。在《晋书》中,荀勖通过律尺的精准赋予晋朝正统性,李淳风对于荀勖对律尺的改革给予了极高的评价。李淳

---

① 　江晓原:《天学真原》,沈阳:辽宁教育出版社,1991年;黄一农:《社会天文学十讲》,上海:复旦大学出版社,2004年。

② 　Howard L. Goodman, *Xun Xu and the Politics of Precision in Third-Century AD China*, 2010.

风恰恰想要由此说明,律历体系某一部分的精深无法给王朝以正统性,只有整个律历体系的完备性才能赋予一个王朝正统性。换句话说,根据李氏理论,律历体系整体完备性的价值高过律历体系某一部分的精确性或精准度。

综上,可以说,李淳风通过书写历史给太宗建言。李氏的具体建议可能是:进一步完备隋朝的律历体系,增强唐朝的正统性,从而避免类似晋朝般短命的命运。在太宗贞观之治的背景下,在初唐包容并蓄的文化中,李淳风获得了成功,他在个人官位和身份认同都得到了最大提升的同时,推动了律历之学的发展。40 岁之前的李淳风只能以一个精于天文历算的学者的形象示人,40 岁之后则逐渐转变成更具正统意味的修史注经的学者。

让我们看一下后续发展,在完成撰写两书六志的任务后,李淳风又接到了注解数学著作的新任务。李氏统一把"某某算术"改为"某某算经",譬如把"九章算术"改为"九章算经",确立这些数学著作算学经典的地位。在完成注解算经的同时,高宗恢复国子监算学馆,并把李淳风等注释的十部算经作为教科书。后来,算学索性成为科举的一个门类,即明算科。[1] 所有这些,我们很难说跟李淳风没有关系。从这个角度来说,笔者认为在中国科学史[2]或者中国律历学史上,李淳风都是贡献极大的人物。

有趣的是,如果按照李淳风自己的观点,我们可以发现李氏一生基本上做完了他提出的律历体系的所有七项内容。可以说,李淳风倾尽毕生为唐朝完备了律历体系。是以《旧唐书》赞曰:"然史官多是文咏之士,好采诡谬碎事,以广异闻;又所评论,竞为绮艳,不求笃实,由是颇为学者所讥。唯李淳风深明星历,善于著述,所修天文、律历、五行三志,最可观采"![3]

---

① 我们不知道明算科具体设立的时间,但是根据相关史料,晚于 656 年应是可以肯定的。
② 指中国数学史、中国音乐史、中国度量衡史、中国天文学史四个学科史。
③ [后晋]刘昫等:《旧唐书》,第 2463 页。

第五章
初唐的算学与儒学

　　贞观四年(630),唐太宗诏颜师古校订《五经》,七年十一月颁新定《五经》于天下,[①]十六年(642),孔颖达等完成《五经正义》。[②] 唐高宗永徽二年(651),长孙无忌主持对《五经正义》的修订,至四年(653)完成。[③] 贾公彦早年为国子助教,在孔颖达之下参与注疏《礼记正义》;[④]永徽(650—655)中,官至太学博士,[⑤]在长孙无忌之下,参与了对《尚书正义》的刊定。[⑥] 贾氏还独注《周礼》《仪礼》《礼记》《孝经》和《论语》,[⑦]其中《周礼注疏》和《仪礼注疏》流传至今。与此相对,李淳风等也在约贞观二十二年至显庆元年之间,注释了十部算经。[⑧] 孔颖达、贾公彦等的工作统一了南北朝以来的经学,李淳风等则统一了南北朝以来的算学,儒学与算学经典并立于学官。[⑨]

　　在十部算经之中,《五经算术》是儒学与算学的交汇。南北朝后期,元延明、信都芳完成《五经宗》,甄鸾以此为基础撰《五经算术》,运用算学方法

① ［后晋］刘昫等:《旧唐书》,第 2594 页。
② 我们并不十分清楚《五经正义》修撰的具体起始时间,但孔颖达在五部经典的序中都提到贞观十六年完成了对五经的注疏。
③ ［后晋］刘昫等:《旧唐书》,第 71 页。孔颖达《五经正义》完成之后,学者们对于注疏仍然有许多争论和讨论,因此高宗时期启动了对《五经正义》的再注疏。当时孔颖达已经去世,改由长孙无忌主持,这次修订的成果基本就是传本《五经正义》。这一阶段在 651—653 年。
④ ［宋］欧阳修、宋祁:《新唐书》,第 1433 页。
⑤ ［后晋］刘昫等:《旧唐书》,第 4950 页。
⑥ ［宋］欧阳修、宋祁:《新唐书》,第 1428 页。
⑦ ［后晋］刘昫等:《旧唐书》,第 1972、1974、1981、1982 页;［宋］欧阳修、宋祁:《新唐书》,第 1433、1442、1444 页。
⑧ 详见本书第四章的论述。
⑨ 详见本书第三章的论述。

解答儒家经典中的数学问题,李淳风等为之注释,进一步将儒经文本重构为"问题+算法"形式的算学文本。另一方面,孔颖达《五经正义》、贾公彦《周礼注疏》《仪礼注疏》等解《五经算术》中所对应的数学问题,其做法则完全不同。两方的差别通过国家教育制度固化和传递,形成了运用不同方式做数学的群体,是为初唐之两大算法传统。

通过《隋书·律历志》《晋书·律历志》,李淳风暗示了其数学与王朝正统性相关联的政见。初唐国子监算学馆的建立、十部算经的编订、明算科的设立,都与李淳风的努力密不可分。[①] 然而,从某种程度说,李淳风诸般作为皆属以《九章算术》为代表的传统算学。李氏等注解《五经算术》,将传统算学加于儒家经典,却无法改变儒家形成的算法传统。算家与儒家两大算法传统之间的张力,强化了算家的弱势地位。为此,本章以李淳风等注解《五经算术》为对比,分析孔颖达、贾公彦等儒家算法之体系与特色,力图呈现出初唐数学的全貌。表 5.1 列举了本章分析所涉及之文献。

表 5.1　本章所用文献

	数学隐题	文献来源		汉代注释者	唐代注释者		
					贾公彦	孔颖达	李淳风[①]
1	桌氏为量			郑玄	√		
2	参分弓长,以其一为之尊	《周礼·考工记》			√		√
3	轵前十尺,而策半之				√		
4	去五分一以为带	《仪礼·丧服》			√	√	√
5	朝一溢米,夕一溢米		《春秋左传》		√	√	√
6	投壶尺寸	《礼记·投壶》				√	√

①　李淳风对这些文献的注解均体现在《五经算术》之中。

一、贾公彦算法

贾公彦注疏《周礼》《仪礼》,多处用到数学,形成了完整的、独具特色的算法体系。为此,本节依次分析表 5.1 之第 1、2、3 例。

———————

①　详见本书第四章。

(一)贾公彦对《周礼·考工记》"桌氏为量"的注疏

郑玄注《周礼·考工记》"桌氏为量",将 1000(立方)寸转化为容积与 6 斗 4 升比较,发现了少了 $2\frac{22}{81}$ 升,但未进一步给出计算细节。[①] 贾氏疏云(引文前 a 至 h 英文字母为笔者所标识):

a)[疏]注"以其"至"之唇"。释曰:言"量之以为鬴"者,谓量金汁入模,以为六斗四升之鬴。云"深尺,内方尺"者,此据模之形状。云"圜其外"者,谓向下方尺者,鬴之形。向上谓之外。绕口圜之,又厚之以为唇。云"其实一鬴",受六斗四升也。

b)云"以其容为之名也"者,此量器受六斗四升曰釜,因名此器为鬴。故云以其容为之名也。云"四升曰豆"已下至"则钟",《左氏传》昭三年,齐晏子辞。连引豆、区、釜、钟者,以其四者皆量器之名也。

c)云"方尺,积千寸"者,云方尺者,上下及旁径为方尺。纵横皆十破,一寸一截。一截得方寸之方百,十截则得千寸也。又云"于今粟米法"者,算术有算粟为米之法,故云粟米法也。

d)算法:方一尺,深尺六寸二分,容一石。如前以纵横十截破之。一方有十六寸二分,容一升。百六十二寸,容一斗。千六百二十寸,容一石。

e)今计六斗四升为釜。以百六十二寸受一斗。六斗各百,为六百。六斗各六十,六六三十六,又用三百六十。六斗又各二寸,二六十二,又用十二寸。总用九百七十二寸,为六斗。

f)于千寸之内,仍有二十八寸在。于六斗四升曰鬴,又少四升未计入。今二十八寸,取十六寸二分为一升,添前为六斗一升,余有十一寸八分。

---

① 对此段郑玄注的分析详见本书第二章第一节。

g）又取一升分为八十一分，以十六寸二分，一寸当五分。十寸当
五十分。又有六寸，五六三十，又当三十分。添前为八十分。是十六寸
当八十也。仍有十分寸之二，当一分。都并十六寸二分，当八十一分。

h）如是，十一寸八分于八十一分，当五十九。更得八十一分升之
二十二分，始得一升。添前为六斗二升。复得二升，乃满六斗四升为
鬴也。①

a 段和 b 段是贾公彦针对郑玄注的注解。a 段中，贾公彦基本同意郑玄
对于鬴之形制的看法。b 段是贾公彦针对郑玄所引《春秋左传》的注疏。此
处贾氏区分了"釜"和"鬴"。即"釜"是容积单位的名称，而"鬴"是量器的名
称。郑玄认为"以其容为之名也"，因此并未做此区分。

c 段，贾氏注解郑玄的"方尺，积千寸"。他认为"云方尺者，上下及旁径
为方尺"，就是说"郑玄所说的方尺，是一个上下和旁边边长的长度都是一尺
的正方体"。为了计算这个正方体的体积，贾公彦将其纵横都截为十段，即
"纵横皆十破，一寸一截"。然后，截一次得到一百个"方寸之方"，即一百个
边长为一寸的正方体，它们的体积之和是一百寸；截十次就得到一千寸，是为
"方尺"之体积。如图 5.1 所示：

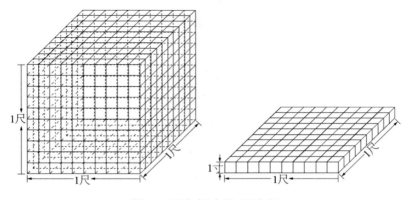

图 5.1   贾公彦"方尺，积千寸"

① ［汉］郑玄注，［唐］贾公彦疏：《周礼注疏》，［清］阮元校刻：《十三经注疏》，第 916—917 页。

这种通过切割正方体获得正方体体积的方式是非常独特的,后面我们会做进一步分析讨论。c 段中贾氏之粟米法与郑玄注相同;所谓"筹术",实指《九章算术》。

d 段也是"筹法"的开始,它把容积和体积相联系,是接下来比较 1000 寸和 6 斗 4 升的关键准备工作。贾公彦先给出"方一尺,深尺六寸二分,容一石",这就是说一个长方体,它的底面是边长为 1 尺的正方形,深 1 尺 6 寸 2 分,这样它的容积就是 1 石。[1] 然后"如前以纵横十截破之",就是用和前面破正方体一样的方法把这个长方体纵横都截为十段。见图 5.2。

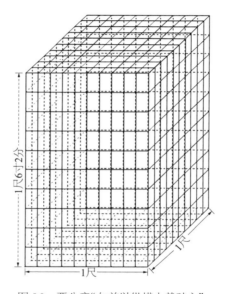

图 5.2　贾公彦"如前以纵横十截破之"

---

[1]　此关系最先出现在出土的商鞅铜方升之中,该铭文载:"十八年,齐達卿大夫众来聘,冬十二月乙酉,大良造鞅,爰积十六尊五分尊壹为升。"(国家计量总局主编:《中国古代度量衡图集》,第 44 页。)传世的《九章算术》卷五"商功委粟术"指出这一换算是基于枥米。至于为何这一关系会成为中国古代谷物容积、体积换算的标准,林力娜和马彪近期有深入的讨论,参见 Karine Chemla & Ma Biao, "How Do the Earliest Known Mathematical Writings Highlight the State's Management of Grains in Early Imperial China?", *Archive for History of Exact Sciences*, Vol. 69, 2015.

　　通过这种方法,贾公彦得到三个基础的关系:(1)"一方有十六寸二分,容一升",即是说一个长方体,底面是边长1寸的正方形,深16寸2分,容积1升。显然,这个小长方体是之前的大长方体的1/100,因此容积也是它的1/100,1石的1/100正是1升。(2)"百六十二寸,容一斗",是说一个长方体,底面是边长为1寸的正方形,深162寸,它的容积就是1斗。显然,将之前的关系十倍之,就得到这个关系。(3)"千六百二十寸,容一石",是说一个长方体,底面是边长为1寸的正方形,深1620寸,它的容积就是1石。这个一石的几何含义已经与一开始的长方体不同。这三组关系可以用下面的式子表示,左边用长度表示体积,其底面都是边长为1寸的正方形:

$$16 寸 2 分 \sim 1 升　（1）$$
$$162 寸 \sim 1 斗　（2）$$
$$1620 寸 \sim 1 石　（3）$$

　　有了这三组关系,贾公彦就可以开始比较1000寸和6斗4升了。从e段到g段,是他经过计算得到 $2\frac{22}{81}$ 升的过程。e段贾公彦先从6斗4升出发,计算6斗相当于多少寸。为此,贾公彦引用关系(2),即"以百六十二寸受一斗"。贾公彦的思路是:因为1斗相当于162寸,6斗则相当于6个162寸。进一步,相当于6个100寸加上6个60寸加上6个2寸,即"六斗各百,为六百",相当于 $6 \times 100 = 600$。"六斗各六十,六六三十六,又用三百六十",相当于 $6 \times 60 = 360$。"六斗又各二寸,二六十二,又用十二寸",相当于 6×2 寸 $= 12$ 寸。"总用九百七十二寸,为六斗",是说把三个结果相加,得到972寸,即与6斗相当的体积量。

　　贾公彦的做法相当于把 6×162 寸,分解成 6×100 寸、6×60 寸和 6×2 寸三部分,求得结果后再相加。这样实际上是把一个个位数乘以多位数的乘法分解成多个个位数乘以个位数的乘法。① 如此,贾氏可以直接利用九九乘法表,即"六六三十六""二六十二"等。同时,其做法是 6 × 100,而不是 6 × 100 寸;是 6 × 60,而不是 6 × 60 寸;只有 6 × 2 寸。 说明他是直接把汉字数字"百六十二寸"分解为"百""六十"和"二寸",进而计算。此处表明贾氏的计算是直接从文本开始,而不用算筹。

f 段开始,贾公彦做比较。他已经得到 6 斗(容积)相当于 972 寸(体积)。因其目的在于比较 6 斗 4 升(容积)和 1000 寸(体积),故需要再比较 4 升和 28 寸(即 1000 寸 − 972 寸 = 28 寸),即贾氏所云"于千寸之内,仍有二十八寸在。于六斗四升曰觞,又少四升未计入"。

f 段后半段,贾公彦径取关系式(1)式,即 16 寸 2 分相当于 1 升,则 28 寸剩余 11 寸 8 分(即 28 寸 − 16 寸 2 分 = 11 寸 8 分),而 4 升除去 1 升尚余 3 升。结合前面得到的 6 斗相当于 972 寸,贾公彦现在得到 6 斗 1 升相当于 972 寸 + 16 寸 2 分,即是"今二十八寸,取十六寸二分为一升,添前为六斗一升,余有十一寸八分"。

于是现在的问题是比较 11 寸 8 分和 3 升。根据关系式(1),11 寸 8 分已经不满 1 升。g 段是贾公彦为了计算 11 寸 8 分相当于多少升做的准备工作,"又取一升分为八十一分"②,他另取 1 升分为 81 份②。贾公彦这里取 81 这个数字的原因在于,其欲加以注解之郑玄注给出了 $2\frac{22}{81}$ 升,其分母是 81,因此取 1 升分为 81 份。③ 根据(1)式,与 1 升相当的体积是 16 寸 2 分,也分为 81 份,即是 0.2 寸(16 寸 2 分 ÷ 81 = 0.2 寸)。0.2 寸相当于 1 份或者每 1 寸相当于 5 份(即 81 份 ÷ 16.2 寸 = 5 份 / 寸),亦即"以十六寸二分,一寸当五分"。

---

① 在某种程度上,这种做法与唐宋元乘除捷算法的方向一致。但是,贾氏的做法是简化乘除的方向并以文字计算得出结果,不同于基于算筹的唐宋元乘除捷算法。
② 贾公彦用的术语是"分",为与 11 寸 8 分的分做区分,因此称之为"份"。实际上,贾氏"分"的意思是 parts,展现了他的分数概念,因此称为"份"是基本恰当的。
③ 这是贾公彦注解分数的常用做法,在贾氏他处的注疏中也有体现,对此,笔者另有文章做细致的分析。

接着贾氏又以计算确认了这一关系。16 寸 2 分等于 10 寸加 6 寸加 2 分（即 $\frac{2}{10}$ 寸），因为 1 寸当 5 份，故而 10 寸当 50 份，即"十寸当五十分"；6 寸当 30 份，即"又有六寸，五六三十，又当三十分"；两者相加得到 16 寸当 80 份，即"添前为八十分，是十六寸当八十也"；$\frac{2}{10}$ 寸当 1 份，即"仍有十分寸之二，当一分"，加起来得到 16 寸 2 分，当 81 份，即"都并十六寸二分，当八十一分"。

这里的计算和 e 段一样，相当于需要计算 16 寸 2 分 × 5 份，贾氏把它分解为 10 寸 × 5 份、6 寸 × 5 份和 $\frac{2}{10}$ 寸 × 5 份，然后再把结果相加。区别之处在于单位，之前的计算中，贾公彦把"一百六十二寸"分为"一百""六十"和"二寸"；这里的计算，贾公彦没有把"十六寸二分"分为"十""六寸"和"十分之二"。笔者认为其原因与单位的用法跟乘法计算的数学关系和出发点有关。之前的计算，贾公彦从 162 寸（体积）相当于 1 斗（容积）开始，欲得 6 斗当多少，因此把 162 寸分为三部分；此处贾氏从 1 寸（体积）相当于 5 份（容积）开始，欲得 16 寸 2 分当多少，便不宜分解 16 寸 2 分。[①]

做完这个关键的准备工作，在 h 段中，贾公彦直接得出 11 寸 8 分相当于 59 份，即"如是，十一寸八分于八十一分，当五十九"。贾氏这里没有给出具体的计算过程，"如是"两字说明用的是和 g 段相同的方法，不难推测出其算法：11 寸 8 分分为 10 寸、1 寸和 $\frac{8}{10}$ 寸，因为 1 寸相当于 5 份，可得 10 寸相当于 50 份，1 寸相当于 5 份，$\frac{8}{10}$ 寸相当于 4 份，加起来正好得到 59 份。

---

① 从现代数学的角度看，贾公彦的做法相当于分解被乘数时，将被乘数依据汉字数字分解为诸部分；分解乘数时，乘数各部分须明确单位。但因为贾公彦时代的古中国人不太可能有"被乘数"（multiplicand）和"乘数"（multiplier）的概念，因此说"单位的用法跟乘法计算的数学关系和出发点有关"。

因为 1 升分为 81 份，于是得到 11 寸 8 分相当于 59 份，即 11 寸 8 分相当

于 $\frac{59}{81}$ 升。$\frac{59}{81}$ 升需要和 3 升比较，差 $\frac{22}{81}$ 升可以满一升；另一边得到 6 斗 2 升，

即"更得八十一分升之二十二分，始得一升"，再得到 2 升，才满 6 斗 4 升为酺

的容积，即"添前为六斗二升。复得二升，乃满六斗四升为酺也"。这说明

1000 寸和 6 斗 4 升差 $2\frac{22}{81}$ 升，即贾氏完成了对于郑玄注的注解。表 5.2 清楚

地说明了贾公彦注疏的过程。

表 5.2　贾公彦注疏"臬氏为量"中的计算过程

步骤	任务	方法	文献
1	注疏"方尺，积千寸"	切割正方体（1 尺 × 1 尺 × 1 尺）	c 段
2	比较 1000 寸和 6 斗 4 升， 注疏"二升八十一分升之二十二"	"筭法"的开始	d 段
3	得到三组以单位面积寸为基础的 体积、容积关系式（1）、（2）、（3）	切割长方体（1 尺 × 1 尺 × 1 尺 6 寸 2 分），推理计算	
4	计算 6 斗相当于多少寸 得 6 斗相当于 972 寸	利用关系式（2），推理计算	e 段
5	比较 28 寸和 4 升	利用关系式（1），推理计算	f 段
6	28 寸 = 16 寸 2 分 + 11 寸 8 分 28 寸相当于 1 升加 11 寸 8 分 6 斗 1 升相当于 972 寸加 16 寸 2 分		
7	计算 11 寸 8 分相当于多少升	利用郑玄注数据 $2\frac{22}{81}$ 升， 推理计算	g 段
8	取 1 升分为 81 份，得到 1 寸等于 5 份		
9	11 寸 8 分相当于 $\frac{59}{81}$ 升		
10	6 斗 1 $\frac{59}{81}$ 升 相当于 1000 寸 （ 972 寸 + 16 寸 2 分 + 11 寸 8 分）		h 段
11	再加 $\frac{22}{81}$ 升，得到 6 斗 2 升		
12	再加 2 升，得到 6 斗 4 升		
13	因此 1000 寸和 6 斗 4 升差 $2\frac{22}{81}$ 升， 即郑玄所云		

(二)贾公彦对《周礼·考工记》"参分弓长,以其一为之尊"的注疏

《周礼·考工记》这段文本解释了一部战车的伞弓如何被弯曲以构成伞盖的曲度。图 5.3 是出土的兵马俑战车,其伞盖形状与经文中的记述非常接近。①

图 5.3   兵马俑战车

(图片来源:秦始皇兵马俑博物馆:《秦始皇陵铜车马发掘报告》,
北京:文物出版社,1998 年,彩图 6。)

根据《周礼》,每个伞盖有 28 个伞弓,从上往下看,这 28 根伞弓像"爪"一样支撑了伞盖(见图 5.4)。根据文本,每根伞弓长 6 尺,并且被一折为二,其折点为 B(见图 5.5),在伞弓由爪顶 A 向下 1/3 长之处。因此,每个伞弓分成两部分:2 尺(图 5.5 中的 AB)和 4 尺(图 5.5 中的 BC)。2 尺是水平的,4 尺是斜向下的,从最高点到 4 尺部分的最低点之间的距离恰好等于伞弓长的 1/3,即 2 尺(图 5.5 中的 BD)。A 是伞盖的中心,C 是爪的最外端,B 是折点,线段 AB 是靠近伞盖中心的伞弓水平部分,线段 BC 是伞弓的斜向下部分,线段 BD 是高。伞柄长 10 尺,也分作两部分:2 尺称为"达常",8 尺称为"盖

①   根据考古报告,战车(含战马)长 2.25 米,总高 1.56 米。这部战车的尺寸与《周礼》的记载并不完全一致,但亦有助于我们对经文的理解。

杠"。线段 CD 之长为所求。因此,这个问题就是:当一个直角三角形的斜边
(弦)与短边(勾)已知,计其长边(股)(见图2.1)。这个问题的意义在于人们
由此可以知道伞盖的覆盖面积大小——战车的设计要求伞盖必须覆盖到战
车的轮轴。郑玄通过计算得到该股"面三尺几半",但并未给出计算细节。①

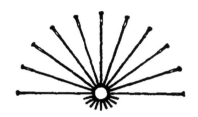

图 5.4　《周礼·考工记》"爪"

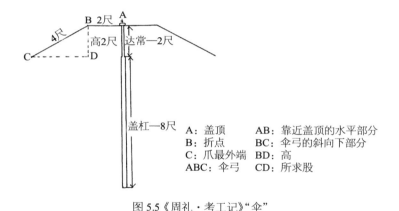

A：盖顶	AB：靠近盖顶的水平部分
B：折点	BC：伞弓的斜向下部分
C：爪最外端	BD：高
ABC：伞弓	CD：所求股

图 5.5《周礼·考工记》"伞"

贾公彦疏云(引文前 a 至 f 英文字母为笔者所标识):

a)云"以其一为之尊"者,正谓近部二尺者,对末头四尺者为下,
以二尺者为高。云"爪末下于部二尺"者,正谓盖杠并达常高一丈,
八尺,故四面宇曲,垂二尺也。云"二尺为句,四尺为弦,求其股"者,
郑欲解宇曲之减,减盖之宽覆轵,不及干之意。

―――――――――――

① 对此段郑玄注的分析详见本书第二章第一节。

b）凡算法：以蚤低二尺，即以低二尺者为句。又以持长四尺为弦，又蚤末直平者为股。弦者四尺，四四十六，为丈六尺。句者二尺，二二而四，为四尺。欲求其股之直平者。

c）算法：以句除弦，余为股。将句之四尺除弦，丈六尺中除四尺，仍有丈二尺在。

d）然后以算法约①之。广一尺，长丈二尺，方之。丈二尺，取九尺，三尺一截，相裨得方三尺。

e）仍有三尺在。中破之为两段，各广五寸，长三尺。裨于前三尺方两畔。畔有五寸，两畔并前三尺，为三尺半。

f）角头仍少方五寸。不合不整②三尺半③。几，近也，言近半④。⑤

a 段中，贾氏先解释了《周礼》经文"以其一为之尊"，继而澄清了伞弓折下 2 尺是跟伞柄的结构有关（"正谓盖杠并达常高一丈，八尺，故四面宇曲，垂二尺也"），解释了郑玄注是为了计算伞盖的覆盖面积（"郑欲解宇曲之减，减盖之宽覆轵，不及干之意"）。

b 段是"算法"的开始。贾氏首先确定了此为一勾股问题，弦长四尺，勾长二尺，求其股（"凡算法：以蚤低二尺，即以低二尺者为句。又以持长四尺为弦，又蚤末直平者为股"）。进而，他分别计算弦的平方和勾的平方，"弦者四尺，四四十六，为丈六尺"，即 4 尺乘 4 尺等于 1 丈 6 尺。图 5.6 清晰地展示了这一算法的意义，即贾公彦认为 1 丈 6 尺代表一个长方形，其宽是 1 尺，其

---

① "约"的含义是简化，同样指分数的约化，参见 Karine Chemla & Guo Shuchun, *Les Neuf Chapitres: Le Classique mathématique de la Chine ancienne et ses commentaires*, p. 1028. 在《夏侯阳算经》中，约除被视作五种除法之一，简化分数的操作被称作"约除"。贾公彦用"约"来注疏郑玄的"除"。在当下的语境中，"约"的操作是指开方。另一方面，"除"也可以用来指开方，由此可见约和除的紧密关系。
② 根据贾公彦的计算，这个值略小于三尺半。
③ 数值"三尺半"来自于郑玄。
④ "几半"常常用来表示一个略微小于一半的近似值，如"其足迹几半天下"，参见［清］王琦注：《李太白全集》，北京：中华书局，1977 年，第 1633 页。
⑤ ［汉］郑玄注，［唐］贾公彦疏：《周礼注疏》，［清］阮元校刻：《十三经注疏》，第 910 页。

长是 1 丈 6 尺;4 尺乘 4 尺则指出一个正方形,其边是 4 尺。由此可见,贾公彦的计算依赖于数量与其几何意义之间的关系。

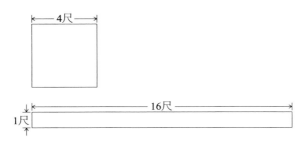

图 5.6 贾公彦"弦者四尺,四四十六,为丈六尺"

此处关键的原则是古人用线性量来表达长度、面积和体积。因此,贾公彦把 4 尺乘 4 尺的计算看作这样一个问题:已知正方形的边长,求与之面积相等的一个长方形的长边,长方形的宽是 1 尺。"四四十六"来自于"九九乘法表",始于九乘九。① 为了得到计算结果,其实还需要另一句话,即"尺而乘尺,尺也"。② 再加上"1 丈等于 10 尺"的换算关系,就可以得到 1 丈 6 尺的计算结果。运用同样的方法,"二二而四",贾公彦得到 2 尺乘 2 尺等于 4 尺,这个 4 尺也同样指一个边长为 4 尺、宽为 1 尺的长方形。c 段中,贾公彦用直角三角形斜边的平方减去短边的平方,得到长边的平方,即 16 尺减 4 尺等于 12 尺(即 1 丈 2 尺)。

d 段贾公彦开始计算股,使用"约"说明贾氏如古代算家一样把开方视为除法的一种。"广一尺,长丈二尺,方之"揭示了贾公彦所理解的开方的含义。之前得到的结果 12 尺是指一个长 12 尺、宽 1 尺的长方形。因此,他说"方之"将此长方形转化为一个面积相等的正方形,从而得到该正方形的边。图 5.7、图 5.8 显示了这个算法的细节。

---

① 战国时"九九乘法表"就已经广泛使用,它的名字来自于它最先的一行,即"九九"。
② 我们在最早的数学竹简《算数书》(前 186)中发现了这句话,它与单位的乘法相关。

图 5.7　贾公彦"丈二尺"

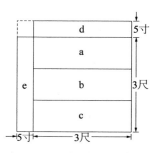

图 5.8　贾公彦"方之"

"丈二尺,取九尺,三尺一截,相裨得方三尺",即贾公彦从原始长方形中取出一个长方形,其长为 9 尺、宽为 1 尺。他将这个长方形分成三段(图 5.7 中的 a、b、c),每一段都是 3 尺长、1 尺宽的长方形。之后,他对这三段进行重新组合,形成一个 3 尺长的正方形(图 5.8)。因此,这里的几何操作是以计算为基础的。然而,贾公彦并没有说明他是如何做此计算的。尤其是,他没有说他为何要从原始长方形中取 9 尺长的长方形,而不是其他长方形;他也没有解释为何将此长方形分成三段。这两个问题是相关的,其答案存在两种可能性。一种可能性是乘法表中有"三三得九",所以贾公彦只需要观察乘法表中小于 12 的最小平方数;另一种可能性是,由于郑玄注提到"三尺几半",而贾公彦的目的是去注解这个数值,因此贾公彦先得到 3 尺。或者,这两种可能性同时存在。

接下来,贾公彦开始处理余下的部分,即一个长 3 尺、宽 1 尺的长方形。"中破之为两段,各广五寸,长三尺",贾公彦把余下的部分分成两部分:每部分都是 3 尺长、5 寸宽的长方形,见图 5.7 中的 d 和 e。"裨于前三尺方两畔。畔有五寸,两畔并前三尺,为三尺半",即他把这两个长方形放在之前得到的正方形的两边。同样,贾氏此处也没有给出上述操作的理由。根据之前对他注疏之内容和结构的分析,其原因可能是贾公彦疏的目标是郑玄注,而后者给出了"三尺几半"。所以,贾公彦求得 5 寸,即等于半尺。为了去注解郑玄的数值,贾公彦需要两个长 3 尺、宽 5 寸的长方形。把剩下的长方形切作两半就得到了这样两个长方形,把它们加在原先的正方形的两边,就得到了图 5.8。

最后,贾公彦表明最终的图形在角头缺一个小正方形,因此没有办法构成一个三尺半的正方形。这即是说 12 尺长、1 尺宽的长方形没有办法转化为一个三尺半之方,但可以转化为一个略小于三尺半之方的图形。这样,贾公彦就完成了对郑玄数值的注疏。

(三)贾公彦对《周礼·考工记》"軓前十尺,而策半之"的注疏

这段文本同样与战车相关。具体而言,它处理从"軓"延伸出来的轴承的长度,"軓"是战车前的一块板(见图 2.5)。《周礼》说这一长度应该是 10尺,郑玄说在某些版本中有人用 7 尺代替 10 尺。可以看出郑玄在这里利用数学来解决版本学的问题。

《周礼》提到了以高度作区分的三种马:国马 8 尺、田马 7 尺和弩马 6 尺。也就是说此处马的长度至少应该大于 6 尺。[1] 对于国马,其轴承深 4 尺 7寸。[2] 通过计算,郑玄发现,軓前的长度者为 7 尺,其长边会短于 6 尺。郑玄所给出的这一数值实则是马的长度。因此,軓前应为 10 尺,7 尺是错的。类似于前例的分析,但郑玄在此处只是塑造了一个关于直角三角形的数学问题(见图 2.6),并且给出了一个论断(而并非如上例股的精确值)。除此之外,他没有给出任何细节。[3]

贾公彦疏云(引文前 a 至 g 英文字母为笔者所标识):

---

[1] 马的长度长于其高度,对古人来说是常识。
[2] "国马之辀深四尺有七寸",参见[汉]郑玄注,[唐]贾公彦疏:《周礼注疏》,[清]阮元校刻:《十三经注疏》,第 913 页。
[3] 对此段郑玄注的分析详见本书第二章第一节。

a）释曰：云"軓"，谓车式。式前十尺，谓辕曲中。"而策半之"，半之策则五尺矣。言策者，策以御马，欲取策与轴长短相准合度之意也。

b）云"十"，或作七。合七为弦，四尺七寸为钩，以求其股。股则短矣"者。七七四十九，四丈九尺。四四十六，丈六尺。七七四十九，又得四尺九寸。并之，二丈九寸。

c）筹法：以钩除弦。以二丈九寸除四丈九尺，仍有二丈八尺一寸在。然后以求其股。

d）以二丈八尺一寸，方之。为五尺之方。五五二十五，用二丈五尺，为方五尺也。

e）余有三尺一寸。皆以方一寸乘之，得三百一十寸，方之。三百寸，得广六寸，长五尺。中分之。裨前五尺之方。一厢得三寸。

f）角头方三寸，三三而九，又用一寸之方九。余有一寸之方一在。总得方五尺三寸，余方一寸。

g）以此言之，则軓前惟有五尺三寸，不容马。故云"股则短矣，七非也"。①

　　a 段，贾氏同时注解《周礼》经文与郑玄对经文的注释。b 段，贾氏开始注解郑玄的计算。他分别计算弦和短边平方。"七七四十九，四丈九尺"，贾氏计算 7 尺乘 7 尺等于 4 丈 9 尺，即弦的平方，几何意义是长 4 丈 9 尺、宽 1 尺的长方形。"四四十六，丈六尺。七七四十九，又得四尺九寸。并之，二丈九寸"，即短边的平方。由于短边是 4 尺 7 寸，贾公彦的计算应该是 $(4 \text{尺} + 7 \text{寸})^2 = (4 \text{尺})^2 + 2 \times 4 \text{尺} \times 7 \text{寸} + (7 \text{寸})^2$。这里，他犯了两个错误：第一个错误是他实际上只计算了 $(4 \text{尺})^2 + (7 \text{寸})^2$，这意味着失了 $2 \times 4 \text{尺} \times 7 \text{寸}$；另一个错误是他直接把 1 丈 6 尺（等于 4 尺乘 4 尺）和 4 尺 9 寸（等于 7 寸乘 7 寸）相加。事实上，根据贾公彦的计算原则，1 丈 6 尺指一个长 1 丈 6 尺、

① ［汉］郑玄注，［唐］贾公彦疏：《周礼注疏》，［清］阮元校刻：《十三经注疏》，第 913 页。

宽 1 尺的长方形(见图 5.6);4 尺 9 寸指一个长 4 尺 9 寸、宽 1 寸的长方形(见图 5.9)。由于两者的宽是不一样的,所以这两个长方形无法直接相加。当贾公彦这样做的时候,他实际上是把那个非常细的长方形(长 4 尺 9 寸、宽 1 寸)乘以了 10。① 换言之,他的做法是把细长方形变成另一个长 4 尺 9 寸、宽 1 尺的长方形,以便和长 1 丈 6 尺、宽 1 尺的长方形相加。

图 5.9　贾公彦"七七四十九,又得四尺九寸"

然而,贾公彦丢失 2×4 尺×7 寸的错误,使得计算结果变小了;但把 4 尺 9 寸乘以 10 的错误却又使得计算结果变大了。两个错误相互抵消,以至于最终的结果并没有偏离正确答案很多。4 尺 7 寸平方的正确结果是 2 丈 2 尺 9 分,②而贾公彦得出的结果是 2 丈 9 寸,偏差仅为 1 尺 1 寸 1 分。这或许也是贾公彦没有意识到错误的原因。

c 段,贾公彦算法的开始。他以弦方减去勾方,得到二丈八尺一寸(即股方),相当于 2 丈 8 尺 1 寸长、1 尺宽的长方形。d 段"以二丈八尺一寸,方之",就是将这一长方形变为面积相等的正方形。贾氏云"为五尺之方。五五二十五,用二丈五尺,为方五尺也",就是说得到边长 5 尺的正方形。然而,这一过程与前例"参分弓长,以其一为之尊"的操作有所不同。前例中,贾公彦先取出 9 尺,接着做出 3 尺之方。而在本例中,贾公彦首先做出 5 尺之方,接着用到 2 丈 5 尺,这是两者的细微差别,见表 5.3。

---

① 另一种可能是他把大的长方形缩小了 10 倍,进而把两者相加。从贾氏之后的注疏看,他实际是把小长方形扩大了 10 倍。
② 这一论断也应在古意上理解。由于 4.7 × 4.7 = 22.09 和 4 尺 7 寸 × 4 尺 7 寸 = 4.7 × 4.7 尺 = 22.09 尺,22.09 尺 = 2 丈 2 尺 9 分,即一个长 2 丈 2 尺 9 分、宽 1 尺的长方形。

表5.3　对比贾公彦两例开方算法的第一步

丈二尺,取九尺	为五尺之方。
三尺一截	五五二十五,用二丈五尺,为方五尺也。
相神得方三尺	

e 段,贾公彦处理了剩下的长方形,即一个 3 尺 1 寸长、1 尺宽的长方形。由于先前已经得到了五尺之方,贾公彦需要把这一长方形转化成一边为 5 尺的长方形。他首先把剩下的长方形转化成一个长 310 寸、宽 1 寸的长方形,这样做的理由是更容易找到度量为寸的结果。由于 5 尺等于 50 寸,因此 310 寸 ÷ 50 寸的首位数结果是 6,所以"三百寸,得广六寸,长五尺",贾公彦取 300 寸,相当于一个长 5 尺、宽 6 寸的长方形。将这个长方形以宽边中点一分为二,得到两个长 5 尺、宽 3 寸的长方形,加在五尺之方的两边,则两边各增加三寸。剩余一个未处理的长 10 寸、宽 1 寸的长方形。

f 段中,贾氏取 9 寸(即 9 寸长、1 寸宽)的长方形,构成 3 寸之方,补上 5 尺 3 寸之方的角头,即"角头方三寸,三三而九,又用一寸之方九"所云。余下 1 寸乘 1 寸的小正方形,即"余有一寸之方一在。总得方五尺三寸,余方一寸"所云。贾公彦没有继续计算以得到更精确的答案,这可能是因为目前的结果对他的注疏来说已经足够。与前例不同的是,前例中贾氏得到的值大于准确值,而本例中贾氏得到的值小于准确值。

g 段中,贾公彦表明由于马长 6 尺,因此长边的 5 尺 3 寸对马来说太短了。这样,贾公彦完成了他的注疏。

(四)贾公彦算法之特色

在以上三例的基础上,笔者将贾公彦之算法与以《九章算术》为代表的传统数学做对比,从术语、算法的结构、对数的认识与用法、对图的认识与用法、对表的认识与用法、推理的方式和工具的使用等六方面进一步阐述贾氏算法之特色。

第一，我们可以观察到，贾公彦使用"算法"这个词来指其计算，这一术语不同于唐代算家使用的"算术"。[①] 贾氏云："（郑玄）云'乘尤计也'者，计者算法，乘除之名出于此也。"即认为"计"就是"算法"，并说这是"乘除之名"的由来。这一理解与汉代许慎"计，会也，算也"的观点近似。[②] 贾氏的这一命名符合其数学实作的特点，也就是说他的算法基本上可以理解为对加减乘除的紧密组合，其算法操作过程与传统算学不同。另一方面，贾公彦注《周礼》"九数"及其郑玄注云："云'九数'者，方田以下，皆依《九章算术》而言。"[③]贾氏确认郑玄、刘徽所谓"九数"即《九章算术》。[④] 他又说："数，九数之计也。"[⑤]即把"计"与"九数"联系，认为"礼乐射御书数"之数是九数之计。由此可见，贾氏称呼其自身的计算为"算法"，而称呼传统算学为"算术"或"九数"，从而有意凸显其算法与传统之差别。而且，贾公彦以"方之"称呼开方的过程，与传统算学的开方或开方除之不同。其实，儒家经典中也有"开方"或"开方乘之"，然而这指平方，亦与传统算学用法不同。

第二，我们可以注意到贾公彦算法的结构很特殊，不同于《九章算术》具有构造性和机械化特点的"术"。贾氏注疏的对象是《周礼·考工记》经文和郑玄注，唐人注解经典遵循"疏不破注"的规范，由于贾公彦算法也是其注疏的一部分，因此也必须遵循这一规范。下面具体说明贾公彦疏与郑玄注之一一对应。

在"槀氏为量"这个例子中，是郑玄提到了 $2\frac{22}{81}$ 升，因此贾氏算法是针对郑玄注的。郑注由三方面构成：其一，利用《春秋左传》，说明鬴的容积是 6 斗 4 升；其二，"方尺，积千寸"，说明鬴的体积等于 1000 寸；其三，利用粟米法，

---

① 宋代算家才使用"算法"这个词，如杨辉《详解九章算法》，其原因可能与儒家算法传统有关。
② ［汉］许慎，［清］段玉裁注：《说文解字注》，第 93 页。
③ ［汉］郑玄注，［唐］贾公彦疏：《周礼注疏》，［清］阮元校刻：《十三经注疏》，第 731 页。
④ 贾公彦并对九数篇名进行讨论，云："云'今有重差、夕桀、句股也'者，此汉法增之。马氏注以为'今有重差、夕桀'。夕桀亦是算术之名，与郑异。案今《九章》以句股替旁要，则旁要、句股之类也。"（［汉］郑玄注，［唐］贾公彦疏：《周礼注疏》，［清］阮元校刻：《十三经注疏》，第 731 页。）
⑤ ［汉］郑玄注，［唐］贾公彦疏：《仪礼注疏》，［清］阮元校刻：《十三经注疏》，第 980 页。

比较两者的差距,得到 $2\frac{22}{81}$ 升。 对于第一点,贾公彦进一步引用《春秋左传》加以说明,并区分"釜"和"鬴"。对于第二点,贾公彦利用切割正方体的办法,说明了"方尺"的体积确实等于 1000 寸。对于第三点,也就是贾公彦的算法,之前已经分析过它的详细情况。由此可见,贾公彦注疏的篇章布局采用了与郑玄注一一对应的严格形式。

郑玄说"于粟米法,少……"[1],说明这里采用比较的方法,而其后贾公彦确实采用了比较的方法。在算法中,先处理"六斗",再处理"四升",这就是说他是把六斗和四升分开处理的。同时,他是通过先得到"八十分升之二十二",再得到"二升",最后得到"二升八十一分升之二十二"的,也即分开处理了二升和八十一分升之二十二。最后,对于"八十一分升之二十二",贾公彦是先把一升分为八十一份,再通过计算得到的。可见,对于郑玄提出的三个数量,贾氏的疏解也很严格。贾公彦遵循了郑玄比较的方法,分开处理六斗和四升,通过算法,逐步得到二升和八十一分升之二十二。故而可以说,贾公彦注疏和算法的结构,是基于郑玄注的。

在"参分弓长,以其一为之尊"的例子中,郑玄注:"二尺为句,四尺为弦,求其股。股十二。除之,面三尺几半也。"[2]贾公彦疏则明确郑注提出的勾股问题,并得出股幂为丈二尺。而其利用切割拼接图形进行开方计算,最后亦得到一个缺少角头的边长为 3 尺 5 寸的正方形,从而完成了对郑注("面三尺几半")的解释。在"帆前十尺,而策半之"的例子中,郑玄云:"合七为弦,四尺七寸为钩,以求其股。股则短也,七非也。"[3]贾氏亦沿此路线进行计算,得到一个 5 尺 3 寸的正方形加上一个 1 寸的小正方形,从而证明该尺寸无法容纳一匹马("不容马"),故郑玄注正确。

第三,贾公彦对数的理解和做法与以《九章算术》为代表的传统算学不

---

① ［汉］郑玄注,［唐］贾公彦疏:《周礼注疏》,［清］阮元校刻:《十三经注疏》,第 971 页。
② 同上书,第 910 页。
③ 同上书,第 913 页。

同。在"桌氏为量"中,贾公彦分开处理六斗和四升,同时分开处理二升和八十一分升之二十二。他确认了八十一分升之二十二,就是"八十一分升之二十二分"。从贾氏的其他注疏中可见,这种做法具有一般性,也即可以把六斗四升理解成两部分的和,即六斗加上四升;把二升八十一分升之二十二(分)理解成三部分,即二升、二十二份和把一升分为八十一份的操作。在"参分弓长,以其一为之尊"的例子中,郑玄注给出"面三尺几半",贾公彦先利用切割拼接图形得到面 3 尺的正方形,继而得到缺一个角头的面 3 尺 5 寸的正方形。贾氏算法的结构与他对于数的认识一致,他的做法是把一个数依据单位和语句分为多个部分,进而计算。

这种对数的认识和算法不同于以《九章算术》为代表的传统数学。对于 6 斗 4 升这样的数,传统做法是先化为统一单位,进而计算(不会理解成两部分)。[①] 对于分数,传统筹算的做法是计算结果若有余数,则自然成一个分数;若计算开始即有分数,则用通分之法,[②]而不会把 $2\frac{22}{81}$ 升理解为三个部分。

第四,贾公彦对图形的认识和使用也不同于传统算学。在"桌氏为量"中,贾公彦两次切割几何体。在第二例中,他说"如前",说明两次切割的方法是一样的。第一次切割的目的是证明"方尺,积千寸",他通过切割的方法把一个边长为 1 尺的正方体,分成 1000 个边长为 1 寸的小正方体。由于每个小正方体的体积是 1 寸,截一次可以得到由 100 个小正方体组成的扁平的六面体,体积是 100 寸,截十次就得到 1000 寸,所以边长为 1 尺的长方体,体积是 1000 寸。这里,贾公彦是利用切割的方法证明了"方尺,积千寸"的结果。

《九章算术》卷一,李淳风等注释"方田":"按:一亩田,广十五步,纵而疏之,令为十五行,即每行广一步而纵十六步。又横而截之,令为十六行,即每

① 如化为 64 升,然后用算筹摆出 64,进而计算。
② 参见朱一文:《再论〈九章算术〉通分术》,《自然科学史研究》2009 年第 3 期。

行广一步而纵十五步。此即纵疏横截之步,各自为方。凡有二百四十步,为一亩之地,步数正同。以此言之,即广纵相乘得积步,验矣。"①这里,李氏把一亩 15 步 × 16 步的田用两种方法切割,分别证明了方田的算法,即"验矣"。这种做法和贾公彦的做法是类似的,但两者目的不同。

在第二次切割中,贾公彦通过切割长方体,得到三组关键体积、容积的关系,是后面算法的基础。在"参分弓长,以其一为之尊"和"軓前十尺,而策半之"中,贾公彦直接以图形为计算工具,求得开方数值。这种做法以几何为基础,进而得到所需之数据,延续了皇侃的做法,是传统数学文献中鲜见的。②

第五,贾公彦在计算中使用了三种表:数值乘法表、单位乘法表、单位换算表。数值乘法表即九九表。在上述三例中,贾公彦多次提到"四四十六""五五二十五""六六三十六""七七四十九",可见其熟悉九九表。在"参分弓长,以其一为之尊"中,贾疏云:"弦者四尺,四四十六,为丈六尺。"③为了得到这一结果,贾氏需要用到数值乘法表之"四四十六"、单位乘法表之"尺而乘尺,尺也"及单位换算表之 1 丈等于 10 尺。

出土竹简《算数书》载有单位换算表云:

> 相乘 寸而乘寸,寸也;乘尺,十分尺一也;乘十尺,一尺也;乘百尺,十尺也;乘千尺,百尺也。半分寸乘尺,廿分尺一也 杨;三分寸乘尺,卅分尺一也;八分寸乘尺,八十分尺一也。……四分寸乘尺,四十分尺一也;五分寸乘尺,五十分尺一也;六分寸乘尺,六十分尺一也;七分寸乘尺,七十分尺一也……④

---

① 郭书春汇校:《汇校〈九章筭术〉》(增补版),第 10 页。
② 有趣的是,贾氏的这一做法与我们所知的巴比伦几何代数类似,后者也是以切割几何图形来解二次方程。参见 Jens Høyrup, *Lengths, Widths, Surfaces: A Portrait of Old Babylonian Algebra and Its Kin*, New York: Springer-Verlag, 2002, p. 7.
③ [汉]郑玄注,[唐]贾公彦疏:《周礼注疏》,[清]阮元校刻,《十三经注疏》,第 910 页。
④ 张家山二四七号汉墓竹简整理小组编:《张家山汉墓竹简(二四七号墓)》(释文修订本),北京:文物出版社,2006 年,第 131 页。以往学界对这段文献的解释,如将"寸而乘寸,寸也"解为 1 寸乘以 1 寸得到 1 平方寸,是不符合文本原意的。

贾公彦对单位换算表使用的经典例子,是其对《仪礼》"朝一溢米,夕一溢米"的讨论。

第六,贾公彦算法在推理的方式和工具的使用上不同于传统算学。贾氏算法的一大特点是推理的方式自然、易懂。在"㮚氏为量"中,贾公彦把一个个位数、多位数的乘法,分解成多个个位数之间的乘法,从而可以利用九九表进行计算。之后,为了计算 $\frac{22}{81}$ 升,又把一升分为八十一份。此外,两次切割几何体的做法,第一次是利用"边长为 1 寸的长方体体积是 1 寸"的自然定义进行切割;第二次则是利用"所求的关系是以单位面积寸为基础"这个前提进行切割。

在"参分弓长,以其一为之尊"和"帆前十尺,而策半之"中,贾公彦注疏凭借图形把切割的过程讲得非常清楚,十分自然地得到了开方的答数。总之,读者只要追随其注疏,便自然可以理解其算法之理。这与中国古代数学筹算过程具有"寓理于算"的特点是不一样的。诸多证据都表明,贾公彦的算法并不需要使用算筹,因而其依靠文字进行推理的过程不同于传统算学。

二、孔颖达等算法

贾公彦在其注疏儒家经典的过程中,展现出其算法的特色。这一特色是贾氏所独有,还是为初唐诸儒所共享? 为了分析这一问题,我们可以把贾疏与孔颖达领衔诸儒完成的《五经正义》作对比。为此,本节依次分析表 5.1 所列之第 4、5、6 例。

(一)贾公彦与孔颖达等对《仪礼·丧服》"去五分一以为带"的注疏

《仪礼》经文给出五服经带之间的换算关系,郑玄给出了斩衰、齐衰、大功、小功之经带数值,但同样未述计算细节。[①] 在对《仪礼·丧服》和《仪礼·

---

①　对此段经文及郑玄注的分析详见本书第二章第一节。

士丧礼》的两处注疏中,贾公彦给出了详尽的计算过程。两处算法基本一致,后者基本是对前者的重述,差异之处可以互为补充以说明贾氏的算法。因此,笔者以贾氏《仪礼·丧服》的注疏为主,将之分为六部分(分别以英文字母 a 至 f 标识),并在脚注中参照其《仪礼·士丧礼》之注疏。贾公彦疏丧服:

a)云"去五分一以为带"者,以其首绖围九寸,取五寸,去一寸,得四寸,余四寸。寸为五分,总二十分。去四分,余十六分。取十五分,五分为寸,为三寸。添前四寸,为七寸。并一分,总七寸五分寸之一也。

b)云"齐衰之绖,斩衰之带也"者,以其大小同,故叠而同之也。

c)云"去五分一以为带"者,谓七寸五分寸之一也中五分去一,为齐衰之带。今计之。以七寸中取五寸,去一寸,得四寸,余二寸。寸分为二十五分,二寸合为五十分。余一分者,又破为五分。添前为五十五分。亦五分去一,总去一十一分,余四十四分在。又二十五分为一寸,余十九分在。齐衰之带,总五寸二十五分寸之十九也。

d)云"大功之绖,齐衰之带也,去五分一以为带"者,就五寸中去一寸,得四寸。前二十五分破寸,今大功百二十五分破寸。则以十九分者,各分破为五分,十九分总破为九十五,与百二十五分破寸相当。就九十五分中五分去一,去十九余七十六。则大功之绖五寸二十五分之十九,带则四寸百二十五分寸之七十六。

e)又云"小功之绖,大功之带也,去五分一以为带"者,又就四寸百二十五分寸之七十六中,五分去一。前百二十五分破寸,今亦四倍加之。以六百二十五分破寸。然后五分去一,为小功带。

f)又云"缌麻之绖,小功之带,去五分一以为带",则亦四倍加之。前六百二十五分破寸,今则三千一百二十五分破寸。五分去一取四,以为缌麻之带。绖、带之等皆以五分破寸。既有成法,何假尽言。[1]

---

[1] [汉]郑玄注,[唐]贾公彦疏:《仪礼注疏》,[清]阮元校刻:《十三经注疏》,第 1097 页。

这段文献中贾公彦同时注疏《仪礼》与郑玄注。a 段中贾氏先采郑玄注

首绖斩衰围九寸。接着计算 $9\,寸 - \dfrac{1}{5} \times 9\,寸$（"首绖九寸"，"去五分一"）。他

把 9 寸分成 5 寸与 4 寸两部分。5 寸"去五分一"即得 4 寸（相当于 $5\,寸 - \dfrac{1}{5}$

$\times\,5\,寸 = 4\,寸$）。然后，把 9 寸中余下的 4 寸"去五分一"。因此，贾氏把 1 寸分

为 5 份（"寸即为五分"，即 1 寸 = 5 份），那么 4 寸即分为 20 份（相当于 4 寸 =

$\dfrac{20}{5}\,寸 = 20\,份$）。20 份"去五分一"即得 16 份（相当于 $20\,份 - \dfrac{1}{5} \times 20\,份 = 16$

份）。由于 5 份 = 1 寸（"五分为寸"），16 份 = 15 份 + 1 份 = 3 寸 + 1 份 = 3

寸 + $\dfrac{1}{5}$ 寸，这即是 4 寸"去五分一"的结果。5 寸与 4 寸分别"去五分一"所

得相加是 $7\dfrac{1}{5}$ 寸，即为 9 寸"去五分一"的结果。[1] 贾氏整体计算思路如下：

$$9\,寸 = 5\,寸 + 4\,寸$$

$$9\,寸"去五分一" = 5\,寸"去五分一" + 4\,寸"去五分一"$$

$$= 4\,寸 + \left(3\,寸 + \dfrac{1}{5}\,寸\right)$$

$$= 7\dfrac{1}{5}\,寸$$

由此贾公彦得到斩衰之带 $7\dfrac{1}{5}$ 寸。b 段中，贾氏确认此数值也是齐衰之

绖的大小。[2] c 段，贾公彦用类似的算法处理 $7\dfrac{1}{5}\,寸 - \dfrac{1}{5} \times 7\dfrac{1}{5}\,寸$（即"七寸

---

[1] 贾公彦注疏《仪礼·士丧礼》算法相同。贾氏云："云'要绖小焉，五分去一'者，亦据《仪礼·丧服》而言。首绖围九寸，五分之，五寸正去一寸，得四寸，余四寸。每寸为五分，四寸为二十分，去四分，得十六分。取十五分为三寸，余一分在。总得七寸五分寸之一。彼传因即分之至缌麻。"（［汉］郑玄注，［唐］贾公彦疏：《仪礼注疏》，［清］阮元校刻，《十三经注疏》，第1135 页。）

[2] 贾公彦注疏《仪礼·士丧礼》明确指出齐衰之绖的数值。贾氏云："云'齐衰之绖，斩衰之带也'，以其俱七寸五分寸之一。"（［汉］郑玄注，［唐］贾公彦疏：《仪礼注疏》，［清］阮元校刻，《十三经注疏》，第1135 页。）

五分寸之一"，"去五分一"）。类似地，他把 $7\frac{1}{5}$ 寸分成 5 寸与 $2\frac{1}{5}$ 寸两部分。5 寸"去五分一"得 4 寸。为了计算 $2\frac{1}{5}$ 寸"去五分一"，贾氏再把 1 寸分为 25 份（"寸为二十五分"，即 1 寸 = 25 份）。于是，2 寸 = 50 份，$\frac{1}{5}$ 寸 = 5 份，合为 $2\frac{1}{5}$ 寸 = 55 份。55 份"去五分一"即得 44 份（相当于 55 份 $-\frac{1}{5}\times 55$ 份 = 44 份）。由于 25 份 = 1 寸（"二十五分为一寸"），44 份 = 25 份 + 19 份 = 1 寸 + 19 份 = 1 寸 + $\frac{19}{25}$ 寸，为 $2\frac{1}{5}$ 寸"去五分一"所得。5 寸与 $2\frac{1}{5}$ 寸"去五分一"结果相加为 $5\frac{19}{25}$ 寸，即得齐衰之带（亦是大功之经）。[①]

d 段中，贾公彦进一步计算 $5\frac{19}{25}$ 寸 $-\frac{1}{5}\times 5\frac{19}{25}$ 寸。同样地，贾氏把它分为 5 寸与 $\frac{19}{25}$ 寸两部分。5 寸"去五分一"的结果为 4 寸。为了计算 $\frac{19}{25}$ 寸"去五分一"，他把 1 寸分为 125 份，则 $\frac{19}{25}$ 寸 = $\frac{19}{25}\times 125$ 份 = 19×5 份 = 95 份。95 份"去五分一"为 76 份（相当于 95 份 $-\frac{1}{5}\times 95$ 份 = 76 份）。由于 125 份 = 1 寸，76 份 = $\frac{76}{125}$ 寸，为 $\frac{19}{25}$ 寸"去五分一"的结果。因此，$5\frac{19}{25}$ 寸"去五分一"是 $4\frac{76}{125}$ 寸。即是大功之带（亦是小功之经）。[②]

---

① 贾公彦注疏《仪礼·士丧礼》算法相同。贾氏云："又'去五分一以为带'，七寸取五寸，去一寸，得四寸。彼二寸，一寸为二十五分，二寸为五十分，一分为五分，添前为五十五分。总去十一分，余有四十四分。二十五分为一寸，添前四寸，为五寸。仍有十九分在。是齐衰之带总有五寸二十五分寸之十九。"（[汉]郑玄注，[唐]贾公彦疏：《仪礼注疏》，[清]阮元校刻：《十三经注疏》，第 1135 页。）

② 贾公彦注疏《仪礼·士丧礼》算法大致相同，唯以把 19 分作 10 与 9，分别计算。贾氏云："彼又云'大功之经，齐衰之带'，以其俱五寸二十五分寸之十九。又'去五分一以为带'，五寸去一寸，得四寸。余二十五分寸之十九者，一分为五分，十分为五十分。又九分者，为四十五分，添前五十总为九十五分。去一者，五十去十，四十五去九，总得七十六。据整寸破之而言，此四寸百二十五分寸之七十六。以为小功之经、大功之带。"（[汉]郑玄注，[唐]贾公彦疏：《仪礼注疏》，[清]阮元校刻：《十三经注疏》，第 1135—1136 页。）

e 段，贾公彦说计算小功之带（亦是缌麻之经）$4\frac{76}{125}$ 寸 $-\frac{1}{5} \times 4\frac{76}{125}$ 寸，就是要在之前 1 寸 = 125 份（"百二十五分破寸"）的基础上，"四倍加之"（ 125 份 + 4 × 125 份 = 625 寸），即 1 寸 = 625 份（"六百二十五分破寸"），不过贾氏并未给出计算过程。f 段，贾氏说计算缌麻之带，需在 1 寸 = 625 份 的基础上，"亦四倍加之"（ 625 份 + 4 × 625 份 = 3125 份 ），即 1 寸 = 3125 份（"三千一百二十五分破寸"），同样未给出计算过程。贾公彦总结其算法为"五分去一取四"、"五分破寸"，认为是"成法"，无须多言（"既有成法，何假尽言"）。[1]就此，贾氏完成了对《仪礼》与郑玄注的注疏。

孔颖达等注疏《礼记·丧服小记》亦收入此段。孔氏云："所以然者，就苴绖九寸之中五分去一。以五分分之，去一分，故七寸五分寸之一。其带又五分去一。又就葛绖七寸五分寸之一之中，五分去一，故带五寸二十五分寸之十九也。此即齐衰初死之麻绖带矣。齐衰既虞变葛之时，又渐细降初丧一等，与大功初死麻绖带同。大功首绖与齐衰初死麻带同，俱五寸二十五分寸之十九也。其带五分首绖去一，就五寸二十五分寸之十九之中，去其一分，故余有四寸百二十五分寸之七十六也。"[2]接着，孔氏等总结算法为："凡算之法，皆以五乘母。乘母既讫，纳子，余分以为积数。然后以寸法除之。但其事繁碎，故略举大纲也。"[3]此法之"以五乘母"大概就是贾氏《仪礼》算法中每次"四倍加之"，得到 5 份、25 份、125 份、625 份、3125 份；"纳子，余分以为积数"大概即贾氏算法之中间过程，得到 16 份、44 份、76 份；"然后以寸法除之"应该就对应于 16 份 ÷ 5 份 / 寸 = $3\frac{1}{5}$ 寸，44 份 ÷ 25 份 / 寸 = $1\frac{19}{25}$

---

[1] 贾公彦注疏《仪礼·士丧礼》亦略去小功之带、缌麻之带的计算。贾氏云："以下仍有小功之带。但小功之带，以小功之经又五分去一，下至缌麻之带，皆以五倍破寸，计之可知耳。"（[汉]郑玄注，[唐]贾公彦疏：《仪礼注疏》，[清]阮元校刻：《十三经注疏》，第 1136 页。）

[2] [汉]郑玄注，[唐]孔颖达等疏，《礼记正义》，[清]阮元校刻，《十三经注疏》，第 1499 页。

[3] 同上。

寸，76份÷125份/寸=$\frac{76}{125}$寸。因此，孔氏等算法可能是贾氏算法的抽象总结。由于贾公彦也是孔颖达领导下的《礼记》的众多注疏者之一，此条注疏很可能有贾公彦的参与，并获得孔颖达之认可。不过孔颖达认为其算法烦琐，故"略举大纲"以数学术语（母、子、积数、寸法等）总结为一般性算法。

总之，我们可以说贾公彦、孔颖达等算法的思路是把尺度分为"五的倍数"与"非五的倍数"两部分，而后分别"去五分一"再相加。"五的倍数"部分"去五分一"很容易计算；"非五的倍数"部分的计算，需要把分子、分母扩大五倍，先处理分子"去五分一"，再除分母。

（二）贾公彦与孔颖达等对《仪礼·丧服》"朝一溢米，夕一溢米"的注疏

《仪礼·丧服》云："饮粥，朝一溢米，夕一溢米。"①郑玄注《仪礼》："二十两曰溢，为米一升二十四分升之一。"②又注《礼记·丧大记》："二十两曰溢，于粟米之法，为米一升二十四分升之一。"③然而，两处郑氏都未给出计算细节。④对此，贾公彦在《仪礼·丧服》《仪礼·既夕礼》⑤各有一段注疏，两者基本相同。贾氏《仪礼·丧服》疏云（文前a至c等分段英文为笔者标识）：

a) 云"二十两曰溢，为米一升二十四分升之一"者，依算法，百二十斤曰石，则是一斛。若然，则十二斤为一斗。取十斤分之，升得一

①　[汉]郑玄注，[唐]贾公彦疏：《仪礼注疏》，[清]阮元校刻，《十三经注疏》，第1097页。
②　同上。
③　同上书，第1576页。
④　对此段郑玄注的分析详见本书第二章第一节。
⑤　[汉]郑玄注，[唐]贾公彦疏：《仪礼注疏》，[清]阮元校刻，《十三经注疏》，第1161—1162页。

斤,余二斤。斤为十六两,二斤为三十二两。升取三十两,十升,升得三两。添前一斤十六两,为十九两,余二两。两为二十四铢,二两为四十八铢。取四十铢,十升,升得四铢,余八铢。一铢为十絫,八铢为八十絫。十升,升得八絫。添前则是一升得十九两四铢八絫。于二十两仍少十九铢二絫。

b)则别取一升,破为十九两四铢八絫。分十两,两为二十四铢,则为二百四十铢。又分九两,两为二十四铢,则九两者二百一十六铢。并四铢八絫,添前四百六十铢八絫。总为二十四分。直取二百四十铢,余二百二十铢八絫在。又取二百一十六铢,二十四分,分得九铢。添前分得十九铢。有四铢八絫。四铢,铢为十絫,总为四十絫。通八絫为四十八絫。二十四分,分得二絫。是一升为二十四分。

c)分得十九铢,添前四铢为二十三铢。将二絫添前八絫,则为十絫,则十絫为一铢。以此一铢添前二十三铢,则为二十四铢,为一两。一两添十九两,外二十两曰溢。①

a 段中,贾氏从 120 斤 = 1 石(重量),相当于 1 斛(容积)出发。因 1 斛 = 10 斗 = 100 升,于是 12 斤相当于 1 斗,即 10 升。于是,1 斤相当于 1 升,余下 2 斤(无法被 10 升整除)。因 1 斤 = 16 两,2 斤 = 32 两。于是,3 两相当于 1 升(加上前面 1 斤得到 19 两),又余下 2 两(无法被 10 升整除)。又因 1 两 = 24 铢,2 两 = 48 铢。于是,4 铢相当于 1 升,又余下 8 铢(无法被 10 升整除)。又因 1 铢 = 10 絫,8 铢 = 80 絫。这恰好可以被 10 升整除,得到 8 絫相当于 1 升。于是得到 19 两 4 铢 8 絫相当于 1 升。(见表 5.4)

---

① [汉]郑玄注,[唐]贾公彦疏:《仪礼注疏》,[清]阮元校刻,《十三经注疏》,第 1098 页。

表5.4 贾公彦"19两4铢8絫~1升"的计算过程

原文	解释
百二十斤曰石,则是一斛。	120斤=1石~1斛=10斗=100升
若然,则十二斤为一斗。	12斤~1斗=10升
取十斤分之,升得一斤,余二斤。	12斤÷10升=1斤/1升……2斤
斤为十六两,二斤为三十二两。	2斤=32两~10升
升取三十两,十升,升得三两。	32两÷10升=3两/1升……2两
添前一斤十六两,为十九两,余二两。	3两+1斤=19两
两为二十四铢,二两为四十八铢。	2两=48铢~10升
取四十铢,十升,升得四铢,余八铢。	48铢÷10升=4铢/1升……8铢
一铢为十絫,八铢为八十絫	8铢=80絫~10升
十升,升得八絫。	80絫÷10升=8絫/1升
添前则是一升得十九两四铢八絫。	19两4铢8絫~1升

于是贾氏得到19两4铢8絫 ~ 1升,因为需要注疏的是20两 ~ $1\frac{1}{24}$升,所以贾氏在b段中又另取1升,对应于19两4铢8絫。依据1两=24铢,19两4铢8絫=460铢8絫。又460铢8絫=240铢+216铢+48絫,于是它的1/24为10铢+9铢+2絫= 19铢2絫,相当于$\frac{1}{24}$升,即19铢2絫 ~ $\frac{1}{24}$升。

c段中,贾公彦把19铢2絫(~$\frac{1}{24}$升)加上19两4铢8絫(~1升),就得到20两~$1\frac{1}{24}$升。贾氏便完成了注疏。总之,贾氏的思路和方法可以总结为:从1石~1斛出发,先求出1升相当于多少重的米;而后二十四分之,求得$\frac{1}{24}$升相当于的米重量。把两者相加便得到20两~$1\frac{1}{24}$升。

孔颖达等在《礼记·丧大记》注疏同样的内容,云:

云"一溢为米一升二十四分升之一"者,案《律历志》:黄钟之律,其实一龠。《律历志》:合龠为合。则二十四铢,合重一两。十合为一升,升重十两。二十两则米二升。与此不同者,但古秤有二法。

说《左传》者云:"百二十斤为石",则一斗十二斤,为两则一百九十二两。则一升为十九两有奇。今一两为二十四铢,则二十两为四百八十铢。计一十九两有奇为一升,则总有四百六十铢八絫。以成四百八十铢,唯有十九铢二絫在。是为米一升二十四分升之一。此大略而言之。[1]

孔氏先指出《律历志》[2]中有另一套度量衡系统。1 两 = 24 铢（重量）～ 1 合 = $\frac{1}{10}$ 升（容积）,因此 1 溢 = 20 两 ～ 2 升,与郑玄给出的数值（$1\frac{1}{24}$ 升）不同。但"古秤有二法",因此按照郑玄所云,从 1 石 = 120 斤 ～ 10 斗,得到 12 斤 = 192 两 ～ 1 斗 = 10 升。于是 19 两有奇 ～ 1 升。[3]此 19 两有奇 = 460 铢 8 絫（没有给出计算过程）,与 20 两（480 铢）相比,正好少 19 铢 2 絫（相当于 $\frac{1}{24}$ 升）。于是 19 两有奇 + 19 铢 2 絫 = 20 两 ～ $1\frac{1}{24}$ 升。孔氏等这里给了非常简略的解释,即所谓"大略而言之"。与贾公彦疏对比可见,孔氏等疏基本相同。因此,此处亦可能是以贾疏为准,并获得孔颖达之认可。

有趣的是,孔氏等在《春秋左传正义》中注疏同样的内容时,给出了详细的计算过程:

> 郑玄云:"二十两曰溢,为米一升二十四分升之一"知者,古者一斛百二十斤,一斗十二斤,十二斤百九十二两。一升十九两二分,少八分未充二十两。更取一升分作百九十二分,二十四分取一得八分。添前十九两二分,是为二十两也。[4]

---

[1]　[汉]郑玄注,[唐]孔颖达等疏:《礼记正义》,[清]阮元校刻:《十三经注疏》,第 1576 页。
[2]　根据内容,此《律历志》应为《汉书·律历志》。
[3]　根据贾公彦注疏,此 19 两有奇应为 19 两 4 铢 8 絫。
[4]　[周]左丘明传,[晋]杜预注,[唐]孔颖达疏:《春秋左传正义》,[清]阮元校刻:《十三经注疏》,第 1964 页。

孔氏等也从 1 斛 = 10 斗 ~ 120 斤,得到 12 斤 = 192 两 ~ 1 斗 = 10 升。接着,孔氏等为了便于计算引入新的单位"分"(10 分 = 1 两),于是 19 两 2 分 ~ 1 升。19 两 2 分比 20 两少 8 分。孔氏等再取 1 升,对应 19 两 2 分 = 192 分。则 $\frac{1}{24}$ 升对应 8 分(192 ÷ 24 = 8)。这样,20 两(19 两 2 分 + 8 分) ~ 1 $\frac{1}{24}$ 升。具体细节见表 5.5。

表 5.5　孔颖达等" 20 两 ~ 1 $\frac{1}{24}$ 升 "的计算过程

原文	解释
古者一斛百二十斤。	120 斤 = 1 石 ~ 1 斛 = 10 斗 = 100 升
一斗十二斤,十二斤百九十二两。	12 斤 = 192 两 ~ 1 斗 = 10 升
一升十九两二分,少八分未充二十两。	192 两 ÷ 10 升 = 19 两 2 分 /1 升 (1 两 = 10 分)
更取一升分作百九十二分。	1 升 ~ 192 分
二十四分取一得八分。	192 分 ÷ 24 = 8 分(即 $\frac{1}{24}$ 升 ~ 1 分)
添前十九两二分,是为二十两也。	1 $\frac{1}{24}$ 升 = 19 两 2 分 + 8 分 = 20 两

孔颖达等的两处注疏,《礼记》中的较为粗略,大概与贾公彦在《仪礼》中的算法类似。《春秋左传》中,孔氏等为了使计算简便,引入新的重量单位"分",1 两 = 10 分。这就使孔氏等得以跳过 1 两 = 24 铢,避免了反复转换单位直到变为 10 的倍数的过程。贾疏和孔疏相同之处在于,两者对于郑玄给出的 20 两 ~ 1 $\frac{1}{24}$ 升,都是分作两段注疏,即分别注 1 升和 $\frac{1}{24}$ 升。

贾公彦注疏与孔颖达等《春秋左传》注疏的差别说明,儒家内部对于度量衡单位的运用也有差别。贾氏的做法,实际上是在" 1 斤 = 16 两,1 两 = 24 铢,1 铢 = 10 絫"的度量衡体系下,逐步把 12 斤被 10 升除的余量转化为度量衡单位更小的量,直到最终的余量可以被 10 升整除。在这样一个过程中,度量衡单位的转换起了至关重要的作用。而在求 $\frac{1}{24}$ 升对应重量的过程中,也是利用单位转化得到 24 的倍数(即 240 铢 +216 铢 +48 絫),进而计算。孔颖达等在《礼记》中首先指出《汉书·律历志》有另一套计量系统,与郑玄所云不同,继而按郑玄注给出的简略计算过程,大致可以视作贾氏算法的简化版。[①]然而,在《春秋左传》中,孔颖达等给出了新的处理方法。因为涉及 192 两(=12 斤)被 10 升除的问题,不再把"两"化为更小的铢、絫等单位以求整除,而是直接引入一个新的重量单位"分"(1 两 =10 分),使得 192 两可以直接被10 升整除(结果为 19 两 2 分)。因此,新引入的单位直接简化了计算过程。[②]继而求 192 分的 1/24,得 8 分,与前相加便可得到结果。

(三)孔颖达等对《礼记·投壶》投壶尺寸的注疏

投壶是中国古代的一种礼仪与游戏,至迟在春秋时代便已经产生,由射礼转变而来。[③] 从时代背景看,投壶的产生反映出春秋时期礼崩乐坏与文武分途的趋势。[④] 大体而言,早期投壶礼仪成分更多,越往后则游戏性越强。传本《礼记》第四十与《大戴礼记》第七十八都是专门的《投壶》篇章。《礼记》经文云:"壶颈修七寸,腹修五寸,口径二寸半,容斗五升……"[⑤]郑玄注云:"修,长也。腹容斗五升,三分益一,则为二斗,得圜囷之象,积三百二十四寸也。以腹修五寸约之,所得。求其圜周,圜周二尺七寸有奇。是为腹径九寸有余也……"[⑥]郑玄通过计算给出壶腹的直径是九寸有余,但他没

---

① 考虑到贾公彦也是注疏《礼记》的团队成员之一,这或可以说明他在此处的注疏中有着实质影响。

② 孔氏的这一做法,实际在唐代算书中也有来源,符合学界对于唐代简化计算方法的一般论断。参见梅荣照:《唐中期到元末的实用算术》,载钱宝琮等:《宋元数学史论文集》,北京:科学出版社,1966 年,第 10—35 页。

③ 《左传·昭公十二年》:"晋侯以齐侯宴,中行穆子相,投壶。"孔颖达等疏:"凡宴不射,即为投壶。"([周]左丘明传,[晋]杜预注,[唐]孔颖达等:《春秋左传正义》,[清]阮元校刻:《十三经注疏》,第 2062 页。)郑玄注《礼记》云:"投壶,射之类也。"([汉]郑玄注,[唐]孔颖达等疏:《礼记正义》,[清]阮元校刻:《十三经注疏》,第 1665 页。)

④ 参见揣静:《中国古代投壶游戏研究》,陕西师范大学硕士学位论文,2010 年,第 5—8 页。

⑤ [汉]郑玄注,[唐]孔颖达等疏:《礼记正义》,[清]阮元校刻:《十三经注疏》,第 1666 页。《大戴礼记》则云:"壶脰修七寸,口径二寸半,壶高尺二寸,受斗五升,壶腹修五寸。"与《礼记》基本一致。参见[清]王聘珍撰,王文锦点校:《大戴礼记解诂》,第 244 页。

⑥ [汉]郑玄注,[唐]孔颖达等疏:《礼记正义》,[清]阮元校刻:《十三经注疏》,第 1666 页。

有写下计算的细节,而且对于为何要将 1 斗 5 升增加 1/3 得到 2 升也没有说明理由。①

孔颖达等在《礼记正义》中对此段郑玄注给出了详尽的解释,笔者按其内容分成六段,开头标识以英文字母 a 至 f,逐一说明:

a)正义曰:"腹容斗五升,三分益一,则为二斗"者,既称"腹容斗五升",又云"三分益一"者,以斗五升其数难计,故加三分益一为二斗,从整数计之。

b)云"得圜困之象,积三百二十四寸也"者,以筭法方一寸,高十六寸二分为一升,则一斗之积方一寸,高一百六十二寸也。二斗之积为三百二十四寸也。于此壶之圜困之中,凡有三百二十四寸也。

c)云"以腹修五寸约之,所得"者,腹之上下高五寸,共有三百二十四寸。今且以壶底一寸约之,即于三百二十四寸之中,五分之一,得六十四寸八分也。是腹修五寸约之所得之数也。

d)云"求其圜周,圜周二尺七寸有奇"者,壶底一重既有六十四寸八分,以圜求方,须三分加一。六十四寸八分,分为三分,则一分有二十一寸六分。并前六十四寸八分②,得八十六寸四分也③。即是壶底一重方积之数也。今将八十六寸开方积之,九九八十一,则为方九寸强也。一面有九寸强,四面凡有三十六寸强。今以方求圜,四分去一,有二十七寸强,是壶圜周二尺七寸有强。故云"圜周二尺七寸有奇"也。

---

① 对此段经文及郑玄注的分析详见本书第二章第一节。
② 依据计算及上下文,阮元刻本误"六十四寸八分"为"六十六寸八分",李学勤主编《礼记正义》简体标点本从阮元之误,今正之。参见李学勤主编:《十三经注疏·礼记正义》,北京:北京大学出版社,1999 年,第 1574 页。
③ 依据计算及上下文,阮元刻本误"八十六寸四分"为"八十六寸八分",李学勤主编《礼记正义》简体标点本正之,今从之。参见李学勤主编:《十三经注疏·礼记正义》,第 1574 页。

e）郑之此计，据二斗之数①。必知然者，壶径九寸，以圜求方，以方九寸计之，凡九九八十一，壶底一重有八十一寸，五重则有五个八十一寸，总为四百五寸。今以方求圜，四分去一，去其一百一寸四分寸之一，余三百三寸四分寸之三。于二斗之积三百二十四寸之内，但容三百三寸四分寸之三②，余有二十寸四分寸之一，不尽。故云"圜周二尺七寸有奇"③，乃得尽也。

f）若以斗五升计之，计一十五升之积，有二百四十三寸，则壶之所径唯八寸余也，得容此数。必知然者，凡方八寸开方计之，八八六十四，得六十四寸。壶高五重，则五个六十四寸，总为三百二十寸。以方求圜，四分去一，去八十寸，余有二百四十寸。于一斗五升之积，余有三寸，不尽。是壶径八寸有余，乃得尽也。今检郑之文注之意，以二斗整数计之，不取经文斗五升之义。故云："圜周二尺七寸有奇。"今算者以其二尺七寸之圜，必受斗五升之物，数不相会也。云壶体腹之上下各渐减杀，苟欲望合，恐非郑意。④

a 段孔颖达等注疏郑玄"三分益一"。孔氏等以 1 斗 5 升难以计算，故而加上 1/3，得到整数 2 斗。

b 段孔颖达等注疏壶腹的体积"三百二十四寸"。先说按照"筹法"，一个底面为 1 寸 × 1 寸，高 16 寸 2 分的长方体的容积是 1 升；那么一个底面为 1 寸 × 1 寸，高 162 寸的长方体的容积就是 1 斗。壶腹的容积是 2 斗，就应该是

---

① "二斗之数"，阮元刻本误为"一斗之数"，李学勤主编《礼记正义》简体标点本正之，今从之。参见李学勤主编：《十三经注疏·礼记正义》，第 1574 页。
② 依据计算及上下文，阮元刻本误"三百三寸四分寸之三"为"三百二寸四分寸之三"，李学勤主编《礼记正义》简体标点本从阮元之误，今正之。参见李学勤主编：《十三经注疏·礼记正义》，第 1574 页。
③ 按郑玄注，当为"圜周二尺七寸有奇"，阮元刻本误"圜周二十七寸有奇"，李学勤主编《礼记正义》简体标点本正之，今从之。参见李学勤主编：《十三经注疏·礼记正义》，第 1574 页。
④ ［汉］郑玄注，［唐］孔颖达等疏：《礼记正义》，［清］阮元校刻：《十三经注疏》，第 1666—1667 页。并参考李学勤主编：《十三经注疏·礼记正义》，第 1574 页。

一个底面为 1 寸 × 1 寸，高 324 寸的长方体。此段实际上是在容积、体积之间进行了换算，利用了"16 寸 2 分（体积）相当于 1 升（容积）"这个关系，与贾公彦对《周礼·考工记》"㮚氏为量"的注疏一致。

c 段中，孔颖达等通过壶腹的体积 324（立方）寸、高 5 寸来求壶底圆的直径。孔氏等认为以 324（立方）寸除以 5 寸，得到 64 寸 8 分，实际上，这个值既可以看作底面积，即 64.8（平方）寸，也可以看作是高 1 寸、底 64.8（平方）寸的圆柱体体积（即 1/5 的壶腹体积），即 64.8（立方）寸。在孔氏等之后的注疏中，我们可以看到：在计算面积时，此数值取面积的意义；在计算体积时，此数值取体积的意义。

d 段，孔颖达等求解圆周 2 尺 7 寸有奇。孔氏等先求壶底圆的外接正方形面积，按照 3∶4 的关系（取 $\pi = 3$，则圆面积∶方面积 = 3∶4，见图 5.10），需要把圆面积加上。这样 64 寸 8 分 $+ \frac{1}{3} \times$ 64 寸 8 分 = 86 寸 4 分，即是外接正方形面积。开方之后得到 9 寸强，是外接正方形边长；[①]四倍之后，得到 36 寸强是外接正方形的周长。圆周与方周的比也是 3∶4（同样取 $\pi = 3$，则圆周长∶方周长 = 3∶4，见图 5.10），则方周减去其 $\frac{1}{4}$ 为圆周。这样 36 寸强 $- \frac{1}{4} \times$ 36 寸强 = 27 寸强 = 2 尺 7 寸强，即圆周。

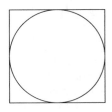

图 5.10　圆与外接方

---

① 实际上，这同时也是壶底圆的直径，由此可以直接得到圆周 2 尺 7 寸强。孔颖达等并未沿此路线计算。

e 段中,孔颖达等通过反推的办法验证:郑玄 1 斗 5 升取整得 2 斗,是与壶腹直径 9 寸多相容的。孔氏等先假设壶腹的直径是 9 寸,这样壶底圆的外接正方形面积是 9 寸 × 9 寸 = 81(平方)寸。这个数值也可以理解成高 1 寸、底面 81(平方)寸的长方体体积(即 1/5 的壶腹外接长方体),即 81(立方)寸。这样壶腹的外接长方体体积等于 5×81(立方)寸 = 405(立方)寸。取 $\pi = 3$,圆柱体(壶腹)与外接长方体的体积之比等于 3∶4,后者体积减 1/4 为前者体积。于是,405(立方)寸 $- \frac{1}{4} \times$ 405(立方)寸 = 303.75(立方)寸,为壶腹体积。这个数值小于郑玄给出的 324(立方)寸。两者之差为 324(立方)寸 - 303.75(立方)寸 = 20.25(立方)寸。因此,壶腹直径应该比 9 寸多,壶腹圆周则应该比 2 尺 7 寸多。

在最后一段——f 段中,孔颖达等验证:如果按照《礼记》经文取壶的容积 1 斗 5 升计算,其体积相当于 243(立方)寸,则其直径只有 8 寸多,不合郑玄注的圆周 2 尺 7 寸有奇。为此,孔氏等采取与 e 段中一样的反推法。先计算 8 寸 ×8 寸 = 64(平方)寸,求得壶底外接正方形面积,此数值也可以视作高 1 寸、底面积 64(平方)寸的长方形的体积(即 1/5 的壶腹外接长方体)。5 × 64(立方)寸 = 320(立方)寸,为壶腹外接长方体体积。同样按照 3∶4 的关系,320(立方)寸 $- \frac{1}{4} \times$ 320(立方)寸 = 240(立方)寸,为壶腹体积。此值比 243(立方)寸小 3(立方)寸。因此,壶腹直径为 8 寸多。孔氏等最后说到,当时有人想调和 2 尺 7 寸和 1 斗 5 升,只能说壶腹由上至下的尺寸是不同的,不符合郑玄之意。此段孔颖达等实际是想表明《礼记》经文所载的壶容积 1 斗 5 升,与郑玄注给出的壶腹周长 2 尺 7 寸是不可调和的,但孔氏等站在郑玄一边。

(四)孔颖达等算法之特色

在以上三例的基础上,笔者尝试分析孔颖达等算法之特色,并与之前总结之贾公彦算法体系作对比。两方异同如下:

第一，贾公彦以"算法"指其数学实作，孔颖达等亦使用这一术语。孔氏等云："汉之九数，即今之《九章》也。"[①]说明与贾氏一样，孔氏也以"九数"指传统算学。不同之处是孔颖达等采用了更多的传统算学的术语，如"法""母""子""开方"等。

第二，贾公彦算法的结构是基于郑玄注的，孔颖达等之算法同样也是基于郑玄注的。两方的做法反映出唐初"礼是郑学"[②]的说法。

第三，贾公彦把数拆开成几部分理解，孔颖达等等也是作此种理解。例如孔氏等在《春秋左传正义》对《礼记·丧服》"朝一溢米，夕一溢米"中也是分开处理了 1 升与 $\frac{1}{24}$ 升，与贾氏计算思路一致。然而，在具体的度量衡转换过程中两方又有所差别。

第四，贾公彦以图形为工具进行计算或者得到数量关系，孔颖达等亦是如此。例如孔氏等注疏《礼记·投壶》云"方一寸，高十六寸二分为一升，则一斗之积方一寸，高一百六十二寸也。二斗之积为三百二十四寸也。"这一做法与贾公彦注疏《周礼·考工记》"㮚氏为量"中的做法一致。又孔氏《礼记·投壶》开方做法的核心思路是利用方圆之间 3∶4 关系的转化，亦是以图形为工具开方。然而孔氏等具体的计算方式又与贾氏不同。

第五，贾公彦使用了"数值乘法表、单位乘法表、单位换算表"，孔氏等同样使用了这三种表。不同之处是，孔氏等明确在论述中把数制与度量衡制度归入"算法"。[③]

---

① ［汉］郑玄注，［唐］孔颖达等疏：《礼记正义》，［清］阮元校刻：《十三经注疏》，第 1513 页。
② 同上书，第 1352、1550 页；亦见叶纯芳：《中国经学史大纲》，第 161—162 页。
③ 孔颖达等注《春秋左传》云："以算法从一至万，每十改名至具，以后称一万、十万、百万、千万、万万，始名亿，从是以往皆以万为极，是至万则数满也。"及"依算法，亿之数有二法……"（［周］左丘明传，［晋］杜预注，［唐］孔颖达疏：《春秋左传正义》，［清］阮元校刻：《十三经注疏》，第 1786 页。）孔氏等又注《礼记》云："案算法，十黍为参，十参为珠，二十四珠为两，八两为锱。"（［汉］郑玄注，［唐］孔颖达等疏：《礼记正义》，［清］阮元校刻：《十三经注疏》，第 1461 页。）

第六,贾公彦以文字进行推理、不使用算筹,孔颖达等亦如此。在以上三例中,孔氏的数学计算也是基于文字推理的,没有使用筹算的痕迹。尤其是《九章算术》载筹算开方术,但贾氏、孔氏的计算都使用了图形,从而与之不同。

上述两方相同之处,实际反映出初唐儒家算法之共识,构成了儒家独特的算法体系。两方不同之处,实际反映出个人作品和集体作品之差别。贾公彦独自注疏《周礼》《仪礼》,延续并发展了皇侃以来算法传统。孔颖达等注疏团队既要体现包含贾公彦在内的初唐儒家算法之共识——文字推理、以数与图为工具、不用筹算等,又在文本与现实之间适度使用了传统算学术语,折射出初唐儒学与算学之间的张力。

三、甄鸾撰、李淳风等注释《五经算术》

北周甄鸾撰、唐李淳风等注释之《五经算术》,唐初作为国子监算学馆的教科书立于学官。不同于其他算书"题设、答案和术文"的形式,该书直取儒家经典注解中与数学有关的篇章,甄氏加按语给出算法。钱宝琮说:"东汉时期为儒家经籍作注解的人,如马融、郑玄等,都兼通算术。在他们的注解中掺杂了为一般读经的人难以了解的数字知识。甄鸾的《五经算术》列举《易》《诗》《书》《周礼》《仪礼》《礼记》以及《论语》《左传》等儒家经籍的古注中有关数字计算的地方加以详尽的解释,对于后世研究经学的人是有帮助的。但有些解释不免穿凿附会,对于经义是否真有裨益是可以怀疑的。"[1]今本《五经算术》分上下卷,计38条,见表5.6。

---

① 钱宝琮:《〈五经算术〉提要》,载钱宝琮校点:《算经十书》,第437页。

表 5.6   《五经算术》条目的来源

	条名	来源	位置
1	《尚书》定闰法		
2	推日月合宿法		
3	求一年定闰法	《尚书》	
4	求十九年七闰法		
5	《尚书》《孝经》"兆民"注数越次法		
6	《诗·伐檀》毛、郑注不同法	《尚书》《孝经》	
7	《诗·丰年》毛注数越次法	《毛诗》	
8	《周易》策数法		
9	《论语》"千乘之国"法	《周易》	卷
10	《周官》车盖法	《论语》	上
11	《仪礼·丧服》绖带法	《周礼·考工记》	
12	《丧服》制食米溢数法	《仪礼》	
13	《礼记·王制》国及地法		
14	求经云"古者百里当今一百二十一里六十步四尺二寸二分"法		
15	求郑氏注云"古者百亩当今一百五十六亩二十五步"依郑计之法	《礼记》	
16	求郑注云"古者百里当今一百二十五里"法		
17	《礼记·月令》黄钟律管法		
18	《礼记·礼运》注始于黄钟,终于南吕法		
19	《礼运》一本注始于黄钟,终于南事法		
20	《汉书》终于南事算之法	《汉书》	
21	《礼记》投壶法	《礼记》	
22	推《春秋》鲁僖公五年正月辛亥朔法		
23	推积日法		
24	求次月朔法		
25	推僖公五年正月辛亥朔旦冬至法		卷
26	求次气法		下
27	推文公元年岁在乙未,闰当在十月下而失在三月法	《春秋左传》	
28	推文公六年岁在庚子,是岁无闰而置闰法		
29	推襄公二十七年岁在乙卯再失闰法		
30	推绛县老人生经四百四十五甲子法		
31	推文公十一年岁在乙巳,夏正月甲子朔,绛县老人生月法		

	条名	来源	位置
32	推昭公十九年闰十二月后而以闰月为正月， 故以正月为二月法	《春秋左传》	卷 下
33	推昭公十九年岁在戊寅，闰在十二月下法		
34	推昭公十九年岁在戊寅月朔法		
35	推昭公二十年岁在已卯月朔法		
36	推昭公二十年岁在已卯，正月已丑，朔旦冬至， 而失王二月已丑冬至法		
37	推哀公十二年岁在戊午，应置闰而不置， 故书十二月有螽法		
38	求十二年闰月法		

资料来源：此表根据郭书春、刘钝校点本《算经十书》（1998）之《五经算术》统计。与钱宝琮校点本《算经十书》（1963）略有不同。

由此可见，《五经算术》广泛取材于《尚书》《孝经》《毛诗》《周易》《论语》《周礼》《仪礼》《礼记》《汉书》和《春秋左传》等关于数字计算的部分。其"五经"泛指儒家经典，而《汉书》在当时也被认为属于经典之列。甄鸾以传统算学的方法对这些经典注解中与数字有关的部分进行注释，李淳风等则进一步将之重构为数学著作"题设、答案、术文"的形式。换句话说，《五经算术》是将传统算学应用在儒家经典上的作品。① 本章表5.1之第2、4、5、6例之文献均被收入《五经算术》，然而甄氏、李氏等做法却不同于贾氏、孔氏，由此反映出两种算法传统在初唐均已立于学官，形成分庭抗礼之态势。

① 对于《五经算术》的性质，学术界有不同看法。周瀚光认为《五经算术》可以作为辅助阅读儒家经典的工具书，参见周瀚光：《从〈算经十书〉看儒家文化对中国古代数学的影响》，《广西民族大学学报（自然科学版）》2015年第1期。陈巍则认为《五经算术》原书大致可以看成"经学中的算学"，并存在两次改写过程，参见陈巍：《〈五经算术〉的知识谱系初探》，《社会科学战线》2017年第10期。笔者不能认同这一类认为《五经算术》是具有经学性质的著作的看法，并认为《五经算术》自始至终都是一本算学著作，理由有三：第一，该书作者甄鸾是在天文学、数学方面卓有成就的学者，但并不以经学见长；第二，稍后的李淳风将之列入十部算经，并以之为国子监算学馆的教科书；第三，笔者的一系列研究表明，儒家注解经典所用到的数学与《五经算术》中的不同。因此，很明显该书之内容不能被视为经学中的算学，而只能是甄鸾、李淳风等算家试图将传统算学应用于经学的作品。

（一）甄鸾、李淳风等对《周礼·考工记》"参分弓长，以其一为之尊"的注解

《五经算术》"周官车盖法"：

> "参分弓长，以其一为之尊。"注云："尊，高也。六尺之弓，上近部平者二尺，爪末下于部二尺。二尺为句，四尺为弦，求其股。股十二。开方除之，面三尺几半。"[①]

《五经算术》先引《周礼·考工记》经文及其郑玄注。然而，不同于传本郑注说"除之"，此处云"开方除之"。这一差别几乎可以肯定是戴震（1724—1777）造成的，他从《永乐大典》中辑出《五经算术》的过程中添加了"开方"二字，而今《五经算术》最早的版本也是清中叶的《四库全书》本。

> 甄鸾按：句股之法，横者为句，直者为股，邪者为弦。若句三，则股四而弦五，此自然之率也。今此车盖，句二、弦四则股三，此亦自然之率矣。求之法，句股各自乘，并而开方除之，即弦也。股自乘，以减弦自乘，其余开方除之，即句也。句自乘，以减弦自乘，其余开方除之，即股也。
>
> 假令句三自乘得九，股四自乘得十六，并之，得二十五。开方除之，得五，弦也。股四自乘，得十六，弦五自乘得二十五，以十六减之，余九。开方除之，得三，句也。句三自乘得九，弦五自乘得二十五，以九减之，余十六，开方除之，得四，股也。
>
> 今车盖崇二尺，弓四尺。以崇下二尺为句，弓四尺为弦，为之求

---

① ［北周］甄鸾撰，［唐］李淳风等注释：《五经算术》，载钱宝琮校点：《算经十书》，第 449 页。

股。求股之法,句二尺自乘得四,弦四尺自乘得十六,以四减十六,余十二。开方除之,得三,即股三尺也。余三。倍方法三,得六。又以下法一从之,得七。即股三尺七分尺之三[①],故曰几半也。[②]

　　甄鸾按语分为三部分:第一部分是讲勾股术,与《九章算术》同;第二部分是以"勾三股四弦五"举例说明勾股术;第三部分是甄鸾对郑玄注的算法解释。甄氏先得到长边和弦的平方。他计算 2 尺乘 2 尺得 4,4 尺乘 4 尺得 16。这一过程不同于贾公彦的计算:2 尺乘 2 尺得 4 尺,4 尺乘 4 尺得 1 丈 6 尺,显著的差别是甄鸾的计算没有度量衡单位。其中的原因大概是用算筹计算近似于没有单位的抽象数。之后,甄鸾以筹算开方术求得"股三尺七分尺之三"。其开方过程大致如图 5.11。

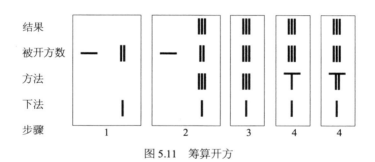

图 5.11　筹算开方

步骤 1:在计算界面上放置 12(被开方数)和 1(下法)。

步骤 2:估算商的首位,即放置 3 在最上一行,同时放置在方法的一行。

步骤 3:计算 $12 - 3 \times 3 = 3$,得到被开方所余。

步骤 4:加倍方法,得到 6。

---

① 　即 $\dfrac{3}{7}$ 尺。

② 　[北周]甄鸾撰,[唐]李淳风等注释:《五经算术》,载钱宝琮校点:《算经十书》,第 449—450 页。

步骤5:把下法加入方法,即 $1+6=7$。对应图即是运算的结果 $3+\dfrac{3}{7}$。①

　　甄鸾的计算结果反映出他对于郑玄注的理解不同于贾公彦。贾公彦想证明计算结果是小于三尺半的,其方法是几何操作。甄鸾则通过算术操作得到了一个等于三尺几半的值。② 这即是说, $3+\dfrac{3}{7}$ 实际上小于12的平方根与 $3+\dfrac{1}{2}$,无法证明12的平方根小于 $3+\dfrac{1}{2}$,甄鸾的论断只有在12的平方根等于 $3+\dfrac{3}{7}$ 时才成立。

　　臣淳风等谨按:其问宜云:车盖之弓长六尺,近上二尺连部而平为高。四尺邪下宇曲为弦,爪末下于部二尺为句,欲求其股。问股几何? 曰:三尺七分尺之三。术曰:句自乘以减弦自乘,其余开方除之,即得股也。③

---

① 在刘徽《九章算术》"开方术"注中,他给出了开方的两种近似方法,即"令不加借算而命分,则常微少;其加借算而命分,则又微多。"这即是说有两种方法,一种不加借算得到过剩近似值,如此例中的 $3+\dfrac{3}{6}$ 尺(步骤4)。另一种是加借算得到不足近似值,如此例中的 $3+\dfrac{3}{7}$ 尺(步骤5)。显然,甄鸾采用了第二种近似方法。他不用第一种方法的原因有二:其一,甄鸾的目的是郑玄注,即"三尺几半",如果他得到 $3+\dfrac{3}{6}$ 尺,则意味着正好三尺半(大于三尺几半);其二,"几半"意味着比一半略小,所以应得到一个值小于 $3+\dfrac{1}{2}$ 尺。故此,甄鸾采用了加借算的方法。

② 根据现代数学,甄鸾是错的。因为他得到一个近似值: $3+\dfrac{3}{7}$ 尺。他的目标是证明 $\sqrt{12}<3+\dfrac{1}{2}$。然而, $3+\dfrac{3}{7}$ 尺是小于12的平方根的。由于 $3+\dfrac{3}{7}$ 小于 $3+\dfrac{1}{2}$ 也小于12的平方根,甄鸾无法证明12的平方根小于 $3+\dfrac{1}{2}$。因此,只有当他相信12的平方根等于 $3+\dfrac{3}{7}$,即他所求值为精确值时,他才能证明郑玄注。这揭示了甄鸾是如何理解筹算开方的:他不认为得到的是近似值。换言之,他认为图5.11的这些算法是得到了一个精确值,而这个值正好是"三尺几半"。

③ [北周]甄鸾撰,[唐]李淳风等注释:《五经算术》,载钱宝琮校点:《算经十书》,第449页。

李淳风等得到了与甄鸾相同的计算结果(即 $3 + \dfrac{3}{7}$ 尺)。这暗示着李淳风的算法是与甄鸾相同的。而且,李淳风等重新调整了文本结构,以使得其符合传统算学"问题+术文"的形式。这就是说,李淳风重构了儒家经典以使之成为算家经典的文本。

(二)甄鸾、李淳风等对《仪礼·丧服》"去五分一以为带"的注解

《五经算术》"《仪礼》丧服经带法":

"苴绖大搹,左本在下。去五分一以为带。齐衰之绖,斩衰之带也,去五分一以为带。大功之绖,齐衰之带也,去五分一以为带。小功之绖,大功之带也,去五分一以为带。缌麻之绖,小功之带也,去五分一以为带。"注云:"盈手曰搹;搹,扼也。中人之扼,围九寸。以五分一为杀者,象五服之数也。"今有五服衰绖,迭相减差五分之一。其斩衰之绖九寸。问齐衰、大功、小功、缌麻、绖各几何?

答曰:齐衰七寸五分寸之一,大功五寸二十五分寸之十九,小功四寸一百二十五分寸之七十六,缌麻三寸六百二十五分寸之四百二十九。

甄鸾按:五分减一者,以四乘之,以五除之。置斩衰之绖九寸,以四乘之,得三十六为绖实。以五除之得齐衰之绖,七寸五分寸之一。以母五乘经七寸,得三十五,内子一,得三十六。以四乘之,得一百四十四为实。以五乘下母五,得二十五为法。除之,得大功经五寸二十五分寸之十九。以母二十五乘经五寸,得一百二十五。内子十九,得一百四十四。以四乘之,得五百七十六,为实。以五乘下母二十五,得一百二十五为法。以除之,得小功经四寸一百二十五分寸之七十六。以母一百二十五乘经四寸,得五百。内子七十六,得五百七十

六。又以四乘之,得二千三百四为实。以五乘下母一百二十五,得六百二十五为法。以除之,得缌麻之经三寸六百二十五分寸之四百二十九。

臣淳风等谨按:其术宜云:置斩衰之经九寸,以四乘之,五而一,得齐衰之经。其求大功已下者准此。有分者同而通之。即合所问。①

晚清刘岳云《五经算术疏义》云:"'今有五服'至'缌麻三寸六百二十五分寸之四百二十九'乃淳风按语羼入正文,当移之。"②这就是说"今有"之问与答都应是李淳风等注疏的内容。今本《五经算术》其中多问,都有李淳风等所增之问、术、答。李氏等亦自云:"此《五经算》一部之中多无设问及术,直据本条,略陈大数而已。今并加正术及问,仍旧数相符。其有泛说事由,不须术者,并依旧不加。"③因此,笔者赞同刘氏的看法,认为此问之问、答、术都是李淳风注释。

甄鸾先引《仪礼》及其郑玄注,然后在按语中给出算法。他先说"五分减一者,以四乘之,以五除之",就是把"去五分一"转化成以四乘、以五除(相当于 $x - \dfrac{1}{5}x = x \times 4 \div 5$)。于是,计算斩衰之带(即齐衰之经),则 9 寸 $\times 4 \div 5 = 7\dfrac{1}{5}$ 寸;计算齐衰之带即大功之经,则 $7\dfrac{1}{5}$ 寸 $\times 4 \div 5 = \dfrac{36}{5}$ 寸 $\times 4 \div 5 = \dfrac{144}{25}$ 寸 $= 5\dfrac{19}{25}$ 寸;计算大功之带即小功之经,则 $5\dfrac{19}{25}$ 寸 $\times 4 \div 5 = \dfrac{144}{25}$ 寸 $\times 4 \div 5 = \dfrac{576}{125}$ 寸 $= 4\dfrac{76}{125}$ 寸;计算小功之带即缌麻之经,则 $4\dfrac{76}{125}$ 寸 $\times 4 \div 5 = \dfrac{2304}{625}$ 寸 $= 3\dfrac{429}{625}$ 寸。

---

① ［北周］甄鸾撰,［唐］李淳风等注释:《五经算术》,载钱宝琮校点:《算经十书》,第450—451页。
② ［清］刘岳云:《五经算术疏义》,第25a页。
③ ［北周］甄鸾撰,［唐］李淳风等注释:《五经算术》,载钱宝琮校点:《算经十书》,第443页。

李淳风等先以"今有"起问构造一个数学问题,并给出了四个数值作为答案,其中还包括郑、孔、贾等人都没有给出的缌麻之经为 $3\frac{429}{625}$ 寸,继而提出了一个抽象的"术"。"其求大功已下者准此"表明以四乘、以五除的一般性,并利用专业数学术语"同而通之"来指明有对分数的处理。[①]

在此例之中,贾、孔等与甄、李等的注疏有明显的差别。不仅是在解释《仪礼》及其郑玄注的计算思路上完全不同,更重要的是贾氏算法尽管较为繁复,但是算理显然,且其计算过程中处处带有度量衡单位;而甄氏及李氏等注则是典型的筹算算法。同时,孔氏等构造的术是对贾氏算法的抽象化描述;李氏等构造的术则是对甄氏算法的抽象化描述。因此可以说,是两种数学实作。形成这一情况的原因可能是多层次的:从认知的层面看,贾公彦对分数停留在运作性(operational)的理解之上,而甄鸾则已有结构性(structural)概念;[②]从社会历史背景来看,贾、孔等是在注疏儒经、研究经学,甄、李等则是注释算经、研究算学,因此自然有别。

(三)甄鸾、李淳风等对《仪礼·丧服》"朝一溢米,夕一溢米"的注解

《五经算术》"丧服制食米溢数法":

> "朝一溢米,夕一溢米。"注云:"二十两曰溢,一溢为米一升二十四分升之一。"

> 甄鸾按:一溢米一升二十四分升之一法:置一斛米,重一百二十斤,以十六乘之,为积一千九百二十两。以溢法二十两除之,得九十六溢为法。以米一斛为百升为实。实如法,得一升。不尽四升,与法

---

① 《九章算术》卷一"经分"中提到了"同而通之",是指利用筹算通分来处理除法中带有分数的情况。参见朱一文:《再论〈九章算术〉通分术》,《自然科学史研究》2009年第3期。

② Anna Sfard, "On the Dual Nature of Mathematical Conceptions: Reflections on Processes and Objects as Different Sides of the Same Coin", *Educational Studies of Mathematics*, Vol. 22(1), 1991, pp. 1-36.

俱再半之,名曰二十四分升之一。称法,三十斤曰钧,四钧曰石,石有一百二十斤也。所以名斛为石者,以其一斛米重一百二十斤故也。

　　臣淳风等谨按:其问宜云:《丧服》朝一溢米,夕一溢米,郑注云:"二十两曰溢,为米一升二十四分升之一。"欲求其指如何。术曰:置一斛升数为实。又置一斛米重斤数,以斤法十六两乘之,所得,以溢法二十除之,为法。实如法得一升。不尽者与法俱再半之,即得分也。[①]

此段甄鸾亦是先引《仪礼》及郑玄注,进而给出按语。甄鸾由 1 斛 = 100 升 ~ 120 斤 = 1920 两,把 1920 除以 20 得到 96(称为溢法),即 1920 两 = 96 溢,于是 1100 升 ~ 96 溢。把 100 除以 96 便得到,1 溢 ~ $1\frac{1}{24}$ 升。

李淳风等首先也是把《仪礼》及郑注重构为一个数学问题。进而对甄鸾的算法进行了抽象化的描述。"置一斛升数为实",就是把 100 升作为被除数。"又置一斛米重斤数,以斤法十六两乘之,所得,以溢法二十除之,为法",就是 $120 \times 16 \div 20 = 96$(溢)作为除数。两者相除便得到结果。

通过上述例子可见诸家对于度量衡单位运用之不同。由于这些不同之处也反映在其他儒学经典和算学经典中,因此可以说具有一般性,反映了儒家与算家两种算法传统的差别。贾公彦、孔颖达等注疏的思路是把 $1\frac{1}{24}$ 升分开计算对应的重量,而后相加,这样便涉及 12 斤除以 10 升的问题;甄鸾、李淳风等的思路是把 $1\frac{1}{24}$ 升作为一个整体,直接通过容量与重量的换算进行计算(1920 两 = 96 溢 ~ 100 升),由除法得到结果。在两种不同的思路之下,贾氏与孔氏就涉及了如何通过换算度量衡单位使得 12 斤可以被 10 升整除的问题;而甄氏与李氏的重点是从 120 斤相当于 100 升出发,把度量衡单位

---

① ［北周］甄鸾撰,［唐］李淳风等注释:《五经算术》,载钱宝琮校点:《算经十书》,第 450—451 页。

"斤"换成所求之单位"溢"（1斤＝16两，1溢＝20两），进而利用筹算。因此，在儒家之算法传统中，度量衡单位的转换在计算过程中起决定性作用，而在算家传统中则只是起数量转换的作用。

（四）甄鸾、李淳风等对《礼记·投壶》投壶尺寸的注解

《五经算术》"《礼记》投壶法"：

"壶颈修七寸，腹修五寸，口径二寸半，容斗五升。"注云："修，长也。腹容斗五升，三分益一，则为二斗，得圜囷之象，积三百二十四寸。以腹修五寸约之，所得求其圆周。圆周二尺七寸有奇，是为腹径九寸有余。"

甄鸾按：斛法一尺六寸二分，上十之，得一千六百二十寸，为一斛。积寸下退一等，得一百六十二寸，为一斗。积寸倍之，得三百二十四寸，为二斗。积寸以腹修五寸约之，得六十四寸八分。乃以十二乘之，得积七百七十七寸六分。又以开方除之，得圆周二十七寸，余四十八寸六分。倍二十七，得方法五十四。下法一亦从方法，得五十五。以三除二十七寸，得九寸。又以三除不尽四十八寸六分，得一十六寸二分。与法俱上十之，是为壶腹径九寸五百五十分寸之一百六十二。母与子亦可俱半之，为二百七十五分寸之八十一。

臣淳风等谨按：其问宜云：今有壶腹修五寸，容斗五升。三分益一则为二斗，得圜囷之象。问积寸之与周径各几何？曰：积三百二十四寸。周二尺七寸二百七十五分寸之二百四十三。径九寸二百七十五分寸之八十一。术宜云：置二斗，以斗法乘之，得积寸。以腹修五寸除之。所得，以十二乘之。开方除之，得周数。三约之，即得径数。[1]

---

[1] ［北周］甄鸾撰，［唐］李淳风等注释：《五经算术》，载钱宝琮校点：《算经十书》，第473—474页。

　　此段亦先引《礼记》及郑注。甄鸾的按语从斛法开始,1斛(等于10斗)的容积,对应于一个底面为1尺×1尺的正方形,高1尺6寸2分的长方体的体积。进而,将此长方体延展为一个底面为1寸×1寸的正方形,高1620寸的长方体(即"上十之")。由此,1斗即对应于一个底为1寸×1寸的正方形,高162寸的长方体,即162(立方)寸,2斗之积则为324(立方)寸。以壶腹的高5寸除之,得到64寸8分即壶底圆面积。接着,利用《九章算术》的公式"圆面积$=\frac{1}{12}$圆周²",将64寸8分乘以12得到777寸6分,进而开方。甄鸾所用术语表明他使用的是传统的筹算开方术,得到的结果是27寸,余48寸6分,此数值又可进一步等于27寸 + 48寸6分 ÷ 55。[①]此为圆周的数值,除以3即得到9寸 + 16寸2分 ÷ 55 = $9\frac{162}{550}$寸 = $9\frac{81}{275}$寸,即壶腹直径的数值。

　　李淳风等注释也是首先把《礼记》及郑玄注重构为一个数学问题(有"问"有"答")。接着按照传统数学著作的写法给出算法(即"术")。虽然李氏等没有给出计算细节,但其"术"与甄鸾的算法一样,并且亦是筹算方法。

　　就此例而言,孔颖达等与甄鸾、李淳风等对于《礼记》及郑玄注的注疏差别很大,反映出两方所运用的数学知识不尽相同。两方相同之处主要在于:都未挑战郑氏将《礼记》经文壶腹容积1斗5升取整为2斗的做法。[②] 这符合唐代"宁道周孔误,讳言服郑非"的学术风气。

　　两方差别主要体现在:(1)计算方式与结果。孔颖达等利用圆方3∶4的关系进行圆方之间周长、面积、体积的换算,进而进行简单的估算开方,所得结果为约数。[③] 甄鸾、李淳风等则直接运用《九章算术》圆面积公式,并使用筹算开方术得到更精确的数值。(2)注疏体例与目的。孔颖达等注疏的主

---

① 此处和"参分弓长,以其一为之尊"的案例一样,甄鸾也取了加借算开方的算法。
② 宋代大儒朱熹曾批评郑玄、孔颖达等人取2斗做计算的做法,见本书第六章。
③ 此处并未使用贾公彦的几何开方算法。因此,尽管我们知道贾公彦参与了《礼记正义》的注疏工作,但他应该并未对此处有太多影响。

要目的是为了表明郑玄注的正确性,并在 e、f 两段中用反推的方法证明郑玄取 2 斗的正确性:如果取 2 斗,则壶腹周长 2 尺 7 寸多;如果取 1.5 斗,则壶腹圆直径为 8 寸多。甄鸾利用筹算开方术得出比郑玄更精确的数值,李淳风等更是重构经文将之作为数学问题。因此可以说,与孔颖达等相比,甄、李等人的注释都没有完全遵循郑玄注,而是以展现传统筹算数学方法为目的。如果我们考虑到孔颖达与李淳风相熟,并且作为前辈孔还帮助过李淳风,那么上述差别就更值得重视。两方产生差别的主要原因是:孔颖达等是做经学研究,而李淳风等是在做算学研究,并且双方的数学知识结构本就有所不同。因此,尽管问题相同,但是用到的数学自然有别。

(五)问题、算法与数学实作

《五经算术》是算家将传统算学应用在儒家经典上的作品。甄鸾的按语往往是在儒家经典之下,以传统数学知识重新解释相关文献,并未挑战儒经的文本结构。李淳风等的注释则进一步重构儒经,使之成为"问题+算法"形式的数学文本。李氏等给出了这样注释的原因:

> 臣淳风等谨按:此《五经算》一部之中多无设问及术。直据本条,略陈大数而已。今并加正术及问,仍旧数相符。其有凡说事由,不须术者,并依旧不加。[1]

即李淳风等认为甄鸾的按语只是"略陈大数而已",没有给出"事由",因此必须加问和术。李氏等又云:"此经皆有术无问。今并准其术意而加问焉。"[2]由此可见,李氏认为问题实际与"术意"有关。他们加问与术是为了给出甄鸾算法的术意。

---

[1] [北周]甄鸾撰,[唐]李淳风等注释:《五经算术》,载钱宝琮校点:《算经十书》,第 443 页。
[2] 同上书,第 475 页。

《新唐书·选举志》云：

> 凡算学，录大义本条为问答，明数造术，详明术理，然后为通。试《九章》三条，《海岛》《孙子》《五曹》《张丘建》《夏侯阳》《周髀》《五经算》各一条，十通六，《记遗》《三等数》帖读十得九，为第。试《缀术》《辑古》录大义为问答者，明数造术，详明术理，无注者合数造术，不失义理，然后为通。《缀术》七条，《辑古》三条，十通六，《记遗》《三等数》贴读十得九，为第。落经者，虽通六，不第。①

这里给出考试的办法是"明数造术，详明术理"、"无注者合数造术"，恰与李淳风等对甄鸾按语的评价对应。由此可知，李淳风等在《五经算术》中重构儒家经典为算学文本，并非仅仅是使其在形式上匹配，而是认为这与对"术意""术理""大义"等算学的核心理解有关。②

事实上，与认为算法与数学问题无关的普遍直觉相反，数学问题一直是理解和发展算法的关键语境。贾公彦、孔颖达等在郑玄等汉儒提供的数学隐题上，展现和发展了儒家的算法传统。李淳风等将儒经重构为算学文本的根本目的是改变这一文本语境（即数学隐题），从而将传统算学顺利地应用在儒家经典上。③

---

① ［宋］欧阳修、宋祁：《新唐书》，第 1162 页。
② 对李淳风等"术意"的详尽分析，参见 Karine Chemla & Zhu Yiwen, "Contrasting Commentaries and Contrasting Subcommentaries on Mathematical and Confucian Canons. Intentions and Mathematical Practices", in Karine Chemla & Glenn W. Most (eds.), *Mathematical Commentaries in the Ancient World. A Global Perspective*, pp. 278-433。
③ 对于数学问题的研究，参见 Karine Chemla, "On Mathematical Problems as Historically Determined Artifacts: Reflections Inspired by Sources from Ancient China", *Historia Mathematica*, Vol. 36(3), 2009；Zhu Yiwen, "How do We Understand Mathematical Practices in Non-mathematical Fields? Reflections Inspired by Cases from 12th and 13th Century China", *Historia Mathematica*, Vol. 52, 2020。

四、两家算法之观念与制度基础

（一）儒家与算家对数学功能和作用的不同看法

当我们意识到《周礼》《仪礼》《礼记》与《五经算术》分别是唐代国子监儒学与算学教科书，并且孔颖达、贾公彦、李淳风等人是互相熟识的同事，[①]那么上例所揭示的他们对于同一问题的不同算法就非常关键了。两方数学实践的差异，一方面会反映到数学知识的传授上，另一方面也展现了对于数学的不同理解。事实上，基于两方的论述可知，两方对于数学的功能与作用确实存有不同观点。

虽然贾公彦、孔颖达等没有对于数学作用的概括性论述，但是将他们零散的论述结合起来依然可以展现他们在这方面的见解。我们可以说贾公彦、孔颖达等往往以"算法"指其自身在儒经上的数学实作，并认为它包括乘除、数制、度量衡等内容；而以"九数"指以《九章算术》为代表的传统数学。用语与数学实作反映出贾、孔等人实际认识到了儒家的计算文化传统与传统筹算数学的差别，并认为两者的功能与作用亦应有所区别。

但是，在十部算经等传统算书中所展现的，算家对数学的认识不同于贾、孔等人。如《孙子算经》序言曰："夫筹者，天地之经纬，群生之元首，五常之本末，阴阳之父母，星辰之建号，三光之表里，五行之准平，四时之终始，万物之祖宗，六艺之纲纪……"[②]这一论述尽管比较夸张，但是其认为数学的功能与作用是无所不包的。甄鸾、李淳风等在《五经算术》中将筹算数学应用到儒家经典上，既反映出甄氏、李氏等认为数学（或传统筹算数学）是统一的，

---

① 孔颖达是贾公彦、李淳风的前辈。他曾帮助过李淳风，也是贾公彦的上级。李淳风与贾公彦除了孔颖达之外，还有王真儒这个交集，王协助过李淳风注解算经，也参与过注疏儒经。参见［宋］欧阳修、宋祁：《新唐书》，第 536、1433 页。

② ［北魏］孙子：《孙子算经》，载钱宝琮校点：《算经十书》，第 279 页。

同时也是李氏等将传统算书经典化的努力。①

甄鸾除《五经算术》外，还有《五曹算经》《数术记遗》等数学著作。在《五经算术》中，甄氏将数学应用于儒学领域；在《五曹算经》中，甄氏将数学应用于行政活动领域；在《数术记遗》中，他又将数学应用于数术领域。在注释算经之前的贞观十五年，李淳风开始撰写《隋书》和《晋书》的天文志、律历志和五行志。通过这些书志，李氏亦表明了他对数学的看法。《隋书·律历志》"备数"条中，李淳风云："一、十、百、千、万，所同由也。律、度、量、衡、历、率，其别用也。"②此处，李氏认为数的功能与作用是在音律、度量衡、历法和率等多方面的。接着其又云："夫所谓率者，有九流焉：一曰方田，以御田畴界域。二曰粟米，以御交质变易。三曰衰分，以御贵贱廪税。四曰少广，以御积幂方圆。五曰商功，以御功程积实。六曰均输，以御远近劳费。七曰盈朒，以御隐杂互见。八曰方程，以御错糅正负。九曰句股，以御高深广远。皆乘以散之，除以聚之，齐同以通之，今有以贯之。则算术之方，尽于斯也。"③"方田"、"粟米"等九部分内容正是《九章算术》的内容，李氏指出它们与率密切相关。此外，经过对比可知，《隋书·律历志》"备数"是以《汉书·律历志》"备数"为模板，都是在论述数与数学。④ 因此，可以说甄鸾、李淳风等认为数学的应用是广泛的。

总而言之，通过分析贾公彦、孔颖达、李淳风等人的论述，我们发现他们对于数学的功能与作用存在不同的看法。贾、孔等意识到儒家计算文化传统与传统筹算数学的分野，并认为两者应用范围有所差别——前者应用于儒学经典，后者应用于算学经典；甄鸾、李淳风等则试图将传统筹算数学推广到音

---

① 除此之外，李淳风等还把"某某算术"改名为"某某算经"，如《九章算术》改为《九章算经》。
② ［唐］魏徵、令狐德棻等：《隋书》，第387页。
③ 此句话首先出现在《后汉书·律历志》中："夫一、十、百、千、万，所同用也。律、度、量、衡、历，其别用也。"（［南朝宋］范晔：《后汉书》，第2999页。）李淳风在《后汉书》的基础上增加了"率"这一项内容，详见本书第四章第四节。
④ 事实上，《汉书·律历志》含有五部分内容："备数""和声""审度""嘉量""衡权"，《隋书·律历志》亦含这五部分内容，并且每部分都是照《汉》体例。详见本书第四章第二节。

律、度量衡、历法、儒学等几乎一切领域——实际上是把数学（或传统筹算数学）视为一切知识的基础。

（二）算学的制度化

历史事实的一面是，初唐数学制度化的一系列成就——注释十部算经、设立算学馆和明算科；同时另一面是，儒经注疏中的计算文化传统与以《九章算术》为代表的传统数学不同，并且儒家与算家对于数学功能与作用有不同看法。当我们把这两面事实相关联之时，某个可能性也正在浮现——初唐数学的制度化并非如前人所认为的那般顺理成章。恰恰相反，这很可能是在艰辛努力之后获得的成果。当我们再次仔细考察数学制度化的过程时，这一可能性便又大大增加了。

隋朝国子寺首设算学馆，置算学博士二人、助教二人、学生八十人。[①] 唐因隋制，但不久唐高祖废算学。[②] 唐太宗贞观二年（628）复置算学。[③] 此后，不知何时，算学又被废除。唐高宗显庆元年复置算学，三年（658）废算学。"诏以书算学业明经，事唯小道，各擅专门，有乖故实，并令省废。"[④]龙朔二年，又复置算学，三年（663）以算学隶于秘书阁局（原太史局）。[⑤] 实际上，书、律、算三学往往一同兴废，无法与教授儒学的国子、太学、四门三学的长盛不衰相比。[⑥] 如果结合本文先前的分析，儒家经典中含有独特的计算文化传统与数学实作，那么隋唐算学馆屡次兴废就折射出儒家与算家两种数学实作的竞争，以及是否有必要把数学置于一切知识之基础的争论。

---

① ［唐］魏徵、令狐德棻等：《隋书》，第 777 页。《唐六典》称"隋置算学博士一人。"（［唐］李林甫等撰，陈仲夫等点校：《唐六典》，第 562—563 页。）

② "唐废算学，显庆元年复置。三年又废，以博士以下隶太史局。龙朔二年复。"（［宋］欧阳修、宋祁：《新唐书》，第 1268 页。）

③ ［唐］吴兢：《贞观政要》，上海：上海古籍出版社，1978 年，第 215 页；［宋］王溥：《唐会要》，第 1163 页。

④ ［宋］王溥：《唐会要》，第 1163 页。

⑤ ［后晋］刘昫等：《旧唐书》，第 918 页。

⑥ 高明士认为这是因为高宗轻视专科教育，参见高明士：《中国中古的教育与学礼》，台北：台湾大学出版中心，2005 年，第 35 页。

　　进一步说,即便算学馆存在的时期,在师资待遇、学生来源以及师生数量上,算学也远远不如国子、太学、四门三学。① 算学博士二人,为从九品下,是最低的官阶。算学助教一人则没有官阶。另一方面,国子博士为二人或五人,正五品上;助教二人或五人,从六品下。太学博士为三人或六人,正六品上;助教三人或六人,从六品下。四门博士为三人或六人,正七品上;助教三人或六人,从八品下,以及四位直讲。② 就生源而言,算学生三十人(龙朔二年后为十二人),为"文武官八品已下及庶人子"。国子生三百人,为"文武官三品已上及国公子孙、从二品已上曾孙";太学生五百人,为"文武官五品已上及郡县公子孙、从三品曾孙";四门生三百五十人,为"文武官七品已上及侯、伯、子、男子"或"若庶人子为俊生者"。③ 因此,儒家的计算文化传统反而因国子、太学、四门三学而在教育上处于强势。

　　在国子监与科举的考试形式上,主要有贴经法与问答法两种。唐杜佑《通典》记载:"贴经者,以所习经掩其两端,中间开唯一行纸为贴。凡贴三字,随时增损,可否不一。或得四得五得六者为通。"④这相当于背诵经文的填空题。问答法则是回答经文大意,在算学领域则须"明数造术,详明术理,无注者合数造术,不失义理,然后为通"⑤。显然,儒家与算家两种数学实作与解释将通过考试制度而产生切实的影响。

　　贞观十五年,李淳风开始撰写《隋书》《晋书》的天文、五行、律历三志,他在其中论述了数学在音律、度量衡、历法等知识系统中所起的基础作用,并暗示了数学在维护王朝正统性方面的重要性。甄鸾所撰《五经算术》又被

① 初唐国子监下设国子、太学、四门、律、书、算六馆,750 年之后增设广文馆。参见廖健琦:《唐代广文馆考论》,《南昌大学学报(人文社会科学版)》2004 年第 6 期。国子监共有两处校舍,一处在首都长安,一处在东都洛阳,大部分学生居于长安。
② 此处的博士、助教数量的差别总是反映在《唐六典》《旧唐书》《新唐书》之中,表明了有唐一代数量上的变化。参见[后晋]刘昫等:《旧唐书》,第 1794、1796、1797、1804 页;[宋]欧阳修、宋祁:《新唐书》,第 1266—1268 页;[唐]李林甫等撰,陈仲夫等点校:《唐六典》,第 559—563 页。
③ [宋]欧阳修、宋祁:《新唐书》,第 1266—1268 页;[唐]李林甫等撰,陈仲夫等点校:《唐六典》,第 559—563 页。
④ [唐]杜佑:《通典》,北京:中华书局,1988 年,第 356 页。
⑤ [宋]欧阳修、宋祁:《新唐书》,第 1162 页。

李淳风选为十部算经之一,并与算学博士梁述、太学助教王真儒注释之。在孔颖达、于志宁[1]等人帮助下,算学终于获得建制。稍后,算学更是进入科举,数学进一步制度化。当然,明算科在科举中依然无法同明经、进士等科较量。[2] 因此,尽管算学仍然是一门弱势的学科,但取得这些制度化的结果已经可以视作很大的成就。在此历史背景之下,我们就可以进一步理解李淳风等试图把数学应用于儒家经典的努力。

五、初唐数学与儒学之关系

本章由分析贾公彦、孔颖达等人与甄鸾、李淳风等人对《周礼》《仪礼》《礼记》中同例之注疏、注解入手,揭示出诸家对儒经的数理解释存在计算思路、方法、工具等数学实作方面的差异。进而通过分析他们对数学的论述,表明诸家对于数学的功能与作用存在不同的理解与看法。另一方面,初唐算学馆的数次兴废,折射出筹算数学发展过程中的艰辛。当我们将其与初唐国子监儒学与算学的制度差异,以及学者们的实际处境联系起来,这一数学实作与理解上的差异便从观念与知识领域,进入制度与生活领域,从而得到了强化。由此,我们获得了对《五经算术》的另一层理解——不仅是展示筹算做法,更重要的是证明筹算数学可以应用于儒家经典。这一数学普世的观念,亦体现在李淳风所撰的《隋书》《晋书》书志之中。因此,初唐数学发展的动力,既在于李淳风等算家之努力,亦在于其与儒学之间的张力。

从数学实作的层面来看,儒家的计算文化传统很少用或甚至不用筹算,而以理推之。这一特点与儒家重视经典、轻视器物的文化有关。儒经中数学问题的有限性,也使儒家不用筹算成为可能。实作上的差异导致了数学教育与知识传授的不同,儒家的计算文化传统可以通过阅读经典在师生间传授,

---

① ［宋］王溥:《唐会要》,第 1163 页。
② 《通典》云:"自是士族所趣向,唯名经、进士二科而已。"（［唐］杜佑撰,《通典》,第 356 页。）

而算家的数学则必须在此之外配合教师的筹算演示。其实,算家也有不用筹算的传统。老子曰:"善数者不以筹策。"[1]魏景元四年,刘徽注《九章算术》,在卷五"商功"章"方亭术"下云:"盖说算者立棊三品,以效高深之积。"[2]又在同卷"阳马术"中指出:"数而求穷之者,谓以情推,不用筹算。"[3]甄鸾在另一本书《数术记遗》中注解"隶首注术"之"计数,既舍数术,宜从心计"云:"言舍数术者,谓不用筹算,宜以意计之。"[4]并举了数道数学难题(例如百钱买百鸡题)。由此可见,在擅长数学、推求无穷、求数学难题等情况下,算家才不用筹算。这与儒家在一般情况下不用筹算的情况不同。就此而言,在重视经典与使用算筹上,儒家与算家的计算文化传统很不相同。从世界数学史的角度来看,现代数学与诸多古代数学大不同之处为现代数学是高度的符号化体系。这一现象发端于 13 世纪开始的数学符号化进程,并由此导致了现代数学知识可以仅依靠课本传授,从而与古代必须在师生间教授不同。就此而言,儒家与算家在数学实作上的差异并非无关紧要。

对唐代儒家计算文化传统的研究既可以增进对于中国古代数学多样性的认识,又可以帮助我们重新审视数学与儒学的关系。儒家计算文化传统滥觞于郑玄及其他学者对儒家经典的相关注解。这些注解隐含着一个数学问题发展算法的可能性。沿此路径,魏晋南北朝及隋唐学者将其中隐含的数学问题显露化,并由此发展了儒家自身的计算文化。迄北周时代,儒家与算家在计算文化上的差异已经十分明显。因此,甄鸾作《五经算术》力图统一两者。李淳风更是通过一系列努力提升数学的地位,将《五经算术》纳入十部算经使之具有一定的合法性。但是,由于中国古代儒学崇高的学术地位,其自身的计算文化传统由唐、宋、明一直延续至清代。因此可以说,儒家自身的计算文化为儒学当然的一部分,而算学则是相对独立的学科。清代以降,西

---

① 马王堆汉墓帛书整理小组编:《马王堆汉墓帛书:老子》,北京:文物出版社,1976 年,第 26 页。乙本作"善数者不用筹策",同书,第 58 页。
② 郭书春汇校:《汇校〈九章算术〉》(增补版),第 179 页。
③ 同上书,第 183 页。
④ [汉]徐岳撰,[北周]甄鸾注:《数术记遗》,载钱宝琮校点:《算经十书》,第 546 页。

方数学逐渐传入,算学的专业性与独立性获得了前所未有的认可。儒家与算家计算文化分野的情况才出现改变。乾隆年间编撰《四库全书》,戴震从《永乐大典》中辑出《五经算术》,认为"是书不特为算家所不废,实足以发明经史,核订疑义,于考证之学尤为有功焉"①。嘉道年间,胡培翚(1782—1849)《仪礼正义》"丧服"注不引贾公彦、孔颖达疏,却云"五服之带,甄鸾、李淳风皆四其实、五其法,今依其术推之。"②晚清刘岳云作《五经算术疏义》则认为"是书演算详明,于经义甚有裨益。唐时既立学官,而孔颖达等作《正义》不采甄说,殊不可解。"③于是,算家终于在数学上压倒了儒家,实现了甄鸾、李淳风等人的理想,但此时的算学早已在现代化的进程之中,儒家的算法传统则也在此进程之中被放弃与遗忘。

---

① [清]戴震著,戴震研究会等编纂:《戴震全集》第 6 册,北京:清华大学出版社,1999 年,第 3361 页。
② [清]胡培翚:《礼记正义(中)》,上海:商务印书馆,1934 年,第 12—13 页。
③ [清]刘岳云:《五经算术疏义》,第 3a 页。

第六章
朱熹的数学世界

唐代儒家算法的发展客观上使儒家算法成为儒学的一部分,与传统算学相对独立,这一情形一直延续至宋代。宋代儒学的代表人物朱熹既在儒家算法传统之中,又和汉代大儒郑玄一样考虑调整算学与儒学的关系,并通过数学与象数、音律、度量衡、历法等之间的关系建构了它在理学中的独特位置。因此,本章的目的是分析朱熹的数学实作及其对算学与儒学关系的重新安排。

朱熹的研究领域遍布经史子集,学术界一直很关注朱熹的科学研究与科学思想,并以此探讨宋代理学与科学的关系。[①] 然而,与其他方面的研究不同,学界目前对朱熹本人的数学尚缺乏全面、具体地研究论述。[②] 朱氏曾说"算学文字素所不晓,惟贤者之听耳"[③]。这大概是误解朱熹不通数学的原因

---

① 这方面的论著相当多,大致可以分为三类。第一类是探究朱熹本人的科学研究与科学思想,兼及宋代理学与科学的关系。例如英国学者李约瑟所著《中国科学技术史(第 2 卷):科学思想史》(1990)第十六章"晋、唐道家与宋代理学家"对朱熹的自然哲学有相当程度的论述;日本学者山田庆儿《朱子的自然学》(1978)从宇宙学、天文学、气象学等角度研究了朱熹的科学研究;韩国学者金永植《朱熹的自然哲学》(2003)全面探讨了朱熹的科学研究与科学思想。第二类是研究宋代理学与科学的关系并论及朱熹。例如李申《中国古代哲学与自然科学》(2001)用相当篇幅论述了朱熹的自然科学;乐爱国《宋代的儒学与科学》(2007)补充了相当多的新材料专章论述朱熹与科学。第三类是对理学与数学关系的研究。例如钱宝琮《宋元时期数学与道学的关系》(收入钱宝琮等:《宋元数学史论文集》,第 225—240 页)是第一篇探讨宋代数学与理学关系的专文,钱宝琮在文中认为理学起负面的作用,但无法阻碍科学的进步;侯钢的博士学位论文《两宋易数及其与数学之关系初论》(2006)则在钱宝琮的基础上进一步研究宋代象数与数学的关系。

② 金永植《朱熹的自然哲学》5.2 节与 12.8 节相关部分是对朱熹数学较为完整的研究。

③ [宋]朱熹:《答蔡伯静》,载朱杰人、严佐之、刘永翔主编:《朱子全书》第 25 册,上海:上海古籍出版社/合肥:安徽教育出版社,2002 年,第 4716 页。

之一,其实朱熹还对儒家算法传统有所发展。

需要说明的是,在朱熹的语境中,"数学"与"算学"是不同的概念。前者的研究对象是象数,研究者被称为"数家",朱熹常说"康节数学",即指邵雍象数。后者的研究对象就是今天所谓的中国传统数学,研究者被称为"算家"。朱氏对数的认识与理、气、象等哲学概念相关,认为算是数与数之间的运算关系。因此,本章所论朱熹之"数学"仅限于现代 mathematics 之含义,不指称象数学;后一章则论及朱熹乃至宋代的象数学与算学之关系。

一、朱熹的数学实作——以《仪礼经传通解》为例

《仪礼经传通解》是朱熹晚年主持编撰的礼学巨著。在"投壶"篇中,朱熹延续了郑玄、孔颖达等以来利用数学对投壶尺寸的相关讨论。[①] 其中所展现的数学实作乃前人所未论,尤其值得关注。

对于投壶礼之壶,《礼记》经文云:"壶颈修七寸,腹修五寸,口径二寸半,容斗五升。"[②]郑玄注云:"修,长也。腹容斗五升,三分益一,则为二斗,得圆囷之象,积三百二十四寸也。以腹修五寸约之,所得。求其圜周,圜周二尺七寸有奇。是为腹径九寸有余也。"[③]孔颖达等写了一段很长的疏文。他们首先肯定了郑玄把一斗五升转化为二升的做法,认为是"以斗五升其数难计,故加三分益一为二斗,从整数计之。"继而以圆方 3∶4 的转换关系(取 $\pi=3$)求得壶腹直径。孔氏等的做法与甄鸾、李淳风等在《五经算术》中的计算不同,显示了唐代儒家独特的算法传统。[④]

朱熹的注解可以分作两段,前段评论《礼记》经文、郑玄注、孔颖达等疏,后段给出自己的算法。下面逐段分析。

---

① 关于郑玄、孔颖达等对《礼记·投壶》的讨论,见本书第二章与第五章。
② [汉]郑玄注,[唐]孔颖达等疏:《礼记正义》,[清]阮元校刻:《十三经注疏》,第 1666 页。
③ 同上。
④ 甄鸾、李淳风对此问的探讨,见本书第五章第三节。

今详:经文不言壶之围径,而但言其高之度、容之量,以为相求互见之巧。且经言其所容止于斗有五升,而注乃以二斗释之,则经之所言者圆壶之实数,而注之所言乃借以方体言之,而筭法所谓虚加之数也。盖壶为圜形,斗五升为奇数,皆繁曲而难计,故算家之术必先借方形虚加整数以定其法,然后四分去一以得圆形之实。此郑氏所以舍斗五升之经文,而直以二斗为说也。然其言知借而不知还,知加而不知减,乃于下文遂并方体之所虚加以为实数,又皆必取全寸不计分厘,定为圆壶腹径九寸而围二尺七寸,则为失之。疏家虽知其失,而不知其所以失,顾乃依违其间讫无定说,是以读者不能无疑。①

此段之中朱熹先谈到《礼记》经文只给出壶腹的高和容积,而未给直径,是因为"相求互见之巧"。经文给出的容积是一斗五升,对应于圆柱形壶腹;郑玄注则加上三分之一得二斗,朱熹认为是该壶腹外接长方体的容积(取 π = 3),因此是"算法所谓虚加之数"(见图6.1)。《九章算术》李淳风等注开方术云:"'借一算'者,假借一算,空有列位之名,而无除积之实。"②可视为朱氏理解之渊源。朱熹进一步解释说,因一斗五升"繁而难计",所以算家先加三分之一得二斗整数"以定其法",然后再去四分之一得到圆形之实。这一解释利用了圆柱体与其外接长方体容积之比为3∶4的关系,由此以圆求方三分益一,以方求圆四分去一。朱熹批评郑玄"知借而不知还,知加而不知减",并且"取全寸不计分厘",由此求得壶腹直径九寸、周长二尺七寸,"则为失之"。批评孔颖达等"知其失,而不知其所以失",使得读者疑惑。实际上,郑玄、孔颖达等把壶腹转化为二斗并不是将之视为方体言之的虚数,朱熹则是否定了两人的做法。从数学的角度看,朱氏的解释是更合理的。

① [宋]朱熹:《仪礼经传通解》,载朱杰人、严佐之、刘永翔主编:《朱子全书》第2册,第255页。
② 郭书春汇校:《汇校〈九章筭术〉》(增补版),第136—137页。

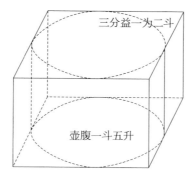

图 6.1 朱熹解郑玄"三分益一,则为二斗"

今以算法求之,凡此定二斗之量者,计其积实当为三百二十四寸,而以其高五寸者分之,则每高一寸为广六十四寸八分。此六十四寸者,自为正方。又取其八分者割裂而加于正方之外,则四面各得二厘五毫之数,乃复合。此六十四寸八分者,五为一方壶,则其高五寸,其广八寸五厘,而外方三尺二寸二分,中受二斗,如注之初说矣。然此方形者,算术所借以为虚加之数尔,若欲得圆壶之实数,则当就此方形规而圆之,去其四角虚加之数四分之一,使六十四寸八分者但为四十八寸六分,三百二十四寸者但为二百四十三寸,则壶腹之高虽不减于五寸,其广虽不减于八寸五厘,而其外围则仅为二尺四寸一分五厘,其中所受仅为斗有五升,如经之云,无不谐会矣。①

朱熹接下来给出了自己的"算法"。他先把二斗转化成三百二十四(立方)寸,此为壶腹外接长方体体积。因壶腹高五寸,则此外接长方体底面积为六十四寸八分,相当于 64.8 平方寸(324 立方寸 ÷ 5 寸 = 64.8 平方寸),以此数值开方即可求得此底面边长。朱熹接下来的做法表明他对于儒家算法传统有着精深的了解。他先把此六十四寸八分分作六十四寸(相当于 64 平方

① [宋]朱熹:《仪礼经传通解》,载朱杰人、严佐之、刘永翔主编:《朱子全书》第 2 册,第 255 页。

寸)与八分(相当于 0.8 平方寸)两部分。六十四寸可以自然构成一个八寸乘八寸的正方形;而八寸则延展分成四部分,每部分为长八寸、宽二厘五毫(0.025 寸)的细条长方形,加在正方形的四边。忽略四个小角的缺失,可以大致说是一个长八寸五厘的正方形(8 寸 + 2 × 0.025 寸 = 8.05 寸)(见图 6.2),则其周长为三尺二寸二分(8.05 寸 × 4 = 32.2 寸)。朱熹认为,要求得壶腹的相关数值,需要把此外接正方体"规而圆之",去掉多余的"四角虚加之数"。即六十四寸八分减去其四分之一,得四十八寸六分,为壶腹底面积(64.8 平方寸 − $\frac{1}{4}$ × 64.8 平方寸 = 48.6 平方寸)。三百二十四寸减去其四分之一,得二百四十三寸,为壶腹体积(324 立方寸 − $\frac{1}{4}$ × 324 立方寸 = 243 立方寸)。三尺二寸二分减去其四分之一,得二尺四寸一分五厘,为壶腹底面周长(32.2 寸 − $\frac{1}{4}$ × 32.2 寸 = 24.15 寸),容一斗五升。壶腹的直径则与其外接长方体底面边长相同,为八寸五厘。如此,"无不谐会矣"。

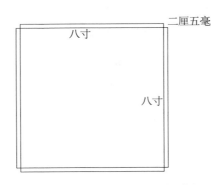

图 6.2 朱熹"广六十四寸八分"为方

关于中国古代开方术,现今所知有两个计算传统:一为算家的筹算开方术,二为儒家的几何开方算法。成书于汉代的《九章算术》最早记载了筹算开方的方法。此后,这一方法被不断改进、优化。11 世纪中叶,北宋的贾宪提出了具有世界意义的"开方作法本源"图与增乘开方术。13 世纪、14 世纪,秦九韶、李冶(1192—1279)、朱世杰(1249—1314)等人又相继发展了贾宪的方法。① 另一方面,唐代学者贾公彦注疏《周礼》采用了一种几何开方算法,该方法切割、拼接几何图形而不依赖算筹。② 此算法可上溯至梁代皇侃,唐代孔颖达、宋代邢昺(932—1010)等人在注经中也有类似做法。虽然算家刘徽注《九章算术》给出筹算开方术的几何解释,并云:"则朱幂虽有所放弃之数,不足言也"③,但是刘徽与儒家开方算法有两处关键的不同:第一,刘徽对开方的理解是逐步切割正方形得到其一边,而儒家的理解则是切割长方体使之拼接成正方形;第二,刘徽是用几何图形解释筹算,而儒家则是以图形为工具进行运算。朱熹的算法也是利用图形而非算筹进行运算,并且对贾氏等人又有所发展,把加于两面改为四面,因此朱熹无疑处于儒家的算法传统之中。

二、朱熹的数学观

邵雍(1011—1077)云:"大衍之数,其算法之源乎? 是以算数之起,不过乎方圆曲直也。阴无一,阳无十。乘数,生数也。除数,消数也。算法虽多,不出乎此矣。"④邵雍认为算法的来源是大衍之数,其法不出乘除,由此把算法提升到很高的位置。朱熹对此并不赞同,他说:"康节天资极高,其学只是术数学。后人有聪明能算,亦可以推。"⑤因此,朱熹区分了算与数。本节所论朱熹的数学观,主要是指朱熹对算之认识。不过为了论述的完整性,让我们先简单谈一下朱熹对数的看法。

朱熹赋予数次于理与气的基础地位。他说:"有是理,便有是气;有是气,

① 参见钱宝琮:《增乘开方法的历史发展》,载钱宝琮等:《宋元数学史论文集》,第36—59页。
② 见本书第五章第一节。
③ 郭书春汇校:《汇校〈九章算术〉》(增补版),第136页。
④ [宋]邵雍著,郭彧、于天宝点校:《皇极经世》,载《邵雍全集》第3册,上海:上海古籍出版社,2015年,第1195页。
⑤ [宋]黎靖德编,王星贤点校:《朱子语类》第7册,北京:中华书局,1986年,第2554页。

便有是数,盖数乃是分界限处。"①又说:"气便是数。有是理,便有是气;有是气,便有是数,物物皆然。"②由此可知,数的直接来源是气。他又说:"盖理在数内,数又在理内。"③因此,朱熹认为如果知道天地之理,"数亦何必知之"。④

在实际运用中,根据领域不同,朱熹又把数分为多种:与《周易》有关的是"易数",与音律有关的是"律数",与历法有关的是历数,与算学有关的是算数。⑤例如,他谈到司马光(1019—1086)《潜虚》中的数码表达:"如《潜虚》之数用五,只似如今算位一般。其直一画则五也,下横一画则为六,横二画则为七,盖亦补凑之书也。"⑥这一表达方式主要运用在象数易学之中,《仪礼经传通解》"钟律章"开篇即云:"此篇凡数皆准令式借用大字"。⑦全篇数字皆用大写,即凡一至九用壹、贰、参、肆、伍、陆、柒、捌、玖,又有拾、佰、阡、万等定位字。尤其值得注意的是,如果一个数有缺位,则以"○"补上。例如104 976写作"壹拾○万肆阡玖佰柒拾陆算"。蔡元定(1135—1198)《律吕新书》也有类似的表示法,不过用"□"。朱氏此"○"并非零之含义,但可视为零之滥觞。⑧对于历数与算数,朱熹则仍然是用汉字表达。

---

① [宋]黎靖德编,王星贤点校:《朱子语类》第7册,第1608页。

② 同上书,第1609页。

③ 同上书,第2546页。

④ 同上书,第2554页。朱熹亦探讨了数的生成过程,他认为"五"是关键:"天地生数,到五便住。那一二三四遇着五,便成六七八九。五却只自对五成十。"([宋]黎靖德点校:《朱子语类》第4册,第1611页。)因此,五被称为"生数之极",十被称为"成数之极",两者相乘得五十,为大衍之数。([宋]黎靖德编,王星贤点校:《朱子语类》第4册,第1916页。)

⑤ 这种对数的分类可能与朱熹认为凡物都自然有数有关。他说:"都不要说圣人之画数何以如此。譬之草木,皆是自然恁地生,不待安排。数亦是天地间自然底物事,才说道圣人要如何,便不是了。"他举例说:"如水数六,雪花便六出,不是安排做底。"又曰:"古者用龟为卜,龟背上纹,中间有五个,两边有八个,后有二十四个,亦是自然如此。"([宋]黎靖德编,王星贤点校:《朱子语类》第4册,第1608页。)金永植统计过朱熹所用数字的含义性质。(金永植:《朱熹的自然哲学》,潘文国译,上海:华东师范大学出版社,2003年,第87页。)

⑥ [宋]黎靖德编,王星贤点校:《朱子语类》第7册,第2546页。

⑦ [宋]朱熹:《仪礼经传通解》,载朱杰人、严佐之、刘永翔主编:《朱子全书》第2册,第484页。

⑧ 关于中国人使用零的历史,参见严敦杰:《中国人使用数码子的历史》,载自然科学史研究所数学史组编:《科技史文集》第8辑,上海:上海科学技术出版社,1982年,第31—50页。

（一）朱熹两种数学观及其转变

朱熹用"算学""算术""算法""算数"等术语指传统数学。朱氏云："算，数也。"①他的数学观由其对算家与儒家两种算法传统的认知组成。笔者发现，以绍熙元年（1190）朱熹知漳州为界，其数学观可以分作前后两个时期。受"经界法"的影响，后期朱氏对两种算法传统的重视和评价都明显高于前期。下面分述之。

自古以来，算为"礼乐射御书数"六艺之一。朱熹认为六艺都是实用的技能（"六者皆实用，无一可缺"②）。他把六艺都归入小学，③认为"必使其讲而习之于幼稚之时"④。六艺之数既是"算数"，⑤也是"九数"。郑玄注《周礼》云："九数，方田、粟米、差分、少广、商功、均输、方程、盈不足、旁要。今有重差、夕桀、句股也。"⑥在《四书或问》中，有人问六艺之目，朱熹回答中说："九数：方田、粟米、差分、少广、商功、均输、方程、赢不足、旁要也。是其名物度数，皆有至理存焉。"⑦显然，此说法与郑玄基本相同。不过，在《仪礼经传通解》中，朱氏注《周礼》九数云："数谓九数：一曰方田，以御田畴界域；二曰粟布，以御交质变易；三曰衰分，以御贵贱廪税；四曰少广，以御积幂方圆；五曰商功，以御工程积实；六曰均输，以御远近劳费；七曰盈朒，以御隐杂互见；八曰方程，以御错糅正圆；九曰勾股，以御高深广远。"⑧此处，朱氏引《九章算术》及其刘徽注，不再沿用郑玄的说法。之所以发生这样的变化，朱熹在答蔡元定的信中有所透露："《九章》之目与《周礼》注不同，盈朒

---

① ［宋］朱熹：《四书章句集注·论语集注》，载朱杰人、严佐之、刘永翔主编：《朱子全书》第 6 册，第 184 页。
② ［宋］黎靖德编，王星贤点校：《朱子语类》第 3 册，第 867 页。
③ 朱子云："如古者初年入小学，只是教之以事，如礼乐射御书数及孝悌忠信之事。"（［宋］黎靖德编，王星贤点校：《朱子语类》第 1 册，第 124 页。）
④ ［宋］朱熹：《小学》，载朱杰人、严佐之、刘永翔主编：《朱子全书》第 13 册，第 393 页。
⑤ ［宋］黎靖德编，王星贤点校：《朱子语类》第 3 册，第 867 页。
⑥ ［汉］郑玄注，［唐］贾公彦疏：《周礼注疏》，［清］阮元校刻：《十三经注疏》，第 731 页。
⑦ ［宋］朱熹：《四书或问》，载朱杰人、严佐之、刘永翔主编：《朱子全书》第 6 册，第 741 页。
⑧ ［宋］朱熹：《仪礼经传通解》，载朱杰人、严佐之、刘永翔主编：《朱子全书》第 2 册，第 384 页。

恐是赢不足,勾股恐是旁要,幸更考之见喻也。"①由此可知,朱熹通过考证欣喜地发现《九章算术》及其刘徽注与《周礼》郑玄注在"九数"目录上的差别。因此,他在《仪礼经传通解》中采用了《九章》的说法,改变了在《四书或问》中沿用郑玄注的做法。这一事实反映出后期朱熹对传统数学的重视。

朱熹对儒家算法传统的看法也有类似的转变。例如《论语》"道千乘之国"中,何晏谈到一万(平方)里开方得三百一十六里有奇,北宋邢昺注疏基本沿用了皇侃的算法,而未理会甄鸾、李淳风等人的算法。皇侃云:"方十六里者一,有方十里者二,又方一里者五十六里也。是少方一里者二百五十六里也。"②即 $1 \times 16^2 = 2 \times 10^2 + 56 \times 1^2$。邢昺则直接说:"方十六里者一,为方一里者二百五十六。"这是他对皇侃算法的最大改动。邢氏说:"开方之法,方百里者一为方十里者百。"③可见,其理解的开方并非筹算开方术,而是与单位面积间的换算有关的儒家开方算法。有人说:"因说'千乘之国'疏云,方三百一十六里,有畸零,算不彻。"朱氏回答:"此等只要理会过,识得古人制度大意。如至细微,亦不必大段费力也。"④显然,朱熹此时极为轻视儒家算法。不过,在前文所引《仪礼经传通解》"投壶"中,他却用实践表明了算法的必要性。此外,唐代学者贾公彦在注疏《仪礼·丧服》时多处用到数学,朱熹《仪礼经传通解》抄录了贾疏⑤,并且还记载了淳化五年(994)胡旦(955—1034)上书宋太宗的故事:

按:本朝淳化五年赞善大夫胡旦奏议曰:《小记》篇有经带差降

---

① [宋]朱熹:《答蔡季通》,载朱杰人、严佐之、刘永翔主编:《朱子全书》第25册,第4685页。
② 关于皇侃算法的具体分析,见本书第三章第二节。
③ [魏]何晏集解,[宋]邢昺疏:《论语注疏》,[清]阮元校刻:《十三经注疏》,第2457页。
④ [宋]黎靖德编,王星贤点校:《朱子语类》第2册,第494页。
⑤ 关于贾公彦在《仪礼·丧服》中用到的数学,见本书第五章。朱子对贾疏的抄录,参见[宋]朱熹:《仪礼经传通解》,载朱杰人、严佐之、刘永翔主编:《朱子全书》第3册,第1209—1210、1213—1214页。

之数,斩衰葛带与齐衰初死麻之经同,故云经俱七寸五分寸之一。所以然者,就苴经九寸之中五分去一,以五分分之去一分,故云七寸五分寸之一。其带又就葛经七寸五分寸之一之中又五分去一,故五寸二十五分寸之十九也。齐衰既虞变葛之时又渐细,降初丧一等,与大功初死麻经带同,俱五寸二十五分寸之十九也。其带五分,首经去一,就五寸二十五分寸之十九之中去其一分,故余有四寸一百二十五分寸之七十六也。大功既虞变葛之时又渐细,降初丧一等,与小功初死麻经同,俱四寸一百二十五分寸之七十六。其带五分,首经又五分去一,就四寸一百二十五分寸之七十六之中五分去其一分,得三寸六百二十五分寸之四百二十九。小功既虞变葛之时,又降初丧一等,与缌麻初死麻经同。其带五分,首经去其一,就三寸六百二十五分寸之四百二十九之中又五分去其一分,故其余有二寸三千一百二十五分寸之二千九百六十六分,是缌麻以上变麻服葛之数也。诏五服差降,宜依所奏。[①]

此段描述的是丧服首经 9 寸递减自身的 $\frac{1}{5}$，依次得 $7\frac{1}{5}$ 寸、$5\frac{19}{25}$ 寸、$4\frac{76}{125}$ 寸、$3\frac{429}{625}$ 寸、$2\frac{2966}{3125}$ 寸。朱熹记录胡旦的奏疏,表明了对儒家算法传统的认可与尊重,显然是不再认为"如至细微,亦不必大段费力也"。

(二)经界法对朱熹数学观的影响

经界法是南宋绍兴年间李椿年(1096—1164)提出的清丈土地的措施。[②] 绍熙元年,朱熹知福建漳州,认为"经界一事,最为民间莫大之利",遂向朝廷

---

① ［宋］朱熹:《仪礼经传通解》,载朱杰人、严佐之、刘永翔主编:《朱子全书》第 4 册,第 1836—1837 页。
② 参见郭丽冰:《论南宋经界法》,华南师范大学硕士学位论文,2004 年。

提出《条奏经界状》，主张在漳、汀、泉三州实施经界法。① 朱熹认为绍兴经界法有诸多不足："绍兴经界打量既毕，随亩均产，而其产钱不许过乡。此盖以算数太广，难以均数，而防其或有走弄失陷之弊也。"②因此，在绍兴旧法的基础上，朱熹提出自己的方法，其中与数学相关的要点有：

> 经界之法，打量一事最费功力，而纽折算计之法，又人所难晓者。本州自闻初降指挥，即已差人于邻近州县已行经界去处，取会到绍兴与年中施行事目，及募本州旧来有曾经奉行、谙晓算法之人，选择官吏将来可委者，日逐讲究，听候指挥。③

> 今来推行经界，乃是非常之举，不可专守常法。欲乞特许产钱过乡，通县均纽，庶几百里之内轻重齐同，实为利便。④

这两点中，第一点指由官府招募"谙晓算法之人"负责打量土地，免去民众之繁；第二点则提到朱熹经界法利用传统数学之"齐同"以补绍兴旧法之不足。

由此，朱熹逐渐重视算法、算书。他说："乡在临漳，访问打量算法，得书数种，比此加详。然乡民卒乍不能通晓，反成费力。后得一法，只于田段中间先取正方步数，却计其外尖斜屈曲处，约凑成方，却自省事。"⑤这里提到的算法不同于传统数学中田面积的计算，而更接近儒家的算法传统。实际的措施，是先教官吏，再由官吏教授民众。朱熹云："仍累行下属县，晓谕士民，各据陈述便利，纽算方法……并将田形算法镂版行下四县，先令人使吏习学，指

---

① ［宋］朱熹：《条奏经界状》，载朱杰人、严佐之、刘永翔主编：《朱子全书》第 20 册，第 875 页。关于朱熹经界法，参见樊树志：《朱熹：作为政治家的评价》，《复旦学报（社会科学版）》1981 年第 3 期。

② ［宋］朱熹：《条奏经界状》，载朱杰人、严佐之、刘永翔主编：《朱子全书》第 20 册，第 877 页。

③ 同上书，第 876 页。

④ 同上书，第 878 页。

⑤ ［宋］朱熹：《答黄子耕》，载朱杰人、严佐之、刘永翔主编：《朱子全书》第 22 册，第 2384 页。

教民户,务要人人通晓。"①这样,虽然数学还是小学,但教授对象不再限于十五岁以下的孩童。可见朱氏改变了先前认为小学应"习之于幼稚之时"的看法。朱熹总结道:"近因遣官下乡分界,且遍喻父老以所为方量之意,并以算法授之,人见其简易易行,无不悦喜。"②因此,虽然朱熹经界法最终因为豪强、猾吏、刁民的反对而未能真正施行,③朱熹本人也愤而辞官,但是却进一步提升了他对于数学实用性的认识。故朱熹云:

> 古人志道,据德,而游于艺:礼乐射御书数,数尤为最末事。若而今行经界,则算法亦甚有用。若时文整篇整卷,要作何用耶! 徒然坏了许多士子精神。④

朱熹门人所编《家山图书》载有"九数算法之图"(图 6.3)。此图从上至下、从右至左一共 12 张小图,依次是:(1)圆径,"周三径一"(相当于取 $\pi = 3$);(2)方斜,"方五斜七"(相当于取 $\sqrt{2} = 1.4$);(3)直田,计算长方形田面积;(4)方田,计算正方形田面积;(5)圭田,计算等腰三角形田面积;(6)勾股,计算直角三角形田面积;(7)梯田,计算等腰梯形田面积;(8)弧矢田,计算圆弧形田面积;(9)三广田,计算类似蝴蝶形田面积,未给出算法;(10)三角田,计算一般三角形田面积;(11)方台,计算四棱台体积;(12)城子,计算四棱柱体积,未给出算法。显然,此处"九数"不再依据《周礼》郑玄注或《九章算术》及其刘徽注,而是关于田面积或建筑体积的计算方法。这种对"九数算法"的理解很可能与经界法相关。

---

① ［宋］朱熹:《回申转运司乞候冬季打量状》,载朱杰人、严佐之、刘永翔主编:《朱子全书》第 21 册,第 964 页。
② ［宋］朱熹:《与留丞相书》,载朱杰人、严佐之、刘永翔主编:《朱子全书》第 21 册,第 1245 页。
③ 《宋史·朱熹传》云:"而土居豪右侵渔贫弱者以为不便,沮之。宰相留正,泉人也,其里党亦多以为不可行。布衣吴禹圭上书讼其扰人,诏且需后,有旨先行漳州经界。明年,以子丧请祠。"(［元］脱脱:《宋史》,第 12763 页。)
④ ［宋］黎靖德编,王星贤点校:《朱子语类》第 1 册,第 260 页。

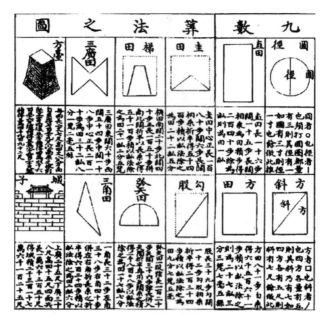

图 6.3　《家山图书》"九数算法之图"

（图片来源：《家山图书》，载《景印文渊阁四库全书》第 709 册，

台北：台湾商务印书馆，1986 年，第 445 页。）

三、宋代数学与儒学之关系

综上，我们可以总结朱熹的数学观与数学实作。与邵雍不同，朱氏实际把数与算的理解分离开来。对于数，他认为其次于理与气；对于算，他认为是小学。在《四书章句集注》中，朱熹并未采纳先儒利用数学注释经典的做法。例如，邢昺对《论语》"道千乘之国"的注疏利用儒家开方算法，朱熹却说只要识得大意，不必费力去算；在《四书或问》中，朱熹引《周礼》郑玄注而非《九章算术》来回答"九数"名目。由此可见，早期朱氏对儒家与算家的算法传统都持有轻视的态度。绍熙元年，朱熹知漳州后欲推行经界法，寻访善算者、算书，教授民众，遂逐渐重视数学。在其晚年主编的《仪礼经传通解》中，利用儒家开方算法注疏"投壶"篇，亦抄录贾公彦算法疏。而且，引《九章算术》及其刘徽注来注解

"九数"。由此,尽管数学仍然是"礼乐射御书数"之一的小学,但是朱氏对其实用性有了进一步认识。他说"虽然,艺亦不可不去理会。如礼乐射御书数,一件事理会得,此心便觉滞碍。惟是一一去理会,这道理脉络方始一一流通,无那个滞碍。因此又却养得这个道理。"[1]又说:"射,如今秀才自是不晓。御,是而今无车。书,古人皆理会得,如偏旁义理皆晓,这也是一事。数,是算数,而今人皆不理会。六者皆实用,无一可缺。而今人从头到尾,皆无用。"[2]

　　从历史的角度看,中国古代数学与儒学的关系并非一成不变。[3]《周礼》所载九数为六艺之一,之后被郑玄、刘徽等相继确认为数学(即以《九章算术》为代表的传统算学)为儒学的一部分,这是在建构周代的情况。郑氏的做法实际上是引传统数学入汉代经学。然而,郑玄等讨论未尽,留下数学隐题,给了后世儒家发挥的空间,是为儒家算法之起源。[4] 唐代,数学已经高度发达和独立,李淳风等编订十部算经、国子监设算学馆、科举设明算科;另一方面,儒家发展出自身独特的算法传统,算家与儒家的算法传统各为相对独立的体系。宋沿唐制,国子监亦设立算学馆。宋神宗元丰七年(1084)秘书省刊刻十部算经;宋徽宗崇宁年间(1102—1106)颁布国子监算学令将历算、三式、天文与以《九章算术》为代表的传统算学一道纳入算学馆[5];大观三年(1109)又颁布了"算学祀典",表彰算学先贤,进一步承认了数学的独立性。

　　最初朱熹《四书章句集注》不采先儒算法,表明其不把先儒算法纳入理学体系的态度;又《或问》注"九数"直引《周礼》郑玄注而非《九章算术》刘徽注,折射出其轻视传统数学的态度。而后,朱熹《仪礼经传通解》复以儒家算法注之,重新将之纳入礼学体系;同时,《通解》注"九数"则引《九章算术》及其刘徽注,"钟律"篇用大写数字,对历法的计算更是用到许多儒家算法,[6]显

---

① 　[宋]黎靖德编,王星贤点校:《朱子语类》第 3 册,第 866 页。
② 　同上书,第 867 页。
③ 　关于唐代数学与儒学关系的研究,见本书第四章。
④ 　关于马融、郑玄与《九章算术》,见本书第二章。
⑤ 　其令云:"诸学生习《九章》《周髀》义及算问[谓假设疑数]兼通《海岛》《孙子》《五曹》《张丘建》《夏侯阳》算法并历算、三式、天文书。"([汉]徐岳撰,[北周]甄鸾注:《数术记遗》,《宋刻算经六种》,第 16a 页。)
⑥ 　[宋]黎靖德编,王星贤点校:《朱子语类》第 2 册,第 15—16 页。

示了其对两种算法传统的认可与尊重,认为它们同为礼学的一部分。朱熹主政漳州实施经界法的生活经验使其对数学之实用性有了更进一步的认知,并带来了数学观的转变。《答蔡伯静》为朱氏晚年所作,其时朱氏对算学已非早年之轻视态度。因此,朱熹在其中所谓"算学文字,素所不识"并非指其不通数学,而应理解为其对于数学专门性的承认,并最终将之纳入礼学体系。在此意义上,朱熹重新安排了数学在儒学中的位置。

南宋秦九韶《数书九章》(1247)第一问"蓍卦发微"通过引《周易》筮法,提出一个数学问题,相当于引传统算学来注解《周易》。秦氏又建立包含内算(天文历算、三式等)与外算(《九章算术》等)的数术体系来重新安排算学与其他各学科的关系。秦氏又云:"数与道非二本",显示出对理学(即道学)的推崇。总之,究其本质,崇宁算学令、秦九韶和朱熹都重新调整了算学与相关学科(理学、礼学、易学、历算等)的关系,在此过程中不同知识门类间产生了合并与重组,并客观上扩大了算学的应用范围。[1]

由于朱熹学说在明代的统治地位,朱氏前后期的两种看法对明代中前期学者都影响至深,使得明代数学与儒学的关系呈现出多元化。首先,一些学者的儒学研究不再与数学相关。明初胡广(1370—1418)编撰之《五经大全》《四书大全》《性理大全》均不再涉及儒家之算法传统;之后,王阳明(1472—1529)心学亦于数学无涉。这些著述中往往既没有数学实作,又没有关于数学与儒学关系的论述。其次,一些学者则在研究经学的同时研究传统算学。明中叶,顾应祥(1483—1565)、唐顺之(1507—1560)、周述学(16世纪)等人的相关研究被称为"理论数学研究的余绪"[2],是这一研究取向的代表人物。由于这些学者身兼儒家与算家两种身份,这也是以往学界形成"数学是儒学一部分"之印象的原因。但是,通过重新梳理和分析两者关系的历史演进可见,这是明中叶之后才出现的现象。

---

① 参见 Zhu Yiwen, "How do We Understand Mathematical Practices in Non-mathematical Fields? Reflections Inspired by Cases from 12th and 13th Century China", *Historia Mathematica*, Vol. 52, 2020。

② 郭书春主编:《中国科学技术史:数学卷》,第 542—549 页。

第七章
宋代的算学与易学

从论述的角度看,算学与易学的关系十分紧密。一方面,许多算家论述了《周易》对数学的作用。魏景元四年,刘徽注《九章算术》序云:"昔在庖牺氏始画八卦,以通神明之德,以类万物之情,作九九之术,以合六爻之变。"[1]南宋秦九韶更是在其传世之作《数书九章》中由《周易》引出一项世界级数学成就——大衍总数术。另一方面,一些易家亦确认了两者的联系。例如,北宋邵雍云:"大衍之数,其算法之源乎? 是以算数之起,不过乎方圆曲直也。阴无一,阳无十。乘数,生数也。除数,消数也。算法虽多,不出乎此矣。"[2]不过,南宋理学大家朱熹并不同意邵雍的看法,他说"康节天资极高,其学只是术数学。后人有聪明能算,亦可以推"。[3]

学术界很早就关注到中国古代尤其是宋代数学与易学的关系。钱宝琮先生撰文认为"宋元数学与道学之间并不存在相互促进作用。道学家的'格物致知'说,并不涉及对客观事物及其规律的认识,不能推动自然科学的进展;道学体系中的'象数学'是一种数字神秘主义思想,也不能有助于数学的发展。"[4]由此形成一种对两者关系的负面看法。何丙郁(Ho Peng Yoke,1926—2014)先生则认为古代数学包括今天所谓的数学(即 mathematics)、数

---

① 郭书春汇校:《汇校〈九章算术〉》(增补版),第 1 页。
② [宋]邵雍著,郭彧、于天宝点校:《皇极经世》,载《邵雍全集》第 3 册,第 1195 页。
③ [宋]黎靖德编,王星贤点校:《朱子语类》第 7 册,第 2554 页。
④ 钱宝琮:《宋元时期数学与道学的关系》,载钱宝琮等:《宋元数学史论文集》,第 233 页。

字学(包括所谓河图、洛书之学)以及数术,①实际肯定了两者的紧密关系。近来学界的研究则往往倾向于进一步肯定《周易》对中国传统数学的影响。②尤其是侯钢的博士学位论文专论宋代易数与数学之关系,具有较大的影响。他认为"两宋时期,一方面,数学被引入易数研究,从而有助于解释经文、阐发义理;另一方面,易数在数学研究中也有所渗透和体现,成为导致新的数学内容出现和发展的动力之一。"③

前一章主要基于朱熹之礼学来讨论宋代算学与儒学之关系,进而说明朱氏亦处于儒家算法传统之中。在此基础上,本章通过进一步分析邵雍、朱熹、秦九韶、杨辉等学者的论著,探究宋代算学与易学之关系,并进而说明:尽管广义来说易学与礼学同属儒学的一部分,但因各自传统之差别,两者与算学之关系不尽相同。事实上,宋代以降,大衍筮法与河图洛书就是与中国传统数学密切相关的两项易学内容,这即是本章讨论的主题。

一、大衍筮法与大衍总数术

《周易·系辞》云:"大衍之数五十,其用四十有九。分而为二以象两,卦一以象三,揲之以四以象四时……"④此段经文分作大衍之数(五十)和大衍筮法两部分。宋儒对该经文探讨的思路是分析大衍之数的构成和来源以及大衍筮法的具体操作实施过程,并同时探究大衍之数和大衍筮法之间的关系。

---

① 何丙郁:《从科技史的观点谈易数》,载中国科技史论文集编辑小组编:《中国科技史论文集》,台北:联经出版事业公司,1995 年,第 21 页。

② 孙宏安:《〈周易〉与中国古代数学》,《自然辩证法研究》1991 年第 5 期;傅海伦:《论〈周易〉对传统数学机械化思想的影响》,《周易研究》1999 年第 2 期;乐爱国:《〈周易〉对中国古代数学的影响》,《周易研究》2003 年第 3 期;陈玲:《〈周易〉与中国传统数学》,《厦门大学学报(哲学社会科学版)》2014 年第 2 期;康宇:《论宋元象数思潮兴起及其对古代数学发展的影响》,《自然辩证法研究》2018 年第 9 期。

③ 侯钢:《两宋易数及其与数学之关系初论》,中国科学院自然科学史研究所博士学位论文,2006 年,摘要。

④ [魏]王弼注,[唐]孔颖达等疏:《周易正义》,[清]阮元校刻:《十三经注疏》,第 68 页。

（一）宋代易家之筮法实作

学术界一般认为中国易学史之发展历程即象数派与义理派各领风骚、此消彼长之过程。[①] 而《周易》大衍之数及其筮法正是象数派热衷于讨论的议题，宋代易家亦对之多有讨论。在前人的基础上，本节先分析宋代具有代表性的邵雍和朱熹之说，进而与秦九韶之说作比较以探讨宋代易家之筮法实作之特点。

邵雍云："《易》之大衍何数也，圣人之倚数也。天数二十五，合之为五十。地数三十，合之为六十。故曰'五位相得而各有合'也。五十者，蓍之数也。六十者，卦数也。五者蓍之小衍也，数五十为大衍也。八者卦之小成也，六十四为大成也。蓍德圆以况天之数，故七七四十九也。五十者，存一而言之也。卦德方以况地之数，故八八六十四也。六十者，去四而言之也。蓍者，用数也。卦者，体数也。用以体为基，故存一。体以用为本，故去四也。圆者本一，方者本四，故蓍存一而卦去四也。蓍之用数七，若其余分，亦存一之义也。挂其一，亦去一之义。蓍之用数，挂一以象三，其余四十八，则一卦之策也。四其十二为四十八也。十二去三而用九，四（八）三十二所去之策也，四九三十六所用之策也。以当乾之三十六阳爻也……"[②]由此，邵氏将"大衍之数五十"解释为天数之和（ $1+3+5+7+9=25$ ）加倍（ $25\times2=50$ ）；将"其用四十有九"解释为天数七之平方（ $7\times7=49$ ）。他还推断（后天的）策数法与（先天的）阴阳数相合[③]。值得注意的是，邵雍此处之解释只用到了简单的计算。通过算法来阐释数义，十分符合邵氏所云"大衍之数，其算法之源乎？"

朱熹在《周易启蒙》中对相关问题也有具体的探讨。朱氏云："河图、洛

---

① 朱伯崑：《易学哲学史》第 2 卷，北京：华夏出版社，1995 年；林忠军：《象数易学发展史》第 2 卷，济南：齐鲁书社，1998 年。
② ［宋］邵雍著，郭彧、于天宝点校：《皇极经世》，载《邵雍全集》第 3 册，第 1191—1192 页。
③ 林忠军：《象数易学发展史》第 2 卷，第 232—237 页。

书之中数皆五,衍之而各极其数以至于十,则合为五十矣。河图积数五十五,其五十者皆因五而后得,独五为五十所因,而自无所因,故虚之,则但为五十。又五十五之中,其四十者分为阴阳老少之数,而其五与十者无所为,则又以五乘十,以十乘五,而亦皆为五十矣。洛书积数四十五,而其四十者散布于外,而分阴阳老少之数,唯五居中而无所为,则亦自含五数,而并为五十矣。"[1]朱熹把大衍之数与河图洛书联系起来,称五为"生数之极",称十为"成数之极",两者相乘得大衍之数五十(5×10=50)。[2] 朱氏又云:"大衍之数五十,而蓍一根百茎,可当大衍之数者二,故揲者之法,取五十茎为一握,置其一不用以象太极,而其当用之策凡四十有九。盖两仪体具而未分之象也。"[3]由此,以一象太极之说,解释"其用四十有九"(50-1=49)。由此可见,尽管具体的策略、数义与邵雍不同,朱熹的解释仍然仅用到了简单的计算。

朱熹的筮法学界已有详尽的研究,[4]大致如下:首先取50根蓍草,去一不用,即剩49根,信而分之为两部分,置于左右手。于右手取1根蓍草,置于左手小指与无名指之间。将左手蓍草四四数之,其余数必为1,2,3,4之一,置于左手无名指与中指之间。将右手蓍草四四数之,其余数必为3,2,1,4之一,置于左手中指与食指之间。把左手蓍草合并(即小指、无名指、食指之间的蓍草),其数必为5或者9。把剩下的蓍草合并,则其数必为44或40。以此蓍草重复之前的过程,则剩余蓍草数必为40,36,32之一。继续重复之前的过程,则剩余蓍草数必为36,32,28,24之一。以4除之,则必为9,8,7,6之一。9为老阳、8为少阴、7为少阳、6为老阴。由此为一变。上述过程操作三次得到一爻,操作十八次得到六爻,即一卦。

---

① [宋]朱熹:《周易启蒙》,载朱杰人、严佐之、刘永翔主编:《朱子全书》第1册,第246页。
② [宋]黎靖德编,王星贤点校:《朱子语类》第4册,第1916页。
③ [宋]朱熹:《周易启蒙》,载朱杰人、严佐之、刘永翔主编:《朱子全书》第1册,第247页。
④ 罗见今:《〈数书九章〉与〈周易〉》,载吴文俊主编:《秦九韶与〈数书九章〉》,第80—102页;侯钢:《两宋易数及其与数学之关系初论》,中国科学院自然科学史研究所博士学位论文,2006年,第41—56页。

笔者在此引其第一段以说明其实作特色,朱熹云:

> 挂[1]者,悬于小指之间。揲者,以大指、食指间而别之。奇谓余数。扐者,扐于中三指之两间也。蓍凡四十有九,信手中分,各置一手,以象两仪,而卦右手一策于左手小指之间,以象三才。遂以四揲左手之策,以象四时,而归其余数于左手第四指间,以象闰。又以四揲右手之策,而再归其余数于左手第三指间,以象再闰。[五岁之象,挂一,一也;揲左,二也;扐左,三也;揲右,四也;扐右,五也。]是谓一变。其挂扐之数,不五即九。

> 得五者三,所谓奇也。[五除挂一即四,以四约之为一,故为奇,即两仪之阳数也。]

> 得九者一,所谓偶也。[九除挂一即八,以四约之为二,故为偶,即两仪之阴数也。]……[2]

此段文献朱熹阐明了筮法的第一变。他先解释"挂""揲"的操作含义,进而描述整个过程。简单地说,挂 1 之后,将 48 策分为左右手两部分,依次四四数之。左手之结果无非是 1,2,3,4 之一种;相应地,右手之结果无非是 3,2,1,4 之一种。两者相加再加上挂 1,即得 5,5,5,9 之一。朱氏用黑点表示数来描述一变"不五即九"的结果,体现了宋代河图洛书之学的特点。朱熹认为得五的情况有三种,得九的情况只有一种,表明其对于同余或概率的

---

① "挂"与"卦"不同。"挂"为动词,指占卜之动作;"卦"指名词,指卦象。
② [宋]朱熹:《周易启蒙》,载朱杰人、严佐之、刘永翔主编:《朱子全书》第 1 册,第 247 页。[　]内为朱熹小字自注。

数学原理有一定了解,但其讲述的重点在于一变之实作过程。[①]

综上所述,我们可以看出邵雍与朱熹对于"大衍之数五十,其用四十有九"的解释所用到的都不外是与加减乘除有关的简单算法。侯钢的博士学位论文列出了自汉代以来大衍之数的五种解释,[②]包括"合成说"(加法)、"玄数说"(加法)、"天地数虚五虚一说"(减法)、"以五乘十说"(如朱熹)、"天数加倍说"(如邵雍)所用皆不外乎简单之算法。唐贾公彦注疏《周礼》云:"[郑玄]云'乘犹计也'者,计者算法,乘除之名出于此也。"[③]事实上,初唐贾公彦、孔颖达等都用"算法"来指儒家之算法传统,并将之理解为与乘除相关,宋代邵雍、朱熹延续了这种理解。对于筮法,邵雍依然倾向于算法解释,反映出其将数与算相联系的观点;朱熹的解释则侧重于筮法之实作,并不试图去揭示经文背后的数学问题。事实上,儒家算法传统起源于汉儒马融、郑玄等注解经文时,运用传统数学知识,却不给出计算细节,从而隐含着数学问题。后世儒家为了解答汉儒之数学隐题发展出了独立的算法传统。然而,虽然大衍筮法背后含有关于同余之原理,却由于未被汉儒塑造为一个数学问题,因而不能充分提供运用和发展儒家算法传统的文本语境。这就显示出《周易》与其他儒经之差别。朱熹之筮法实作解释实际反映出儒家注疏筮法之传统。

(二)秦九韶《数书九章》"蓍卦发微"问

秦九韶完成于淳祐七年(1247)的《数书九章》(原名《数术》),记载了一项世界级的数学成就——大衍总数术。从现代数学的角度看,该术是用来求

---

① 罗见今、李继闵、董光壁都认为大衍筮法与同余原理有关,参见罗见今:《〈数书九章〉与〈周易〉》,载吴文俊主编:《秦九韶与〈数书九章〉》,第89—102页;李继闵:《"蓍卦发微"初探》,载吴文俊主编:《秦九韶与〈数书九章〉》,第124—137页;董光壁:《"大衍数"和"大衍术"》,《自然辩证法研究》1988年第3期,第46—48页。郭津嵩则认为朱熹对筮法背后的概率原理有一定了解,参见 Guo Jinsong, *Knowing Number: Mathematics, Astronomy, and the Changing Culture of Learning in Middle-Period China, 1100-1300*, PhD Dissertation, Princeton University, 2019。
② 侯钢:《两宋易数及其与数学之关系初论》,中国科学院自然科学史研究所博士学位论文,2006年,第25—29页。
③ [汉]郑玄注,[唐]贾公彦疏:《周礼注疏》,[清]阮元校刻:《十三经注疏》,第656页。

解一次同余方程组,外国学者称之为"中国剩余定理"。比利时学者李倍始(Ulrich Libbrecht,1928—2017)认为西方数学直到欧拉(Euler,1707—1783)、高斯(Gauss,1777—1855)处才取得与秦九韶相当的数学成就。[1] 秦书总共81问,分作9类,每类9问。其中第一类"大衍"的九道问题全部用大衍总数术解决,第二类"天时"的第三问"治历演纪"则用到该术的核心程序——大衍求一术。[2] 需要说明的是,秦九韶撰写"大衍"九问之算法都用到了"术""草""算图"三种方式,但只有在第一问"蓍卦发微"中用算图表达了大衍求一术。[3] 就此而言,该书首问可以视作撰写此后八问的范例。事实上,"蓍卦发微"与大衍术之名均来源于《周易》,该术"衍母""衍法""衍数"等术语也与《周易》相关。因此,该问无疑处于全书的核心地位,从数学实作的角度展现了秦九韶所认为的大衍术与《周易》的关系。但是,笔者发现前人对该问的文本结构理解有误,由此影响了对秦九韶相关思想的理解。[4] 因此,本节先重新分析此问之结构,继而以此为基础,结合该书秦九韶的相关论述,进一步分析秦氏对于《周易》和大衍总数术的看法。[5]

《数书九章》今存三个主要版本,分别是明万历四十四年(1616)的赵琦美钞本,清乾隆中叶的四库全书本与清道光二十二年(1842)宜稼堂刻本。按明钞本与宜稼堂本,"蓍卦发微"问云:

---

[1] Ulrich Libbrecht, *Chinese Mathematics in Thirteenth Century: The Shu-shu chiu-chang of Ch'in Chiu-shao*, New York: Dover Publications, 2005, p. 372.

[2] 大衍总数术相当于求解一次同余方程组的总程序,而其中的一部分内容相当于求解乘率 k,使 $ak \equiv 1(mod\ m)$ 的算法,这部分内容被称为大衍求一术。学术界时常将两者混淆,直接用求一术称呼总数术,参见郭书春:《尊重原始文献,避免以讹传讹》,《自然科学史研究》2007 年第 3 期。

[3] 另一方面,《数书九章》"天时"第三问"治历演纪"也用算图书写了大衍求一术,但与"蓍卦发微"问不同。关于两者的比较,参见朱一文:《秦九韶对大衍术的筹图表达——基于〈数书九章〉赵琦美钞本(1616)的分析》,《自然科学史研究》2017 年第 2 期。

[4] 受到四库馆臣的影响,后世学者如李倍始、王守义、侯钢等都对该问的结构产生了误解。见 Ulrich Libbrecht, *Chinese Mathematics in Thirteenth Century: The Shu-shu chiu-chang of Ch'in Chiu-shao*, 2005;王守义遗著,李俨审校:《〈数书九章〉新释》,合肥:安徽科学技术出版社,1992 年;侯钢:《两宋易数及其与数学之关系初论》,中国科学院自然科学史研究所博士学位论文,2006 年。关于清中叶编撰《四库全书》之时,四库馆臣对该问的误解,见本书第九章。

[5] 秦九韶认为大衍总数术来源于《周易》,属于"内算",应被书写;而大衍求一术被历家误以为是方程,却没有被记载在属于"外算"的《九章算术》之中,其实应为一项独立的数学内容。参见朱一文:《秦九韶对大衍术的筹图表达——基于〈数书九章〉赵琦美钞本(1616)的分析》,《自然科学史研究》2017 年第 2 期。

蓍卦发微

问《易》曰:"大衍之数五十,其用四十有九。"又曰:"分而为二以象两,挂一以象三,揲之以四以象四时。三变而成爻,①十有八变而成卦。"欲知所衍之术及其数各几何。

答曰:衍母一十二,衍法三。②一元衍数二十四,二元衍数一十二,三元衍数八,四元衍数六。已上四位衍数计五十。一揲用数一十二,二揲用数二十四,三揲用数四,四揲用数九。已上四位用数计四十九。

大衍总数术曰:置诸问数……一曰元数……二曰收数……三曰通数……四曰复数……大衍求一术云……

本题术曰:置诸元数……大衍求一术云……

草曰:……故《易》曰:"大衍之数五十",算理不可以此五十为用……故《易》曰:"其用四十有九"是也……假令左手分得三十三,自一一揲之,必奇一。故不繁揲,乃径挂一。故《易》曰:"分而为二以象两,挂一以象三"……又令之以三三揲之……又令之以四四揲之……故曰:"三变而成爻。"既卦有六爻,必十八变,故曰:"十有八变而成卦。"③

此问依次包括"题名""问""答""大衍总数术""本题术"及"草"六部分。大衍总数术作为求解一次同余方程式组的一般性算法却置于"答"和"本题术"之间,似不合情理,因此,如何理解大衍总数术在该题中的位置成为理解该问的关键。

---

① 今传本《周易》并无记载"三变而成爻"之句,《五经算术》《周易》策数法则有此句,因此可以推测秦九韶此问将前人注解一并纳入。2017年10月25日笔者在法国报告相关内容时,林力娜教授指出这一点,在此深表谢意。
② "衍法三",赵钞本脱"三",依四库本、宜稼堂本校正。
③ [宋]秦九韶:《数书九章》,北京中国国家图书馆藏明万历四十四年赵琦美钞本,载《四库提要著录丛书》编纂委员会:《四库提要著录丛书·子部020》,北京:北京出版社,2010年,第102—103页;[宋]秦九韶:《数书九章》,清道光二十二年宜稼堂丛书本,载郭书春主编:《中国科学技术典籍通汇·数学卷》第1册,第444页。

其实,仔细阅读文本可知,"大衍总数术"实际是本题"答"的一部分。理由有二:其一,秦九韶云"欲知所衍之术及其数各几何",由此可知此问所求有二,即所衍之术与所用之数。然而,此问第三部分"答"仅给出了所用之数(衍母、衍法、衍数及用数),但没有给出"所衍之术"。因此,"大衍总数术"应是答案的一部分(接续上答),给出"所衍之术",由此可以完整回答秦氏所求。其二,"大衍总数术"把问数分作四种情况,依次为元数、收数、通数与复数;而"本题术"中则直接说"置诸元数"。显然,本题术是取了大衍总数术的一种情形,"本题术"的说法在《数书九章》中仅出现这一次。只有"大衍总数术"为该问答案的一部分,我们才可以理解秦氏的用语(否则秦氏可以径称之为"术")。由此可见,秦九韶为了表明具有一般性的大衍总数术来自于《周易》("圣有大衍,微寓于《易》。"[1]),采取了一种特殊的做法——所设数学问题并不仅仅求某个答数,而是把大衍总数术也作为所求。同时,"本题术"具有双重功能:一方面它是大衍总数术的一种情形或应用;另一方面,秦九韶通过用"本题术"来计算该问,从而证明了"大衍总数术"的正确性。

此问"草"的书写也极有特点。《九章算术》有术无草,唐刘孝孙为《张丘建算经》撰细草,展示出具体的计算细节。《数书九章》在许多问题上也都安排了"草"这一形式,并添加"算图"以展示筹算过程。此问之草分成两部分:第一部分是通过大衍总数术及大衍求一数计算四元衍数及其和(24 + 12 + 8 + 6 = 50)与四揲用数及其和(12 + 24 + 4 + 9 = 49),由此说明《周易》"大衍之数五十,其用四十有九"之由来。第二部分从"假令左手分得三十三"开始,通过举例说明了如何利用所求得衍数和用数来进行占卜,由此说明《周易》筮法语句之由来。草中亦有算图表达。因此,"草"实际也具有双重功能:一方面展示大衍总数术、衍数、用数之具体算法,通过举例说明筮法细节;另一

---

[1]　[宋]秦九韶:《数书九章》,北京中国国家图书馆藏明万历四十四年赵琦美钞本,载《四库提要著录丛书》编纂委员会:《四库提要著录丛书·子部020》,第98页。

方面,秦九韶实际也相当于用此方式注解了《周易》筮法经文。

　　总之,秦氏对"蓍卦发微"之"问"和"答"的安排是要直接从《周易》中得出大衍总数术,又立"本题术"以彰显之,撰"草"以展示计算细节并注解《周易》,从而建构了大衍总数术与《周易》筮法的紧密联系。

　　从算学的角度分析,学术界一般认为大衍总数术的一般算法程序来自《孙子算经》"物不知数"问,①而其核心算法程序大衍求一术则来自于历家之方程。② 因此,可以说大衍术本与《周易》无关。而且,秦书内容实属算学,但是书本名却是《数术》;③又将"大衍""天时"置于前两类,并"以历学荐于朝,得对,又奏稿及所稿与《数学大略》"④。这些事实说明,秦九韶著书的部分动机是参与改历,⑤并通过与《周易》相联系的做法提升该书的重要性,贡献于数术之学。

　　从历史的角度看,秦九韶的做法有其渊源。北周甄鸾撰《五经算术》,用

---

① 钱宝琮最先认为《孙子算经》"物不知数"与上元积年的计算有关,参见钱宝琮主编:《中国数学史》,第78—79页。李文林、袁向东同意这一看法,参见李文林、袁向东:《论汉代上元积年的计算》,载自然科学史研究所数学史组编:《科技史文集》第3辑,上海:上海科学技术出版社,1980年,第70—76页。李继闵表明历家计算上元用的是演纪术,而非大衍总数术,实际否定了《孙子算经》"物不知数"问与上元纪年的关联,参见李继闵:《从"演纪之法"与"大衍总数术"看秦九韶在算法上的成就》,载吴文俊主编:《秦九韶与〈数书九章〉》,第203—219页;李继闵:《秦九韶关于上元积年推算的论述》,载吴文俊主编:《中国数学史论文集(四)》,济南:山东教育出版社,1996年,第22—36页。曲安京的研究则表明并非所有元素都参与上元的计算,参见曲安京:《中国历法与数学》,第24—91页。这些研究实际说明,大衍总数术的一般算法与《孙子算经》"物不知数"问有关,但并非用来求解上元积年。
② 秦九韶认为历家误把大衍求一术当作方程术。严敦杰由此认为历家方程不是《九章算术》的方程,参见严敦杰:《宋金元历法中的数学知识》,载钱宝琮等:《宋元数学史论文集》,第210—224页。在此基础上,王翼勋、王荣彬、徐泽林分别给出历家方程的推测,与《九章算术》方程不同,参见王翼勋:《秦九韶演纪积年法初探》,《自然科学史研究》1997年第1期;王翼勋:《开禧历上元积年的计算》,《天文学报》1997年第1期;王荣彬、徐泽林:《关于"大衍术"源流的算例分析》,《自然科学史研究》1998年第1期。笔者则认为历家方程就是《九章算术》之方程,只是计算目的不同而已,秦九韶将之优化后成为大衍求一术,参见朱一文:《秦九韶"历家虽用,用而不知"解》,《自然科学史研究》2011年第2期。这些研究说明,大衍求一术与历家之方程有关。
③ 郑诚、朱一文:《〈数书九章〉流传新考——赵琦美钞本初探》,《自然科学史研究》2010年第3期;李迪:《〈数书九章〉流传考》,载吴文俊主编:《秦九韶与〈数书九章〉》,第43—58页。
④ [宋]周密:《癸辛杂识续集》,载《景印文渊阁四库全书》第1040册,第88页。
⑤ 朱一文:《数:算与术——以九数之方程为例》,《汉学研究》2010年第4期;朱一文:《秦九韶对大衍术的算图表达——基于〈数书九章〉赵琦美钞本(1616)的分析》,《自然科学史研究》2017年第2期。

算学方法解答儒家经典中的数学问题。唐初李淳风等将之列为十部算经之一,并为之注释,以算书的体例重构经典。《五经算术》共 38 问,分别来自《尚书》《孝经》《诗经》《周易》《论语》《春秋》《周礼》《仪礼》《礼记》《汉书》等经典,"《周易》策数法"也被收入其中。通过对比该书中甄鸾、李淳风等之算法与初唐儒家对相同文本的注疏,可以发现两者在算筹的使用、推理的方式、算法对数与图形的运用、算法的结构等方面都有很大差别。[①]由此呈现出算学研究与经学研究中数学实作之不同。因此,甄鸾、李淳风等算家的做法实际是把算学应用于经学,并进而强调算学的基础作用;孔颖达、贾公彦等儒家则认为在不同领域中应有不同的算法,与算家的看法不同。初唐的两种数学实作与数学观反映出儒学与算学地位的强弱关系及由此形成的张力。以此观之,秦九韶将算学与《周易》、历法等相联系,并力图提升是书地位的做法,实际亦反映出宋代儒学与算学之间的张力。就此而言,秦九韶无疑处于算家传统之中。

(三)朱熹、秦九韶筮法之比较

与邵雍、朱熹相比,秦九韶对大衍之数及筮法之解释十分特殊。从"蓍卦发微"第六部分"草"可以看出,秦氏实际将整个筮法过程理解为求解同余方

$$\text{程组}\begin{cases} x \equiv R_1 (\text{mod } 1) \\ x \equiv R_2 (\text{mod } 2) \\ x \equiv R_3 (\text{mod } 3) \\ x \equiv R_4 (\text{mod } 4) \end{cases} \text{为中心之过程。由此,他将"挂一"理解为"一一揲之"}$$

之余数,即蓍数除以 1 之余数(R_1),因必然是 1,所以"乃径挂一"。他将"揲之以四"解释为依次"二二揲之""三三揲之""四四揲之"之余数(秦氏所谓"三变"),即蓍数分别除以 2,3,4 之余数(R_2, R_3, R_4)。在知道 R_1, R_2, R_3, R_4 的前提下,根据秦氏同余理论本应求得 $2 \times 3 \times 4 = 24$,$1 \times 3 \times 4 = 12$,$1 \times 2 \times 4 = 8$,$1 \times 2 \times 3 = 6$,此四数之和为 $24 + 12 + 8 + 6 = 50$,即"大衍之数五

---

① 详见本书第五章。

十"。然而,由于模数 2 与 4 未约化,故不可用。约化之后,四模数为 1,1,3,4,故求得 $1 \times 3 \times 4 = 12$,$1 \times 3 \times 4 = 12$,$1 \times 1 \times 4 = 4$,$1 \times 1 \times 3 = 3$。所求

同余方程可以转化为求解乘率 k_1,k_2,k_3,k_4,使得 $\begin{cases} 12k_1 \equiv 1(\mathrm{mod}\ 1) \\ 12k_2 \equiv 1(\mathrm{mod}\ 1) \\ 4k_3 \equiv 1(\mathrm{mod}\ 3) \\ 3k_4 \equiv 1(\mathrm{mod}\ 4) \end{cases}$。 由

此,显然 $k_1 = k_2 = k_3 = 1$,秦氏用算图表达"大衍求一术"求得 $k_4 = 3$。进而求得四位用数 $12k_1 = 12$,$12k_2 = 12$,$4k_3 = 4$,$3k_4 = 9$。由此,用数之和 $12 + 12 + 4 + 9 = 37$。秦氏云"但三十七无意义,兼著少太露,是以用四十有九"[1]。因此,他将第二个 12 变为 24(因 12 是 1,1,3,4 之公倍数,故不影响计算结果),从而得用数 12,24,4,9,其和为 49,即"其用四十有九"。根据"大衍总数术"计算 $12R_1 + 24R_2 + 4R_3 + 9R_4$,再减去 12 的若干倍得到所求同余方程的最小解 x_0($12 > x_0 > 0$)。计算 $\left[\dfrac{x_0 + 2}{3}\right]$[2] 必得到 1,2,3,4 之一,即秦氏所谓"三才衍法"。利用阴阳象数图(见图 7.1),1,2,3,4 分别对应于老阳、少阴、少阳、老阴,即可得一爻。再重复六次即"十八变"得卦。[3]

---

① [宋]秦九韶:《数书九章》,北京中国国家图书馆藏明万历四十四年赵琦美钞本,载《四库提要著录丛书》编纂委员会:《四库提要著录丛书·子部 020》,第 105 页。

② $\left[\dfrac{x_0 + 2}{3}\right]$ 为不超过 $\dfrac{x_0 + 2}{3}$ 的最大整数。此段对于秦九韶筮法解释参见李继闵:《"蓍卦发微"初探》,载吴文俊主编:《秦九韶与〈数书九章〉》,第 124—137 页。

③ 秦九韶细草举例的原文为"假令左手分得三十三,自一一揲之,必奇一,故不繁揲,乃径挂一。故《易》曰:'分而为二以象两。挂一以象三。'次后又令筮人以二二揲之,其三十三亦奇一,故归奇于扐。又令之以三三揲之,其三十三必奇三,故又归奇于扐。又令之以四四揲之,其三十三亦奇一,亦归于乐。于前挂一并三度揲,适有四扐,乃得一、一、三、一。其挂一者,乘用数图左上用数一十;其二揲扐一者,乘左副用数二十四;其三揲扐三者,乘左次用数四,得一十二;其四揲一者乘左下用数九。并此四总得五十七。问所握几何?乃满衍母一十二去之,得不满者九。[或使知其所握五十七,亦满衍母去之,亦只数九数。]以为实用。三才衍法约之得三,乃画少阳单爻[或不满得八得七为实,皆命为三],他皆仿此。术意谓揲二、揲三、揲四者,凡三度复以三十三从头数揲之,故曰:'三变而成爻'。既卦有六爻,必十八变,故曰:'十有八变而成卦'。"([宋]秦九韶:《数书九章》,北京中国国家图书馆藏明万历四十四年赵琦美钞本,载《四库提要著录丛书》编纂委员会:《四库提要著录丛书·子部 020》,第 105—106 页。)其中[ ]内为秦氏小字自注。此外"其三十三亦奇一",赵钞本作"奇二",四库全书本与宜稼堂丛书本皆作"奇一",按算理也应为"奇一",故校正。又"所握五十七",赵钞本与宜稼堂本作"三十七",四库全书本作"五十七",按算理应为"五十七",故亦校正。

图 7.1 秦九韶《数书九章》"阴阳象数图"
（图片来源：[宋]秦九韶：《数书九章》，北京中国国家图书馆藏明万历四十四年
赵琦美钞本，载《四库提要著录丛书》编纂委员会：《四库提要著录丛书·
子部 020》，北京：北京出版社，2010 年，第 103 页。）

由此可见，秦九韶将"大衍之数五十，其用四十有九"与其后之筮法统一
于求解同余方程组之中。筮法之过程被理解为依次求得四个余数，而五十与
四十九被理解为求解方程组过程中必然出现的四个衍数和四个用数之和。
这一理解比邵雍更进一步，将数（大衍之数）与算（大衍之术）更完美地结合
在一起，且不同于朱熹等将数与算分开讨论之做法。然而，这也导致了秦氏
对"挂一""揲之以四"的解释明显与儒家传统不同，因此四库馆臣严厉批评
秦氏"欲以新术改《周易》，揲蓍之法殊乖古义"[1]。又云"按揲蓍之法载于
《易传》，《启蒙》言之甚明，算术以奇偶相生，取名大衍，可也。竟欲以此易古
法，则过矣。"[2]即认为朱熹《周易启蒙》代表筮法古法，秦氏不应将大衍术与
筮法联系起来。

另一十分重要之处是，《周易》筮法所用为蓍草，朱熹以黑点表示之，例
如用 50 根蓍草表示 50；秦氏以算图表示筮法，实际所用则为算筹，50 根蓍草

---

① ［宋]秦九韶：《数书九章》，载《景印文渊阁四库全书》第 797 册，第 324 页。
② 同上书，第 331 页。

仅需以算筹▤表达即可,由此建构了"蓍草即算筹"的关系。其实,《周易》云:"乾之策二百一十六,坤之策一百四十四",①指阴阳之蓍策数之不同。唐李淳风撰《隋书·律历志》云:"其算用竹,广二分,长三寸,正策三廉,积二百一十六枚,成六觚,乾之策也。负策四廉,积一百四十四枚,成方,坤之策也。觚方皆径十二,天地之大数也。"②此处李氏解释正算筹与负算筹之形制与数量,而其数量与《周易》正同,从而建立了蓍草与算筹之联系。由此观之,李氏实为秦氏观点之渊源。

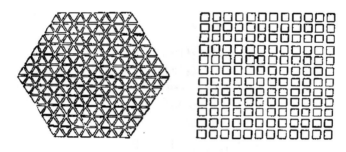

图 7.2　《隋书》正策 216 枚,负策 144 枚

(图片来源:李俨:《筹算制度考》,载李俨:《中算史论丛》第 4 集,

北京:科学出版社,1955 年,第 5 页。)

从文本形式与数学实作的角度,笔者以大衍术为例比较了算学与历算之差别,认为传统算学经典如《孙子算经》只记载算法,而无筹算操作之过程;天文历算文献则只记载数据,而无算法与筹算过程。秦九韶所建立的数术体系认为这两者之差别实际是内算与外算之别。由此可以看出:其他儒经及其注疏中记载儒家之算法,而无文本之外的操作过程;《周易》大衍经文及其注疏中记载筮法之实作,并在文本外有操作蓍草的过程。由此,从文本之书写方式、文本外之操作工具、数学问题类型等三方面比较不同活动中的数学实作,可以建立表 7.1。

---

① [魏]王弼注,[唐]孔颖达等疏:《周易正义》,[清]阮元校刻:《十三经注疏》,第 80 页。
② [唐]魏徵、令狐德棻等:《隋书》,第 387 页。

表 7.1　不同活动中数学实作之比较

	文本之书写方式	文本外之操作工具	数学问题类型①
传统算学著作	术	算筹	《孙子算经》"物不知数"问
历算文献	具体数据	算筹	求解上元积年（隐藏的）
《数书九章》	术、草、算图	算筹	《周易》筮法、上元积年及其他同余问题
《周易》大衍经文及其注疏	大衍之数、筮法、点图	蓍草	无
其他儒经及其注疏	儒家算法	无	默会的

① 数学问题可以分作典型与非典型两类。《九章算术》是典型数学问题，即具备题设（以"今有"开头）、问题（以"问"开头）与答案（以"答曰"开头）。非典型数学问题又可以分作默会的和隐藏的两类。礼学与商业活动中的数学问题即属于默会的。军事与历算中大量数学问题被隐藏了，即属于隐藏的数学问题。非典型数学问题都不完全具备题设、问题和答案。参见 Zhu Yiwen, "How do We Understand Mathematical Practices in Non-mathematical Fields? Reflections Inspired by Cases from 12th and 13th Century China", *Historia Mathematica*, Vol. 52, 2020。

总而言之，由于《周易》为儒家经典之一，故宋代易家掌握之数学实作应在儒家算法传统之中。然而，由于《周易》大衍经文及其注疏并未含有数学隐题，故其无法充分提供易家展现数学知识之文本语境。不过，由于其操作工具为蓍草，故经文注疏利用文字、点图阐发大衍之数与筮法，文本之外有蓍草之操作过程。秦九韶则在《孙子算经》"物不知数"问的基础上，发展出求解一次同余方程组的一般方法，名曰"大衍总数术"；在历家用"方程"求解上元积年的基础上，发展出该术之核心程序，名之为"大衍求一术"。继而，秦氏撰"蓍卦发微"问，创造性地在《周易》大衍经文之上提出一个数学问题，由此将数（大衍之数）与算（筮法）的解释结合在一起，并力图建立算学与易学之紧密联系。但是，其解释过程既在筮法操作层面不符合易家之传统，又并未遵循儒家算法传统中数学隐题之文本形式，故未获后世易家之认可。

二、河图洛书与中国数学起源论述、纵横图

《周易·系辞》云:"河出图,洛出书,圣人则之。"①然而,在宋代图书之学兴起之前,河图洛书与中国传统算学并无实质联系。宋儒从两方面关联河图洛书与中国数学:(1)河洛进入中国数学起源叙事;②(2)河洛纵横图成为中国数学的研究内容。③

为此我们先简单介绍宋之前关于中国数学起源的经典故事。根据笔者的研究,在宋代图书之学兴起之前,古人关于中国数学的起源实际是由三个连续的故事组成:隶首作数、周公制礼、张苍定章程。梳理这三个故事,是我们理解河图洛书与中国数学起源关联的基础。

"隶首作数"一般记载于传世正史律历志之中。南朝史家范晔(398—445)《后汉书·律历志》云:"古之人论数也,曰:'物生而后有象,象而后有滋,滋而后有数。'然则天地初形,人物既著,则筹数之事生矣。记称大挠作甲子,隶首作数……"④唐李贤(655—684)等注:"《博物记》曰:'隶首,黄帝之臣。'一说,隶首,善算者也。"⑤又李淳风《晋书·律历志》云:"乃使羲和占日,常仪占月,臾区占星气,伶伦造律吕,大挠造甲子,隶首作算数。容成综斯六术,考定气象,建五行,察发敛,起消息,正闰余,述而著焉,谓之《调

① ［魏］王弼注,［唐］孔颖达等疏:《周易正义》,［清］阮元校刻:《十三经注疏》,第82页。
② 关于中国数学起源叙事的研究,亦见段垚垚:《试论中国传统数学的起源与功用观念的转变》,天津师范大学硕士学位论文,2011年;周畅、段耀勇、段垚垚:《〈算经十书〉序中数学的起源和功用论》,《自然辩证法通讯》2012年第6期。本书的侧重点与此二文有所不同。
③ 侯钢讨论了文献中关于河图洛书的早期记载,并认为"学者们对河图洛书有诸多的猜测,但他们都没有说明、更没有具体记载河图洛书究竟是什么。一直到了宋代,才明确地为河图洛书制作了黑白点的图式。"见侯钢:《两宋易数及其与数学之关系初论》,中国科学院自然科学史研究所博士学位论文,2006年,第5—6页。东汉《数术记遗》记载之"九宫算"是最早记载纵横图的数学著作,参见李俨:《中算家的纵横图研究》,载李俨:《中算史论丛》第1集,北京:科学出版社,1954年,第175—229页。
④ ［南朝宋］范晔:《后汉书》,第2999页。
⑤ 同上。

历》。"①司马迁《史记·历书》云："太史公曰：神农以前尚矣。盖黄帝考定星历，建立五行，起消息，正闰余，于是有天地神祇物类之官，是谓五官……"②唐代史学家司马贞（679—732）按："《系本》及《律历志》，③黄帝使羲和占日，常仪占月，臾区占星气，伶伦造律吕，大挠作甲子，隶首作算数，容成综此六术而着《调历》也。"④北京大学藏秦简中有一篇《鲁久次问数于陈起》，其中说："隶首者，筹之始也。"⑤由此可见，通过上述一系列论述，隶首被塑造成数的创造者。由于隶首是黄帝之臣，故在有些文献里也称黄帝作数。⑥ 此外，《汉书·律历志》和《隋书·律历志》都只记载了筹算记数制度，而没有谈到黄帝或隶首。⑦ 刘徽注《九章算术》时说："记称'隶首作数'，其详未之闻也。"⑧可见该故事在魏晋时代已经广泛流传。

　　"周公制礼"来自于《周礼》的记载："而养国子以道。乃教之六艺。一曰五礼，二曰六乐，三曰五射，四曰五驭，五曰六书，六曰九数。"⑨由此"数"为六艺之一被确立下来。汉代大儒郑玄引郑众说注《周礼》云："九数：方田、粟米、差分、少广、商功、均输、方程、赢不足、旁要。今有重差、夕桀、句股也。"⑩郑氏给出的九数名称与《九章算术》高度类似（实质仅"旁要"不同）。刘徽赞同这一说法，直接说"周公制礼而有九数，九数之流，则《九章》

---

① ［唐］房玄龄等：《晋书》，第497页。
② ［汉］司马迁：《史记》，北京：中华书局，1963年，第1256页。
③ 此《律历志》应指李淳风所撰《晋书·律历志》。
④ ［汉］司马迁：《史记》，第1256页。
⑤ 韩巍、邹大海整理：《北大秦简〈鲁久次问数于陈起〉今译、图版和专家笔谈》，《自然科学史研究》2015年第2期。
⑥ 例如东汉徐岳云"黄帝为法，数有十等"。又云"隶首注术乃有多种。及余遗忘，记忆数事而已。其一积算，其一太乙，其一两仪，其一三才，其一五行，其一八卦，其一九宫，其一运筹，其一了知，其一成数，其一把头，其一龟算，其一珠算，其一计数……"这似乎是给出了隶首作数的详情。参见［汉］徐岳撰，［北周］甄鸾注：《数术记遗》，载钱宝琮校点：《算经十书》，第540—542页。
⑦ 这恰与李淳风认为两志为唯二完备律历体系的看法一致，详见本书第四章。
⑧ 郭书春汇校：《汇校〈九章筭术〉》（增补版），第1页。
⑨ ［汉］郑玄注，［唐］贾公彦疏：《周礼注疏》，［清］阮元校刻：《十三经注疏》，第731页。
⑩ 同上。

是矣。"①唐孔颖达注疏《礼记》②、贾公彦注疏《周礼》③都延续和发展了《周礼》郑注。

"张苍定章程"来自于班固《汉书·高帝本纪》。班固云："天下既定,命萧何次律令,韩信申军法,张苍定章程,叔孙通制礼仪,陆贾造新语。"④刘徽则将此衍生为张苍、耿寿昌编订《九章算术》,即"自时厥后,汉北平侯张苍、大司农中丞耿寿昌皆以善筹命世。苍等因旧文之遗残,各称删补。故校其目则与古或异,而所论者多近语也。"⑤总之,"隶首作数"是数的诞生,"周公制礼"将九数纳入礼与六艺的范畴,"张苍定章程"则编订了《九章算术》,至迟在魏晋时代便形成了以这三个故事为中心的中国数学早期发展史的经典论述(即刘徽注《九章算术》序)。

成书不早于北宋末期的《算学源流》叙述了中国数学的发展。首先引《晋书·律历志》"隶首作算数"的记载,其次引《汉书·律历志》筹算制度,再引《周礼》"九数"郑玄注、贾公彦疏,再引《汉书》"张苍定章程",最后记述唐宋国子监算学制度。《算学源流》可视为中国第一部简明数学史纲,其中没有河图洛书。

(一)河图洛书进入数学起源叙事

宋代图书之学的兴起是河图洛书进入中国数学起源叙事系统的起点,自

---

① 郭书春汇校:《汇校〈九章算术〉》(增补版),第1页。

② 孔颖达等云:"九数,方田、粟米、差分、少广、商功、均输、方程、赢不足、旁要,今有重差、句股……郑司农所解。但九数之名,书本多误。儒者所解:方田一、粟米二、差分三、少广四、商功五、均输六、方程七、赢不足八、旁要九。云:'今有重差、句股也'者,郑司农指汉时。云今世于九数之内有重差、句股二篇,其重差即与旧数差分一也。去旧数旁要,而以句股替之,为汉之九数,即今之《九章》也。先师马融、干宝等更云今有夕桀各为二篇,未知所出。今依司农所注《周礼》之数,余并不敢。"([汉]郑玄注,[唐]孔颖达等疏:《礼记正义》,[清]阮元校刻:《十三经注疏》,第1513页。)

③ 贾公彦云:"云'九数'者,方田已下皆依《九章算术》而言。云'今有重差、夕桀、句股'者,此汉法增之。马氏注以为'今有重差、夕桀。'夕桀亦是筹术之名,与郑异。案:今《九章》以句股替旁要,则旁要,句股之类也。"([汉]郑玄注,[唐]贾公彦疏:《周礼注疏》,[清]阮元校刻:《十三经注疏》,第731页。)

④ [汉]班固:《汉书》,第81页。

⑤ 郭书春汇校:《汇校〈九章算术〉》(增补版),第1页。

此之后,河图洛书与中国数学的关系延绵不绝。一般认为宋代易学分成象数派与义理派。图书之学是象数易的重要组成部分,始于北宋道士陈抟(871—989)[①]。《宋史·朱震传》记载朱震(1072—1138)著《汉上易解》,云:"陈抟以先天图传种放,放传穆修,穆修传李之才,之才传邵雍。放以河图、洛书传李溉,溉传许坚,许坚传范谔昌,谔昌传刘牧。穆修以太极图传周惇颐,惇颐传程颢、程颐。是时,张载讲学于二程、邵雍之间。故雍著《皇极经世书》,牧陈天地五十有五之数,惇颐作《通书》,程颐著《易传》,载造《太和》《参两篇》。"[②]在此叙述之中,邵雍和刘牧(1011—1064)分别是陈抟所传先天图和河图洛书之终点,两者对建立河图洛书与传统算学的关系都起到十分重要的作用。

刘牧《易数钩隐图》序云:"夫卦者,圣人设之观于象也。象者,形之上应。原其本,则形由象生,象由数设……今采摭天地奇偶之数,自太极生两仪而下至于复卦,凡五十五位,点之成图……"[③]刘氏又云:"数之所起,起于阴阳。"[④]于是,《易数钩隐图》用黑白点图表示易数图象,其中白点表阳或奇数,黑点表阴或偶数。刘牧河图总计有 1、2、3、4、5、6、7、8、9,合为 45(图7.3);其洛书则多一个 10,合为 55(图 7.4,图 7.5),所谓"九为河图,十为洛书"。邵雍等则与之不同,以"十为河图,九为洛书"。[⑤] 朱熹先采刘牧说法,后听从蔡元定意见,改从邵雍,并将二图刊于《易学启蒙》(1186)《周易本义》(约 1195)卷首,明代以后遂成定式。[⑥]可以发现,刘牧河图(即朱熹洛书)相当于一个三阶幻方,但宋儒等并无揭示其内部数学规律的研究取向。

①　朱伯崑:《易学哲学史》第 2 卷,第 3—8 页;林忠军:《象数易学发展史》第 2 卷,第 126—133 页。
②　[元]脱脱等:《宋史》,第 12908 页。
③　[宋]刘牧:《易数钩隐图》,《正统道藏》第 71 册,上海涵芬楼影印本,1923 年,第 1a—1b 页。
④　同上书,第 33b 页。
⑤　李俨:《中算家的纵横图研究》,载李俨:《中算史论丛》第 1 集,第 175—229 页。
⑥　温海明:《朱熹河图洛书说的演变》,《周易研究》2000 年第 4 期。

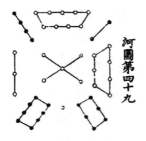

图 7.3　刘牧河图

（图片来源：[宋]刘牧：《易数钩隐图》，《正统道藏》第 71 册，
上海涵芬楼影印本，1923 年，第 41a 页。）

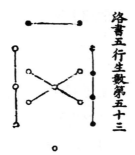

图 7.4　刘牧洛书生数图

（图片来源：[宋]刘牧：《易数钩隐图》，《正统道藏》第 71 册，
上海涵芬楼影印本，1923 年，第 42a 页。）

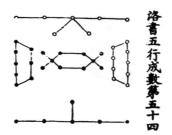

图 7.5　刘牧洛书成数图

（图片来源：[宋]刘牧：《易数钩隐图》，《正统道藏》第 71 册，
上海涵芬楼影印本，1923 年，第 42b 页。）

邵雍《皇极经世》云："大衍之数，其算法之源乎？是以算数之起，不过乎
方圆曲直也。阴无一，阳无十。乘数，生数也。除数，消数也。算法虽多，不

出乎此矣。"①邵雍的这一看法非常重要,将大衍之数视作算法的源头,直接联系了数学与算学。朱熹不同意邵雍,他说"康节天资极高,其学只是术数学。后人有聪明能算,亦可以推。"②朱熹认为象数学与传统算学仍有区别,不应将两者联系起来,这代表了一些宋儒的看法。然而,由于儒学与算学的地位悬殊,对算家而言,邵雍的说法显然是更有利的思想资源。不过,朱熹认为大衍之数与河图洛书有关,亦被后世算家接受。因此可以说,邵氏、朱氏观点为河图洛书进入数学起源叙事系统奠定了思想基础。

从数学史的角度看,宋代也是中国传统算学发展的新阶段。不但取得了许多世界级的数学成就,而且这些成就往往与算学中出现的新文本有关,例如天元术的符号表达、秦九韶《数书九章》中的算图,开启了中国筹算数学文本化之历程。③ 就此而言,宋代图书之学黑白点图的出现亦可视为易学文本化之过程,宋儒并以之解释河图洛书、大衍筮法等诸多内容,由此制造了算学与易学之间的类似性。邵雍的论述代表了宋儒中认为算与数相互联系的观点,使得象数学成为算学的基础变为可能。

秦九韶《数书九章》原名《数术》,极力建立算学与《周易》之联系,提升算学之重要性。在此背景之下,秦氏云"爰自河图、洛书,闿发秘",④把河图洛书纳入数学起源故事。不过,并非所有宋代算家都会在谈数学起源时提到河图洛书。金朝李冶《测圆海镜》(1248)及《益古演段》(1259)⑤、南

---

① [宋]邵雍著,郭彧、于天宝点校:《皇极经世》,载《邵雍全集》第 3 册,第 1195 页。
② [宋]黎靖德编,王星贤点校:《朱子语类》第 7 册,第 2554 页。
③ 关于宋代数学的文本化议题,参见朱一文:《数:筭与术——以九数之方程为例》,《汉学研究》2010 年第 4 期;朱一文:《数学的语言:算筹与文本——以天元术为中心》,《九州学林》2010 年第 4 期;朱一文:《秦九韶对大衍术的筹图表达——基于〈数书九章〉赵琦美钞本(1616)的分析》,《自然科学史研究》2017 年第 2 期;Zhu Yiwen,"On Qin Jiushao's Writing System",*Archive for History of Exact Sciences*, Vol. 74(4), 2020。
④ [宋]秦九韶:《数书九章》,北京中国国家图书馆藏明万历四十四年赵琦美钞本,载《四库提要著录丛书》编纂委员会:《四库提要著录丛书·子部020》,第 98 页。
⑤ 李冶《测圆海镜》自序云:"数一出于自然。吾欲以力强穷之,使隶首复生亦末如之何也。"显示出其道家的取向。([金]李冶:《测圆海镜》,载郭书春主编:《中国科学技术典籍通汇:数学卷》第 1 册,第 730 页。)其《益古演段》自序又云:"致使轩辕隶首之术……"表明李氏倾向于"隶首作数"的经典故事。([金]李冶:《益古演段》,载郭书春主编:《中国科学技术典籍通汇:数学卷》第 1 册,第 875 页。)

宋杨辉《详解九章算法》(1261)及《续古摘奇算法》(1275)①自序都没有提到河图洛书。其原因可能与算家个人对于易学或象数学的取向有关。入元之后,河图洛书进入数学著作逐渐成为常态,亦逐渐成为与隶首作数、周公制礼、张苍定章程一样的经典故事。莫若为朱世杰《四元玉鉴》(1303)写前序,云:"故《易》一太极也……河洛图书泄其秘,黄帝九章著之书。"②由是把河图洛书置于黄帝之前。《丁巨算法》(1355)开篇云:"稽古河图五十有五。一二三四互为七八九六,大衍之数五十。隶首作算数,羲和以闰月定四十成岁……"③丁巨进一步在算书中直接给出了河图55的数据。不过,另一本元代算书《详明算法》依然采用隶首作数、张苍定章程及《汉书·律历志》的说法。④

　　入明以后,朱熹理学被定于一尊,河图洛书在数学著作中的位置愈加重要。吴敬《九章算法比类大全》(1450)序云:"有理而后有象,有象而后有数。昔黄帝使隶首作算数,而其法遂传于世。图书出于河洛,大衍五十有五之数。圣人以之成变化而行鬼神。"⑤"有理而后有象,有象而后有数"是宋儒程颐(1033—1107)语。⑥ 因此,吴敬将理学与河图洛书一并融入了中国数学起源叙事。之后,王文素《算学宝鉴》(1524)、程大位(1533—1606)《算法统宗》

① 杨辉《详解九章算法》自序云:"黄帝九章备全奥妙……"其荣棨序云:"夫算者,数也。数之所生,生于道……爰昔黄帝推天地之道,究万物之始,错综奇数,列为《九章》,立术二百四十有六。"其鲍澣之序则云:"《九章算经》九卷,周公之遗书,而汉丞相张苍之所删补者也……近世民间之本题曰《黄帝九章》,岂以其为隶首之所作,欺名已不当……"杨辉《续古摘奇算法》自序则开篇就谈到黄帝、隶首和周公的故事。由此可见,关于中国数学起源的三个故事仍然在起作用。荣棨将道置于黄帝之前,已有河图洛书之意味。参见[宋]杨辉:《详解九章算法》,载郭书春主编:《中国科学技术典籍通汇:数学卷》第1册,第950—951页;[宋]杨辉:《续古摘奇算法》,载郭书春主编:《中国科学技术典籍通汇:数学卷》第1册,第1095页。
② [元]朱世杰:《四元玉鉴》,载郭书春主编:《中国科学技术典籍通汇:数学卷》第1册,第1205页。
③ [元]丁巨:《丁巨算法》,载郭书春主编:《中国科学技术典籍通汇:数学卷》第1册,第1301页。
④ [元]安止斋:《详明算法》,载郭书春主编:《中国科学技术典籍通汇:数学卷》第1册,第1349页。
⑤ [明]吴敬:《九章算法比类大全》,载郭书春主编:《中国科学技术典籍通汇:数学卷》第2册,第6页。
⑥ [宋]程颢、程颐:《二程集》,北京:中华书局,1981年,第271页。

（1592）都将河图洛书黑白点图刊于卷首。柯尚迁《数学通轨》（1578）云"天地之始一气而已,气之运动而自然者为理,有气而后有象,有象而后有数,故数亦理之形。"[1]黄龙吟《算法指南》谈数学起源亦沿用隶首作数、周公制礼的故事。[2]

（二）河图洛书纵横图成为中国数学内容

河图洛书与中国传统数学发生关联的另外重要一面是:由其衍生而来的诸多纵横图逐渐成为算学著作的重要内容。中国古代最重要的数学经典《九章算术》并无纵横图内容。东汉徐岳《数术记遗》云"隶首注术乃有多种",依次给出:积算、太乙、两仪、三才、五行、八卦、九宫、运筹、了知、成数、把头、龟算、珠算、记数。其中"九宫算,五行参数,犹如循环"。北周甄鸾注曰:"九宫者,即二、四为肩,六、八为足,左三、右七,戴九、履一,五居中央。五行参数者,设立之法依五行,已注于上是也。"[3]该书被列入唐国子监十二部教科书之一,是纵横图在算学著作中的最早记载。一般认为,九数图起源于《礼记·月令》等记载的明堂九室制度,十数图源于《尚书·洪范》五行生数学说。[4]宋儒图书之学把它们与河图洛书结合起来。

杨辉《续古摘奇算法》刊载了 15 种纵横图:洛书数、河图数、花十六图、五五图、六六图、衍数图、易数图、九九图、百子图、聚五图、聚六图、聚八图、攒九图、八阵图、连环图。其洛书以黑白点表达,总为 55;河图以汉字表达,总为 45（图 7.6）。这与刘牧看法接近,但与朱熹等不同。其洛书下云:"天数一三五七九,地数二四六八十,积五十五。求积法曰:并上下数[共

① ［明］柯尚迁《数学通轨》,载郭书春主编:《中国科学技术典籍通汇:数学卷》第 2 册,第 1167 页。
② 同上书,第 1425 页。关于明代学者对数学起源的论述,亦可参见钱宝琮:《宋元时期数学与道学的关系》,载钱宝琮等:《宋元数学史论文集》,第 238—240 页;金福:《对明代数学思想的几点分析》,载李迪主编:《数学史研究文集》第 1 辑,第 94—96 页。
③ ［汉］徐岳撰,［北周］甄鸾注:《数术记遗》,钱宝琮校点:《算经十书》,第 541—543 页。
④ 侯钢:《两宋易数及其与数学之关系初论》,中国科学院自然科学史研究所博士学位论文,2006 年,第 9—12 页。

一十一],以高数[十]乘之,[得百一十]。折半[得五十五]为天地之数。"①给出了 1 + 2 + …… + 10 的求和算法。其河图云:"九子斜排,上下对易,左右相更,四维挺出。"②解释了三阶纵横图的构造原理。杨氏又在纵横图下设"换易术""求等术"等构造方法。杨辉《续古摘奇算法》自序纵横图来自刘碧涧、丘虚谷等人,但其图下算法解释具有明显的算学取向,似为杨氏所作。因此,杨辉对纵横图的解释或是给出求和算法,或是给出构造原理,显示出探索其内部数学规律的研究取向,可以说把邵雍将数与算联系的想法往前推进了一步。尽管丁易东《大衍索隐》以河图洛书释大衍之数,并给出多个纵横图,③但是其解说往往集中于易学原理而非其算法或构造。显示出丁氏属易学研究,杨氏属算学研究之别。

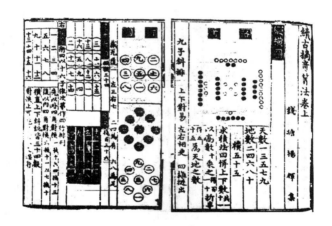

图 7.6　杨辉《续古摘奇算法》卷上首页

(图片来源:[宋]杨辉:《续古摘奇算法》,靖玉树编:《中国历代算学集成(中)》,

济南:山东人民出版社,1994 年,第 900 页。)

---

① 　[ ]内原为小字杨辉自注。[宋]杨辉:《续古摘奇算法》,靖玉树编:《中国历代算学集成(中)》,济南:山东人民出版社,1994 年,第 900 页。

② 　同上。

③ 　关于对丁易东纵横图的研究,参见王荣彬:《丁易东对纵横图的研究》,载李迪主编:《数学史研究文集》第 1 辑,第 74—82 页;何丙郁:《纵横图与〈大衍索隐〉》,载何丙郁:《何丙郁中国科技史论文集》,沈阳:辽宁教育出版社,2001 年,第 256—275 页;侯钢:《两宋易数及其与数学之关系初论》,中国科学院自然科学史研究所博士学位论文,2006 年,第 16—24 页。

杨辉算书在明代影响很大。王文素《算学宝鉴》自序云受杨辉影响,于卷首刊载河图与洛书黑白点图。不过王氏河图总为55、洛书45,采朱熹定式。其河图下有"求天数法""求地数法"与"求总积法",延续并扩展了杨辉算法。其洛书下增设"求积法"。① 之后王氏又给出数张汉字纵横图的求和、构造方法。② 程大位《算法统宗》在明末影响很大。其卷首亦刊载河图(55)洛书(45),延续了杨辉给出的求和算法和构造方法。之后,给出伏羲则图作易之"易有太极""是生两仪""两仪生四象"和"四象生八卦"四图,又有"洛书释数""九宫八卦图""洛书易换数"等内容。③ 并在卷十七"杂法"刊载了多张易数纵横图及其求积、构造方法。④ 王氏、程氏的做法实际是把黑白点河图洛书置于卷首,显示其与中国数学起源之关联,又把汉字数字表达的纵横图作为新的数学内容刊载于书。这显示出经过宋明两代约六百年的演变,河图洛书黑白点图与其衍生的纵横图均已在中国传统数学知识体系中获得了相应的位置。⑤

三、宋代数学与易学之关系

宋代数学与儒学的关系分成两部分:一方面延续唐代以来的传统,宋儒在注解儒经的过程中延续并发展了儒家算法传统,形成了宋代的两家算法传统(即前一章所论);另一方面,宋代象数派图书之学兴起之后,使得易学与传统算学发生了实质关联(即本章所论)。

宋代易学与算学的主要关联在于大衍和河洛。就大衍而言,邵雍一改传

① ［明］王文素:《算学宝鉴》,载郭书春主编:《中国科学技术典籍通汇·数学卷》第 2 册,第 347—348 页。
② 同上书,第 352—355 页。
③ 同上书,第 1227—1228 页。
④ 同上书,第 1410—1415 页。
⑤ 关于明代数学与象数神秘主义的关系,参见金福:《对明代数学思想的几点分析》,载李迪主编:《数学史研究文集》第 1 辑,第 98—100 页。

统,把大衍之数与大衍筮法联系起来;朱熹则将筮法解释成一个蓍草的操作
过程,其文本形式由黑白点图表示,其中虽蕴含有同余、概率等数学理论,但
朱氏并未言明。在《孙子算经》"物不知数"问和历家求解上元积年"方程"算
法的基础上,秦九韶发展并书写了求同余方程组的算法,并冠之以"大衍"之
名。秦氏进而把大衍筮法解释成求解同余方程组的问题,把"大衍之数五十,
其用四十有九"理解成解方程过程中必然出现的四个余数和四个用数之和。
秦氏一方面继续了李淳风的做法,以巧妙的方式重构了《周易》经文,使之成
为"问题+算法"的算学文本形式;另一方面则在"草"的部分以算学注解了
《周易》经文,并以算筹等同于蓍草、以算图等同于黑白点图。就河洛而言,
刘牧、邵雍等以黑白点图解释河图洛书,邵雍认为大衍之数是算法之源,朱熹
进一步把大衍之数与河图洛书联系起来,从而提供了河洛进入中国传统数学
起源叙事的基础。秦九韶明确认为河图洛书是中国数学的起源。元明以后,
河图洛书与隶首作数、周公制礼、张苍定章程一道,成为中国数学起源的经典
故事。同时,宋儒把河图洛书与黑白点图联系起来,使得纵横图成为新的数
学内容。与丁易东不同,杨辉着力探索纵横图的构造原理、解释其数学规律。
元明以后,纵横图也成为中国数学著作必备的内容。总之,在宋代易家与算
家共同的工作之下,象数派易学与算学虽仍有差别,但已经产生了紧密的
联系。

　　宋代图书之学以黑白点图表达河图洛书是其与算学发生实质关联的起
点,之后引发了近千年间象数易学与传统算学的一系列演变。然而,为何宋
儒用黑白点数来表达河图洛书等图?笔者认为这一做法可能与宋代围棋的
兴盛有关。一方面,宋朝上至皇帝、大臣、名士,下至平民百姓都十分喜好围
棋和象棋。洪遵(1120—1174)《谱双》云:"弈棊、象戏家澈户晓。"[1]"弈棊"
指围棋,"象戏"指象棋。宋代理学家如程颢、程颐、周敦颐、张载、邵雍等亦

―――――――――――

① [宋]洪遵:《谱双》序,道光二十六年(1846)刻本,第1a页。

多爱下棋。① 尤其是邵雍隐居洛阳三十年,常"半局残棋销白昼"。② 另一方面,皇祐(1049—1054)中年成书的《棋经十三篇》开篇即云:"枯棋三百六,白黑相伴,以法阴阳。"③围棋棋子为黑白圆形,以法阴阳,这一看法实与宋儒易学黑白点的使用方法一致。成书于南宋初的《忘忧清乐集》给出宋代围棋谱,其记录的文字方法以两汉字代表数字,如三五代表三十五,不同于传统汉字语法。杨辉、丁易东等纵横图等与之相同。沈括(1031—1095)《梦溪笔谈》数次谈到围棋,其"棋局都数"计算围棋之全局变化数。④ 这些说明北宋年间,学者们意识到围棋与阴阳、算法之相关性。因此,宋儒确实可能用摆放于 19 × 19 围棋盘之黑白子来代表河图洛书等黑白点图。⑤

从本章的研究可以看出,虽然同属于广义的儒学或经学研究,宋代易学与礼学等其他研究有本质的差别。这一差别的原因有三:第一,宋代大衍筮法、河图洛书带有著草、黑白点图等物质工具,这为算学(算筹、算图)与易学的沟通提供了可能性,也与儒家算法传统不使用工具不同;第二,前儒对于《周易》的注解并未提供数学隐题,从而并未为儒家算法传统的发展提供空间;第三,宋廷诏令已经明确了数术与算学之紧密联系,而《周易》与数术亦有天然之联系。总之,儒学或经学研究内部与算学关系其实不可一概而论,而礼学与易学无疑是最有代表性的两个分支。

元明以后,朱熹理学被定于一尊,象数派易学研究继续发展;秦九韶《数书九章》鲜有研究者,杨辉的著作则在明代影响深远,河图洛书成为数学研究的对象和内容。易学与算学的紧密联系和互动仍在继续。明清之际,象数派

---

① 张如安:《中国围棋史》,北京:团结出版社,1998 年,第 247—248 页;张如安:《中国象棋史》,北京:团结出版社,1998 年,第 120—122 页。

② [宋]邵雍著,郭彧、于天宝点校:《伊川击壤集》,载《邵雍全集》第 4 册,第 107 页。

③ [宋]张靖:《棋经十三篇》,载[宋]李逸民编撰,孟秋校勘:《忘忧清乐集》,成都:蜀蓉棋艺出版社,1987 年,第 3 页。关于《棋经十三篇》的作者,笔者从李毓珍、张如安说,为张靖(约 1004—1078),参见张如安:《中国围棋史》,第 258 页。

④ 钱宝琮:《〈梦溪笔谈〉"棋局都数"条校释》,载李俨、钱宝琮:《李俨钱宝琮科学史全集》第 9 卷,第 696—700 页。

⑤ 清初方中通《数度衍》有"笔算"章,其中"洛书算"明确提出以棋子来计算,也暗示了棋与数学之间的关系。

易学研究逐渐式微与衰亡,然而其研究却在算学领域内保存与继续。①清中叶之后,乾嘉学派掀起研究古算书的热潮,秦书亦被重新研究,大衍筮法与算学的关系亦被重新探讨。②

---

① 详见本书第八章第三节。
② 详见本书第九章第一节。

第八章
明清之际的数学、儒学与西学

　　宋儒朱熹前期把儒家与算家两种算法传统排除在其理学体系之外，后期则又将两者一道纳入其礼学体系。朱熹又以黑白点图解释大衍筮法与河图洛书，奠定了易学与数学的紧密联系。明朝以降，朱熹理学被定于一尊，其上述看法对明朝学者理解和处理儒学与数学的关系都影响深远，呈现出关系多元化的面貌。

　　一些儒学著述中不涉及数学。明初胡广编撰之《五经大全》《四书大全》均不再涉及儒家之算法传统。之后，王阳明心学亦于数学无涉。这些著述中往往既没有数学实作，又没有关于数学与儒学关系的论述。一些学者同时研究儒学与算学。明中叶，顾应祥、唐顺之、周述学等人是这一研究取向的代表人物。明代象数派易学研究与算学研究有共同的研究对象。胡广编撰之《性理大全》、来知德（1525—1604）《周易集注》、程大位《算法统宗》都涉及河图洛书的数理解释。

　　因此，在晚明西方数学传入之时，中国传统算学与儒学已经存在着复杂的关系。中国学者对西方数学的接受与反应实际与这种复杂关系密切相关，而数学、儒学、西学三者处于互动的张力之中。本章从中选取三个案例来展现这种互动关系：意大利传教士利玛窦（Matteo Ricci，1552—1610）与李之藻（1565—1630）合作编译《同文算指》（1613），在此过程中传入的西方笔算与儒学及算家两家算法传统都发生了互动；黄宗羲否定象数派易学研究，然而其注《礼记·投壶》却延续与发展了儒家算法传统；方中通（1634—1698）《数度衍》(1661)本为象数易学之高峰,然而却被理解为数学著作,并为象数易学在算学研究中开辟了道路。

一、《同文算指》与西方笔算的传入

明清之际是中西交流史的重要时期。随着耶稣会士来华,西方各学科的知识逐渐被传入中国。就数学而言,利玛窦与徐光启(1562—1633)合作翻译的《几何原本》(1607)把欧几里得几何学介绍到中国。利玛窦与李之藻合作编译的《同文算指》则介绍了西方算术,尤其是笔算。

学术界一般认为《同文算指》的编译主要是依据意大利学者克拉维乌斯(Christopher Clavius, 1538—1612)的《实用算术概论》(*Epitome Arithmeticae Practicae*, 1583)。[①] 近来一些研究则揭示出《同文算指》有更多的中西算书渊源,如德国数学家斯蒂弗尔(Michael Stifel, 1487—1567)的《整数算术》(*Arithmetica Integra*, 1544)、程大位的《算法统宗》和周述学的《神道大编历宗算会》。[②] 事实上,早在万历三十一年(1603)利玛窦与李之藻就着手编译《同文算指》,并于三十六年(1608)完成。三十八(1610)年利玛窦去世之后,李之藻继续与徐光启讨论是书[③]。而该书的首次刊印则在万历四十一年(1613)。因此,我们可以理解该书的形成受到中西算书的影响。

在大多数学术著作中,《同文算指》被视作首部介绍西方笔算的著作。尽管我们可以大致认为这一论断是正确的,但是该论断的史料基础并没有获

---

① 例如郭书春主编:《中国科学技术史:数学卷》,第616—618页。
② 参见 Karine Chemla, "Que signifie l'expression de 'mathématiques européennes' vue de Chine?", in Catherine Goldstein, Jeremy Gray & Jim Ritter (eds.), *L'Europe mathématique: Histoires, Mythes, Identités / Mathematical Europe. History, Myth, Identity*, Paris: Éditions de la Maison des Sciences de l'Homme, 1996, pp. 220-245; Karine Chemla, "Reflections on the world-wide history of the rule of false double position, or how a loop was closed", *Centaurus*, Vol. 39(2), 1997;潘亦宁:《中西数学会通的尝试——以〈同文算指〉(1614年)的编纂为例》,《自然科学史研究》2006年第3期;潘亦宁:《〈同文算指〉中高次方程数值解法的来源及其影响》,《自然科学史研究》2008年第1期。
③ 才静滢:《大航海时代的中西算学交流——〈同文算指〉研究》,上海交通大学博士学位论文,2014年,第38—40页。

得严格检验。一方面,《同文算指》本属克拉维乌斯制定的《数学教育大纲》之一部分,翻译该著作是耶稣会在中国重建其教育体系的一部分。[1] 另一方面,当两位作者在编译《同文算指》时,算盘已经取代算筹成为中国数学的主要工具。[2] 因此,我们必须考虑这一变化对中国人接受笔算的影响。东汉徐岳所著《数术记遗》载有珠算,然而这肯定不是明代的珠算。[3] 珠算很可能是演变自筹算,至 16 世纪后期,珠算方才取代筹算的地位。[4] 而且,儒家的算法传统自古以来就使用笔算。上述事实均提醒我们关注中西数学交流的复杂性。

因此,本节将在《同文算指》的基础上,分析其计算过程对汉字、珠算和笔算的使用。进而揭示在西方笔算的传入过程中,其因中国数学的土壤而发生改变的情况——汉字的使用对应于西方笔算,而计算文本中缺失的加减运算部分实际是凭借珠算完成的。

(一)《同文算指》的数字表达方式

在大多数版本中,《同文算指》包括"通编""前编"和"别编"三部分。"前编"包括上下两卷[5]。卷上又分为"定位""加法""减法""乘法"和"除法"五部分。卷下则处理小数和分数运算。"通编"有八卷,包括三率法、双假设法、线性方程组、开平方、开立方等问题。"别编"仅一卷,与天文学问

---

[1]　Thierry Meynard, "Aristotelian works in Seventeenth century China: an updated survey and new analysis", *Monumenta Serica*, Vol. 65(1), 2017.

[2]　关于中国人使用算盘的历史,参见李俨:《珠算制度考》,载李俨:《中算史论丛》第 4 集,第 9—23 页;Joseph Needham, *Science and Civilization in China, Volume 3: Mathematics and the Sciences of the Heavens and the Earth*, pp. 74-80;郭书春主编:《中国科学技术史·数学卷》,第 568—572 页。

[3]　Joseph Needham, *Science and Civilization in China, Volume 3: Mathematics and the Sciences of the Heavens and the Earth*, pp. 76-78; Alexeï Volkov, "Large numbers and counting rods", *Extrême-Orient, Extrême-Occident*, No. 16, 1994.

[4]　珠算完全取代筹算的时间,一般以《算法统宗》的出版时间为标志。参见 Jean-Claude Martzloff, *A History of Mathematics*, pp. 215-216。

[5]　《同文算指》常见的版本是由李之藻自己编辑的《天学初函》本,它仅包含"前编"和"通编"。1993 年,《中国科学技术典籍通汇》刊印了一个包含有"别编"的通汇本。下面的分析中,笔者以通汇本为主。

题有关。很明显,"前编"是介绍笔算的核心章节,并且在全书中处于基础的地位。因此,下面以着重分析"前编"。

"前编"之"定位"描述了全书所使用的数码系统,其云:

> 古法用竹,径一分,长六寸,二百七十一而成六觚,为一握。度长短者,不失毫厘;量多少者,不失圭撮;权轻重者,不失黍絫。纪于一,协于十,长于百,大于千,衍于万,算之原也。①

本段描写的算筹具有一个圆形的截面,其直径为 1 分(约相当于 0.231 厘米)、长度为 6 寸(相当于 13.86 厘米)。李俨解释了如何使用 271 根算筹组成一个正六边形(图 8.1)。此段文献实则来源于汉代班固撰写之《汉书·律历志》,班氏抄录了刘歆的奏疏。两者的差别仅在于《汉书·律历志》最后云"其法在《算术》",而非"算之原也"②。这说明利玛窦、李之藻以此来强调数学的起源。唐李淳风撰写之《隋书·律历志》亦有对算筹形制的讨论,而且涉及正算与负算。③ 利氏、李氏则未涉及,或与《同文算指》未涉及正负算有关。

图 8.1　《同文算指》"二百七十一而成六觚"

(图片来源:李俨:《筹算制度考》,载李俨:《中算史论丛》第 4 集,

北京:科学出版社,1955 年,第 4 页。)

---

① 利玛窦授,[明]李之藻演:《同文算指》,载郭书春主编:《中国科学技术典籍通汇·数学卷》第 4 册,第 80 页。

② [汉]班固:《汉书》,第 956 页。

③ 详见本书第四章。

在讨论算筹之后,利氏、李氏云:

> 后世乃为珠算,而其法较便。然率以定位为难,差毫厘,失千里
> 矣。兹以书代珠。始于一、究于九,随其所得而书识之。满一十则不
> 书十,而书一于左进位,乃作○于本位。一○曰一十。由十进百,由
> 百进千,由千进万,皆仿此。[①]

此段论述了珠算的优劣。利氏、李氏认为珠算较筹算便捷,因此取代了
筹算;而珠算定位又太难,因此被书写取代。接着,两位作者给出了一套新的
汉字书写数字系统。

众所周知,汉字表达数字不使用位值制(place-value system)。例如,25
必须表示成"二十五",而不是"二五"。其中的"十"即定位字,亦即《汉书·
律历志》所云"纪于一,协于十,长于百,大于千,衍于万"。不过,《同文算
指》中改变了传统汉字表达数字的方法,使用位值制,即使用"一""二"
"三""四""五""六""七""八""九"与"○"(即表达 0,并以"零"称呼之,
见表 8.1)。

表 8.1 《同文算指》中的汉字表达数字系统

印度-阿拉伯数码	1	2	3	4	5	6	7	8	9	0
汉字	一	二	三	四	五	六	七	八	九	○

两位作者进一步给出了如何使用这一新的数字系统的例子。43 210 以
新系统表示之,即四三二一○(见图 8.2)。在每一个汉字之下,又加上关于位
置之说明,即"万数""千数""十数""百数"与"单数"。然而,我们之后会看
到这一关于位置的说明并未出现在计算中,而仅仅是用来解释单个的数。

---

① 利玛窦授,[明]李之藻演:《同文算指》,载郭书春主编:《中国科学技术典籍通汇:数学卷》第
4 册,第 80 页。

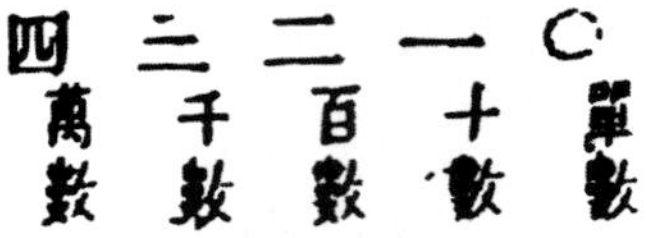

图 8.2　《同文算指》43 210

（图片来源：利玛窦授，[明]李之藻演：《同文算指》，载郭书春主编：
《中国科学技术典籍通汇·数学卷》第 4 册，郑州：河南教育出版社，1993 年，第 80 页。）

南宋杨辉所著《乘除通变本末》（1274）和《续古摘奇算法》采用了四种数字表达方式，来展示数在运算中的位置和功能。[①] 这四种方式依次为：（1）汉字（非位值制）；（2）筹码（准位值制）；（3）大写数字（即壹、贰、参等，位值制或非位值制）；（4）黑白点（累数值）。因此，《同文算指》的数字表达方式可视作在杨辉基础上的创新。

图 8.2 之下，利氏、李氏进一步解释了书写的方向（即从左至右）及利用不同的定位字（即万、亿、兆、京等）和度量衡单位（即两、钱、分、厘、毫、丝、忽等）来表示高位和低位的不同位置：

> 自左方写起，平行，大数列左，小数列右。若从小数起积者，每满十则进位，一十者书一，二十者书二，余仿此。若大数积多，则于左方渐进加字，如后图，万、亿、兆、京是也。若小数积多，则于右方渐退加字，如两下有钱，钱下有分，分下有厘，又有毫、有丝、有忽之类也。[②]

在"定位"这一节的最后，两位作者给出了一个 25 位的大数（称之为"大衍式"）——"4 629 541 869 735 243 806 195 634"，以显示这一新方法的普遍性。继而他们详尽论述了长度、面积、体系、天文计算中度量衡单位的转换，比较了不同时代的单位，论述了上中下三等数。由此完成了对数码系统的准备。

---

① 朱一文：《从宋代文献看数的表达、用法与本质》，《自然辩证法研究》2020 年第 12 期。
② 利玛窦授，[明]李之藻演：《同文算指》，载郭书春主编：《中国科学技术典籍通汇·数学卷》第 4 册，第 80 页。

(二)《同文算指》加法

在新数码系统的基础上,《同文算指》接着对四项基本运算——加、减、乘、除,进行了说明。其中,加法是最基本的——减被理解为加的逆运算,乘被理解为反复地加,除则被理解为乘的逆运算,而且乘与除的中间计算过程就是加与减。

与"定位"的结构一致,"加法"部分也是先解释一般性原则,继而给出例子。《同文算指》云:

> 凡数惟加法最易。加之不已,至于无算。故算首论加。加也,并也,积也,一也。少曰并,多曰积,皆加也。①

利氏、李氏认为加法是最容易的,因为加法就是把所有数都加起来。接着解释了加法的四个名称(加、并、积、一):少量的数相加称之为"并",许多数相加称之为"积"。之后,利氏、李氏又给出两个例子:(1)四个数相加称为"并";(2)十二个数相加称为"积"。这一术语的差别说明被加数的多少是一个重要因素。实际上,这个因素会影响计算速度和便捷程度,是我们分析的关键。

《同文算指》继续说:

> 列散数于上,各横置以类相比[如十从十,百从百,及两从两,斗从斗之类],先从小数并之,而以所得数纪于本位。下遇十则进一位,遇百则进二位。②

---

① 利玛窦授,[明]李之藻演:《同文算指》,载郭书春主编:《中国科学技术典籍通汇·数学卷》第4册,第81页。
② 同上。[ ]内为原文小字自注。

　　利氏、李氏把被加数称为"散数"。加法的一般程序有四步：(1)把各"散数"的位置对齐；(2)从低位加起；(3)得十进一位，得百进二位；(4)记录所得结果。接下来，《同文算指》以算图加上文字的方式给出两个例子(图8.3、图8.4)。

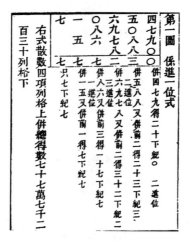

图8.3　《同文算指》加法第一图

(图片来源：利玛窦授，[明]李之藻演：《同文算指》，载郭书春主编：《中国科学技术典籍通汇·数学卷》第4册，郑州：河南教育出版社，1993年，第81页。)

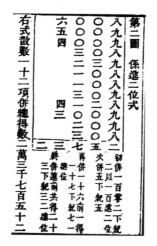

图8.4　《同文算指》加法第二图

(图片来源：利玛窦授，[明]李之藻演：《同文算指》，载郭书春主编：《中国科学技术典籍通汇·数学卷》第4册，郑州：河南教育出版社，1993年，第82页。)

图 8.2 是加法（即"并"）：710 654 + 8907 + 56 789 + 880 = 777 230。这些数字都是以新的位值制汉字书写，被加数（散数）居上，计算结果居下，两者以横线区隔开。"右式散数四项，列格上。并总得数，七十七万七千二百三十，列格下。"这句话说明计算时纸张实际分成网格状。利氏、李氏在数字之下详细解释了每一步的计算过程。例如"并四七九得二十，下记〇，二进位"，这是讲 4 + 7 + 9 + 0 之过程。然而，很明显利氏、李氏并未解释这一个位数加法是如何实施的。这里实际有三种可能：笔算、珠算和心算。下面的分析我们会发现，珠算拥有最大的可能性。

图 8.4 是讲另一个有 12 个被加数（即"散数"）的加法（即"积"）：6008 + 5009 + 4009 + 308 + 239 + 108 + 108 + 309 + 4128 + 3009 + 209 + 308 = 23 752。由于被加数太多，利氏、李氏仅解释了每一步的计算结果。例如"初并一百零二，下记二，以一百进二位"，即指 8 + 9 + 9 + 8 + 9 + 8 + 8 + 9 + 8 + 9 + 9 + 8 = 102。而这一计算究竟是怎么完成的，仍然没有说明。在这两例之后，利氏、李氏云："以上两例尽加法矣。"[1]即两位作者认为这已经包含了所有加法的可能性。

接下来，《同文算指》介绍了两种基本的验算方法（即"试法"）。其中一种试法本质上是依赖加法交换律，即 a + b = b + a，进而验证结果。另一种方法本质上是通过加法的逆运算（即减法），a + b − x + x = a + b，进而验证结果。试法的一般性原则如下：

　　一法：先自上数下，得若干，复自下数上，得若干，然后纪总。
　　一法：以减法试加，随意减一行得若干，再加所减仍得若干。[2]

之后，利氏、李氏给出了两种具体的方法，即九减、七减二法。这两种方法的本质都是运用了同余原理，即被加数被 9 或 7 除之后的余数，与它们之

---

① 利玛窦授，[明]李之藻演：《同文算指》，载郭书春主编：《中国科学技术典籍通汇·数学卷》第 4 册，第 82 页。
② 同上。

和被 9 或 7 除之后的余数是同余的。即如果 a + b + c = s，那么 a + b + c ≡ s (mod 9 或 7)。《同文算指》云：

> 又有将散数、总数错覆之者，有九减、七减二法。先减散数，余若干，次减总数，余若干，以其所余两数对列相较，同则无差，异则有差。[①]

或许由于这些方法不易理解，利氏、李氏给出了四个例子来验算之前的两例加法（即每个例子各用九减、七减一次）。图 8.5 即用九减验算第一例加法：710 654 + 8907 + 56 789 + 880 = 777 230。该图的文字解释说："此法不论进位，只以见数为准。先以散数九减之，余置于左。次以总数九减之，余置于右。俱得八，故知不差。"这一说明仅讲了该法的一般性原则，而并没有说明

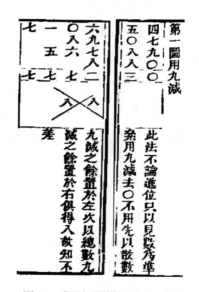

图 8.5　《同文算指》试法第一图

（图片来源：利玛窦授，[明] 李之藻演：《同文算指》，载郭书春主编：《中国科学技术典籍通汇：数学卷》第 4 册，郑州：河南教育出版社，1993 年，第 82 页。）

---

① 利玛窦授，[明] 李之藻演：《同文算指》，载郭书春主编：《中国科学技术典籍通汇：数学卷》第 4 册，第 82 页。

第八章 明清之际的数学、儒学与西学 207

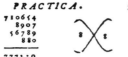

图 8.6 《实用算术概论》试法

（图片来源：Christopher Clavius, *Epitome Arithmeticae Practicae*, 1583 edition, p. 11。）

两个"八"是如何来的。当我们通读试法的其他三个例子后，大概可以明白该算法的计算过程如下：710 645 ≡ 5(mod 9)，8907 ≡ 6(mod 9)，56 789 ≡ 8(mod 9)，880 ≡ 7(mod 9)，因此 5 + 6 + 8 + 7 = 26 ≡ 8(mod 9)，同时我们也有 777 230 ≡ 8(mod 9)，这即是两个"八"的来源。然而，当我们查阅克拉维乌斯的《实用算术概论》时，可以发现克氏对之解释甚详（图 8.6），其解释是通过印度-阿拉伯数码的文字叙述完成的。这里我们可以提出两个问题：利玛窦、李之藻是如何编译《同文算指》的？试法的具体计算过程是如何完成的？

在试法例子之后，利氏、李氏云："右九减、七减法，繁碎难用。然由巧思，具至理，录之备焉。"①即评价了该法的优劣。

---

① 利玛窦授，[明]李之藻演：《同文算指》，载郭书春主编：《中国科学技术典籍通汇·数学卷》第4册，第83页。

(三)《同文算指》减法、乘法与除法

根据以上对于"加法"的解读和分析,我们可以总结其结构——而这可视作《同文算指》其他部分(减法、乘法和除法)的典范:首先,一个关于"加法"角色的一般性论述,包括了术语和加法的一般性原则;其次,给出两个特殊的加法例子,这两个例子都是通过算图和文字的方法呈现的,不过文字并未将全部计算过程描述出来;再次,论述试法的一般性原则,并给出两个具体方法;最后,基于之前两个加法的例子,给出四个试法的例子。这些例子同样是依靠算图和文字呈现的,也同样没有给出全部计算细节。

事实上,宋元时代就出现了算图与文字结合书写的方式,它对于理解计算实作十分有效。《同文算指》的算图给出了实作的图示表达,文字则给出了算图没有的细节。此外,《同文算指》总是先给出一般性方法,再给出具体的例子。这一做法来源于中国传统算学著作(如《九章算术》),显示出利氏、李氏对抽象性和普遍性的认识论价值同样看重。这些特点同样出现在"减法""乘法"和"除法"中。

对于"减法",《同文算指》首先云:

> 减与加反,用稽所余。其法先较数之多寡,多中减寡,亦自右方小数减起,以渐进位。其辨多寡之法,于左方首位辨之,首位相等,乃视次位,次复相等,逐位退求,则多寡分焉。①

利氏、李氏首先陈述减法的特性,即加法的逆运算。其次,两位作者给出了减法的一般原则:大数减小数(由低位减起)。继而给出了判断大小数的方法(由高位开始比较)。《九章算术》课分术可以用来比较两个分数的大小,不过之前的算书中没有比较整数大小的方法。很显然,这一方法比课分术更基本。在此之后,《同文算指》云:

---

① 利玛窦授,[明]李之藻演:《同文算指》,载郭书春主编:《中国科学技术典籍通汇:数学卷》第4册,第83页。

既审多寡,乃以原数列上,减数列下,依法右起,所余逐纪于下。如就多中减少者,不须别立借法,如后第一图。若少内减多,须立借法以通其变,如后第二图云。①

接着同样使用算图与文字的形式呈现该算法。不过两位作者仍然没有记载其中的中间计算步骤(即加法与减法)。在算图之后,《同文算指》又给出两种验算方法,其原则类似加法的验算。

在"乘法"与"除法"的部分,《同文算指》也是依次给出文字描述的一般性方法、算图与文字共同呈现的具体例子和验算方法。对于"乘法"和"除法",《同文算指》云:

既知加减,当论因乘。单位曰因,位多曰乘。通谓之乘。凡乘之数妙于九九。作九九图。②

凡数以少剖多,曰除,亦名归除。归者,各分所入。除者,分分、除、减,其义一也。法列原数于上层,列除数于次层。[旧以原数为实,除数为法]。从左大数除起,上下挨身列位。然必以小数系大数下。若上层原数小,下层除数大者,须退一位,系之详具左。③

另有学者认为《同文算指》中的乘法是来源于筹算乘除法,而其除法则来自西方流行的帆船法。④　然而,这仍未能解释乘法与除法计算的具体细节(即加法和减法)是如何实施的。

---

① 利玛窦授,[明]李之藻演:《同文算指》,载郭书春主编:《中国科学技术典籍通汇·数学卷》第4册,第83页。
② 同上书,第85页。
③ 同上书,第90页。[ ]内为原文小字自注。
④ Lam Lay-Yong, "On the Chinese Origin of the Galley Method of Arithmetical Division", *The British Journal for the History of Science*, Vol. 3(9), 1966; Siu Man-Keung, "*Tongwen Suanzhi* and Transmission of *bisuan* in China: From an HPM Viewpoint", *Journal for History of Mathematics*, Vol. 28(6), 2015.

　　以克拉维乌斯的《实用算术概论》为参照,可以知道西方笔算之加、减、乘、除,仅依赖纸与笔实施,其计算的几乎所有细节都是要写下来的。然而,《同文算指》中的加、减、乘、除均与此种情况不同,均缺失了重要的计算细节——加法和减法。因此,我们有必要重新检视之前认为《同文算指》传入西方笔算的结论。

　　其实,《同文算指》文本之外的计算过程存在的三种可能性,即笔算、珠算和心算,是可以同时实现的。不同的人可能会实施不同的计算过程。对于利玛窦和李之藻来说,由于他们编译《同文算指》的基础是《实用算术概论》,因此他们很可能在文本之外也使用笔算。然而,对于明清之际的一般读者来说,却很可能由于计算的便捷性而选择珠算来实施文本中没有呈现的计算过程。徐光启的学生孙元化(1581—1632)撰写了《太西算要》,该书是中国人研究西方笔算的著作。[1] 孙氏云:"概言之,笔雅于珠。辨于珠,析言之,则加法珠便于笔,减法之便等,乘法即珠不若笔,分法则笔之便也十倍矣。若夫开方,非珠之所能尽且明也。故算愈难而西法愈显。"[2]这就是说,珠算在进行加法与减法运算时,其便捷性优于西方笔算。由于《同文算指》中缺失的计算细节几乎全部是加法和减法,因此对一般性读者而言使用算盘来操作是更便捷和自然的。换言之,在阅读《同文算指》之后,读者可能同时使用珠算和笔算来实施其中的计算。[3] 心算在一些情况下是可能实施的,但是对大部分读者来说,不太可能在所有的情况下使用心算。

(四)两种算法传统与西方笔算的关系

　　以下我们通过重新审视《同文算指》的编撰背景来呈现儒家与算家两种算法传统对西方笔算的反应。利玛窦与李之藻是万历二十九年(1601)相遇

---

① 尚智丛:《〈太西算要〉发掘与探析》,《自然科学史研究》1998 年第 3 期。
② [明]孙元化:《太西算要》,上海文物保管委员会主编:《徐光启著译集》,上海:上海古籍出版社,1983 年,第 2a 页。
③ 詹佳玲(Catherine Jami)得到了与笔者几乎相同的结论,参见 Catherine Jami, "Beads and Brushes: Elementary Arithmetic and Western Learning in China, 1600-1800", *Historia Scientiarum*, Vol. 29(1), 2019。

的。① 其时,利玛窦居住在北京,已经是一位有名的耶稣会士。通过利玛窦,李之藻学习了西方数学、天文、地理等知识。万历三十一年,李之藻主持福建乡试,出了一道天文算题,显示出李氏对西学的信心。② 三十八年,李之藻受洗成为天主教徒。从万历三十一年起,通过利玛窦授、李之藻演的方式,两人共同在《实用算术概论》的基础上编译《同文算指》。这一合作形式与利玛窦和徐光启合作翻译《几何原本》时如出一辙。《同文算指》的成书不晚于万历三十六年,但成书后并没有马上刊印。在利玛窦去世之后,李之藻继续与徐光启讨论是书,最终于万历四十一年定稿,包括更多中西来源的算书。因此,是书可被视为中西交流史上的典范之一。

科学史学科创始人萨顿(George Sarton,1884—1956)认为克拉维乌斯是文艺复兴时期最有影响力的教师。1555 年,克氏加入耶稣会。1565 年起,克氏在罗马教授数学,并在耶稣会罗马公学院(Collegio Romano)服务超过四十年。作为一个天文学家,克氏最重要的工作是改革儒略历(the Julian calendar)。作为一个数学家,克氏完成了多项工作,包括编辑《几何原本》(Euclidis Elementorum libri XV),完成《实用算术概论》(Epitome Arithmeticae Practicae)、《代数学》(Algebra)和《实用几何》(Geometria Practica)等。他的许多著作被他的学生利玛窦带到中国。而且,克氏为耶稣会建立了数学学习大纲(Ordo servandus in addiscendis disciplinis mathematicis,1579—1580)。就此而言,利玛窦与李之藻对《同文算指》的编译和利玛窦与徐光启对《几何原本》的翻译一样,都是在中国重建耶稣会教育的一部分。

然而,与对中国人来说几乎全新的几何学不同,算术在中国有悠久的历史。春秋时期,算筹就已经被用于计算。兴起于南北朝的儒家算法传统则一直以笔计算。宋元时期,秦九韶、李冶、杨辉等人都用算图、算式辅以文字来书写算法,杨辉更使用四种数码系统来书写计算过程。③ 明朝以降,算盘的

---

① 方豪:《李之藻研究》,台北:台湾商务印书馆,1966 年,第 21 页。
② 郑诚:《李之藻家世生平补正》,《清华学报》(新竹)2009 年第 4 期;徐光台:《西学对科举的冲激与回响——以李之藻主持福建乡试为例》,《历史研究》2012 年第 6 期。
③ 朱一文:《数学的语言:筹算和文本——以天元术为中心》,《九州学林》2010 年第 4 期;朱一文:《从宋代文献看数的表达、用法与本质》,《自然辩证法研究》2020 年第 12 期。

使用占比逐渐增加,吴敬《九章算法比类大全》很可能是筹珠并用的作品。[1]
该书记录了用来做乘法的"写算",该法又称为"铺地锦",一般认为可以追溯
到阿拉伯数学。[2] 在《同文算指》成书之前,中国人做数学就已经同时需要依
靠笔和算盘。[3] 这种情况在方程术中尤其明显,例如《算法统宗》里的方程记
录了起始和中间的计算结果,却没有具体计算过程(即可能是用算盘实施
的)。[4] 这些历史背景有助于我们理解《同文算指》"前编"开篇对筹算、珠算
和笔算历史的叙述。明末孙元化说:"笔雅于珠",无疑是采取了儒家"重道
轻器"的认识论价值。清初的梅文鼎(1633—1721)也说:"然观《九章》中盈
朒、方程必列副位厥用,仍资笔扎。"[5]因此,当《同文算指》传入西方笔算时,
其文本内计算过程的被接受实际借助了儒家以笔计算的做法,其文本外的计
算过程则分享了在加减方面算盘更为便捷的认识。

综上所述,利玛窦与李之藻编译《同文算指》的目的之一固然是希望介
绍西方的算术,尤其是笔算。然而,其时笔算和珠算在中国都已经有了很深
厚的文化土壤,当西方笔算进入这一土壤之后,明清之际的读者很自然地将
之根据中国本土情况进行调整和变化。这即是说"笔雅于珠"的儒家观念以
及儒家以笔计算的悠久传统,提供了接纳《同文算指》笔算论述的基础;珠算
加减法比笔算便捷以及珠算在当时中国数学的主导地位,则促使时人用算盘
来完成《同文算指》中文本计算中缺失的部分。《同文算指》编译的结果之一
是提供了一种全新的汉字数字的位值制写法,结果之二是在算学领域中笔算
逐渐取得超过珠算的地位。这两点都深刻影响了清代的算学研究。

---

[1] 钱宝琮主编:《中国数学史》,第 138 页。

[2] 该法又称为"格子算法",参见 Siu Man-Keung, "*Tongwen Suanzhi* and Transmission of *bisuan* in China:From an HPM Viewpoint",*Journal for History of Mathematics*, Vol. 28(6), 2015。

[3] 李迪认为宋代算家就已经使用笔算。参见李迪:《宋元时期数学形式的转变》,载李迪:《中国科学技术史论文集》,第 219—233 页。

[4] 钱宝琮很早就认识到这一点,他说:"明代珠算盛行后,筹算法废弃不同,当时的数学家解一次方程组问题,演算需用笔记……"(钱宝琮:《秦九韶〈数书九章〉研究》,载钱宝琮等:《宋元数学史论文集》,第 92 页。)

[5] 梅文鼎:《笔算》,雍正元年(1723)颐园藏版,第 1a 页。

二、黄宗羲的数学、礼学与西学

黄宗羲是明末清初大儒,既长于经学、善天文历算,又通西学。以往科学史界对其关注集中于黄氏与方以智(1611—1671)同为提出"西学中源"思想的先驱①、其天文学成就与西学之关系等议题。② 其实,黄氏注解儒经延续并发展了儒家算法传统,而又与方氏家族不同,明确否定了宋儒象数派易学研究。因此,其著述是考察明清之际数学、儒学(礼学与易学等)与西学三者互动的理想文本。遗憾的是,黄氏所撰数学著作如《勾股图说》等今已散佚不存。笔者发现《答刘伯宗问朱子壶说书》是难得展现黄氏数学实作的文献,从中可见其对儒家算法传统的继承与发展,有助于深化明清之际数学之西学东渐议题。

《答刘伯宗问朱子壶说书》是黄宗羲回答刘伯宗关于《礼记·投壶》问题的书信。刘伯宗应是明末诗人刘城(1598—1650),字伯宗,贵池人,著作有《峄桐集》传世。黄宗羲与其"抄书结社",③并对其评价甚高,云:"为人平易,无次尾之锋芒。虽挂名防乱揭,阮大铖亦不忌之。戊寅,余信宿其家,四壁图书,不愧名士也"。④ 据此推测,黄氏《答刘伯宗问朱子壶说书》应完成于戊寅年——崇祯十一年(1638)之后、顺治七年(1650)之前。

(一)《礼记·投壶》文本研究与投壶游戏之关系

《礼记·投壶》中的数学问题是儒家算法所依赖的经典文本语境。该问

---

① 例如席泽宗主编:《中国科学技术史·科学思想卷》,北京:科学出版社,2001 年,第 489 页。
② 见杨小明:《黄宗羲的科学研究》,《中国科技史料》1997 年第 4 期;杨小明:《黄宗羲的天文历算成就及其影响》,《浙江社会科学》2010 年第 9 期;沈定平:《清初大儒黄宗羲与西洋历算之学》,《北京行政学院学报》2017 年第 2 期;等等。
③ [明]黄宗羲:《感旧》,沈善洪主编:《黄宗羲全集》第 11 册,杭州:浙江古籍出版社,1985 年,第 224 页。
④ [明]黄宗羲:《思旧录》,沈善洪主编:《黄宗羲全集》第 1 册,第 357 页。

的数学隐题来源于郑玄注,郑氏给出算法但并未明确数学问题与计算细节。① 唐代孔颖达等为之"正义",补充了细草;该问又被收入《五经算术》,甄鸾、李淳风等给出算家做法。② 朱熹晚年编撰《仪礼经传通解》对郑玄等予以批评,并给出不同解答。③

对于投壶游戏的历史,揣静的硕士学位论文《中国古代投壶游戏研究》做过专题研究。《礼记》记载的投壶是一种礼仪,通常认为是由射礼之一的燕射转化而来④。在空间、人数等受限或者宾主不擅射箭的情况下,投壶便可替代燕射。投壶礼大致有下面八个步骤⑤:(1)主人邀请宾客投壶,宾客遵从;(2)主人引导宾客就投壶之宴,并授矢;(3)司射设置壶、中、算等器物;(4)司射宣布规则,并命令乐工奏《狸首》等乐曲;(5)游戏开始,宾主依次投壶,共投四矢,投中者以算记分;(6)计算算筹,多者胜;(7)负者喝罚酒;(8)重复步骤5—7,即进行三局两胜,为胜者庆祝。汉代"投壶"画像石生动地描述了当时宾主投壶的场景(图8.7)。

图 8.7 汉代"投壶"画像石

(图片来源:中国画像石全集编辑委员会编:《中国画像石全集(第6卷):
河南汉画像石》,郑州:河南美术出版社,2000年,第86页。)

---

① 见本书第二章第一节。
② 见本书第五章第二、三节。
③ 见本书第六章第一节。
④ 依据《仪礼》,射礼有乡射、燕射、大射三种。郑玄云:"投壶,射之细也。射谓燕射。"([汉]郑玄注,[唐]孔颖达等疏:《礼记正义》,[清]阮元校刻:《十三经注疏》,第1667页。)
⑤ 揣静:《中国古代投壶游戏研究》,陕西师范大学硕士学位论文,2010年,第10—13页。

投壶之礼兼具礼仪与游戏的性质,随着时代的变迁,其器物、规则都有所改变。《礼记》所规定的壶尺寸,壶颈长 7 寸,按周代 1 寸=2.31 厘米计算,约为 16.17 厘米;壶腹高 5 寸,约为 11.55 厘米;口径 2.5 寸,约为 5.78 厘米;壶总高 12 寸,约为 27.72 厘米。郑玄注壶腹直径 9 寸多,按甄鸾计算约 9.29 寸,相当于 21.47 厘米,于是壶高与腹径之比约为 12∶9.29=1.29∶1。如果根据《礼记》经文给出的容积 1 斗 5 升,按孔颖达等之计算则为 8 寸多,约为 18.48 厘米强。如此壶总高与壶腹径比约为 12∶8.48=1.42∶1,略大于郑玄注。笔者以 1.29∶1(郑玄注)、1.42∶1(《礼记》)两个比例来考察经典及其注疏所载与考古出土实际用壶之间的差异。

1975 年山东省莒南县大店莒国殉人墓出土一只春秋时期陶壶,残高 26 厘米,腹径 19.8 厘米,底径 17 厘米(图 8.8 甲)。此壶口沿已残,实际高度应略高于 26 厘米。腹径长度,及壶高与腹径之比(1.31∶1)介于《礼记》与郑玄注之间。1977 年河北省平山县三汲寸战国中山王墓出土一只战国时期铜壶,高 58.8 厘米,口径 24.5 厘米(图 8.8 乙)。该壶为圆柱体,与《礼记》不符。壶高与直径比(2.4∶1)也远大于《礼记》及郑玄注。由此可见,《礼记》及郑玄注可以部分地反映出春秋战国时期投壶尺寸情况。[①]

1969 年河南省济源县(今济源市)泗涧沟曾出土一只西汉陶壶,高 26.6 厘米,颈高 13 厘米,口径 4 厘米(图 8.8 丙)。其总高与腹径比(目视约为 1.8∶1)大于《礼记》及郑玄注。2002 年东龙山东汉墓出土了一只绿釉陶投壶,口径 4.5 厘米,高 24 厘米(图 8.8 丁),形制接近《礼记》所载。实际上,如果考虑到汉代一尺长度有时比周代短,将厘米转换回汉代尺寸(按 1 寸=2.135 厘米),那么这两例投壶尺寸很接近《礼记》所载。此外,如果我们考察汉代画像石(图 8.7)中间投壶的总高与腹径之比,约在 1.2 至 1.3 之间,基本

[①] 据此,在假定《礼记》投壶篇能够完全反映现实的前提下,我们可以推断其对应的时代不晚于春秋。

符合郑玄注。因此，我们可以认为《礼记》经文与郑玄注大致符合汉代投壶的实际情况。

晋代虞檀《投壶变》叙述了投壶游戏的变化。1972年陕西礼泉县唐越王李贞（627—688）墓出土了一件三彩投壶（图8.8戊），高35厘米，颈部两侧有双耳。按唐代1寸＝3.07厘米换算，此壶高度约为11.4寸，近于《礼记》所载。但是此壶高与腹径比明显过大（目视约为1.8∶1），而且双耳的出现说明其规则也有所改变，即矢可以投入壶耳。[①] 唐代诗人韩愈（768—824）说："公与宾客朋游，饮酒必极醉，投壶博弈，穷日夜，若乐而不厌者。"[②]这说明投壶已经开始带有更为纯粹的游戏性质。因此，《礼记·投壶》的文本研究与投壶游戏之实际在唐代逐渐形成分野。前文所论孔颖达与李淳风等对《礼记·投壶》之注解属于文本研究，与唐代投壶的实际已经不同。

甲：春秋　　乙：战国　　丙：西汉　　丁：东汉　　戊：初唐

图8.8　出土投壶

（图片来源：甲、乙、丙：中国画像石全集编辑委员会编：《中国画像石全集（第6卷）：河南汉画像石》，郑州：河南美术出版社，2000年，第86页；丁、戊：王建玲：《投壶——古代寓教于乐的博戏》，《文博》2008年第3期，第77页。）

北宋司马光《投壶新格》记载了当时投壶游戏的多种玩法和种类，其中确有投壶有足有耳（图8.9）。这说明宋代学者对于《礼记·投壶》文本的经学研究与当时投壶游戏实际情况的差异已经十分巨大。这一差异也延续到元明时代。

---

① 晋代虞檀《投壶变》与宋代司马光《投壶新格》均对投壶规则的变化有所论述。
② ［唐］韩愈：《韩昌黎全集》（下册），北京：燕山出版社，1996年，第754页。

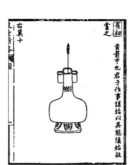

图 8.9　《投壶新格》之投壶

（图片来源：[宋]司马光：《投壶新格》，叶启倬辑：
《郎园先生全书》第 112 册，长沙：民治书局，1935 年，第 328 页。）

宋元之际，学者熊朋来（1246—1323）之《五经说》从文本与现实之间的差别对之有所分析，熊氏云：

大小戴记皆有《投壶》篇，而文小异。《大戴记》注云：壶高尺二寸，受斗五升。《小戴记》注又曰：腹容斗五升，三分益一为二斗，得圜囷之象，积三百二十四寸也。以腹修五寸约之，圜周二尺七寸有奇。是腹径九寸强，而口径二寸半也。尝试思之，以周尺比今之尺，则尺二寸仅七寸许。而腹围二尺七寸有奇，则与近世铸者所差无几。腹径之度不相远，而胆修、腹修之度不同。每以周尺较古人壶与樽之度，知古者席地而坐，其用器物皆不必甚高。其受斗五升，又未知古人之量何如也。①

熊氏注意到《礼记》与《大戴礼记》皆有投壶。他认为两者描述的投壶尺寸都讲的是周代的情况，考虑到周代尺度与宋代之不同，故周代投壶较矮，然而他不知周代量度与宋代的差别。熊氏续云：

---

① [元]熊朋来：《五经说》，载《景印文渊阁四库全书》第 184 册，第 328—329 页。

陈太常《礼书》谓：壶当如释奠壶尊，又谓如著尊不用足。今壶尊亦有足，欲如著尊著地无足者，今尺二寸之度，表里如一，其中可受斗五升。愚案：陈氏但知壶之可无足，不知壶之可无耳也。注云：壶制惟腹口颈三体。小戴言即大戴所谓胆，大小戴所记皆未尝言耳。古者宾席主席同时并投。当其宾主，般还曰辟，皆拜而受矢。揖宾就筵，司射进席壶间。注云度壶度其所设之处。壶去坐二矢半，则堂上宾席主席斜行各七尺，宾党于右，主党于左。有胜，则司射以奇筭，告曰：某贤于某党。钧则曰：左右钧。宾主耦射，二席并设，各如今壶样，夹以两耳，则自宾席主席望之，皆不得其正。以此知投壶不当有耳。惟其无耳而但取中于口，是以主宾之席皆可正面投之。如齐晋之射，足以为乐。若特谓耳小于口，而赏其用心愈精，遂使耳筭倍多，人争偶尔之侥幸。舍中正而贵旁巧，又焉足贵哉。此虽前贤所定以投耳，经无明文不敢曰然。壶口径周尺二寸半，不尤小于今之壶耳哉。①

熊氏引元儒陈澔（1260—1341）之《礼记集说》，陈氏认为投壶可以无足，然不知投壶也可以无耳。熊氏进而论证无耳投壶的可行性，熊氏云：

拟合止存，有初有终，连中全壶，骁箭倚竿散箭，余皆不筭。如骁箭本非古以不远，复善补过，存之倒中，则壶中之筭尽废。小戴附鼓节，大戴附歌诗。大戴又曰：鹿鸣商齐皆可歌，则不但奏狸首而已。投壶古逸礼篇名，故二戴皆记之。②

熊氏认为《礼记》投壶的口径小于宋代之壶耳，表明其已经充分认识到经文与投壶游戏之间的差别。

---

① ［元］熊朋来：《五经说》，载《景印文渊阁四库全书》第 184 册，第 329 页。
② 同上。

明清时期,投壶形式进一步演变(如图 8.10),诸儒对《礼记·投壶》的注解亦越来越于实际之投壶无涉。

图 8.10　明宣宗投壶图
(图片来源:[明]商喜:《明宣宗行乐图》,北京故宫博物院藏。)

(二)黄宗羲对《礼记·投壶》之注解

黄宗羲在《答刘伯宗问朱子壶说书》中对《礼记·投壶》的探讨依然属于文本研究,尚不涉及与实际投壶游戏之差别。黄氏的探讨分为三部分,第一部分转述郑玄、孔颖达等之做法,第二部分评论郑玄注,第三部分评论朱熹注解。下面依次分析。黄氏云:

《投壶》经言"壶颈修七寸,腹修五寸,口径二寸半,容斗五升。"郑注"腹容斗五升,三分益一,则为二斗。积三百二十四寸。[算法:方一寸高十六寸二分为一升,方一寸高一百六十二寸为一斗,故二斗得积三百二十四寸。]以腹修五寸约之所得。[五寸约之者,于五寸之中,截其一寸,取三百二十四寸之积五分之,其一分得积六十四寸八分。]求其圆周,得二尺七寸有奇,是为腹径九寸有余也。[以圆求方,须三分加一。六十四寸八分,分为三分,每一分有二十一寸六分,

加一分于六十四寸八分之中,共八十六寸四分,是一寸方积之数。以
方积开之,九九八十一,则一面有九寸强。四面凡有三十六寸强。又
以方求圆,四分去一,是为圆周二尺七寸有奇。围三则径一,故腹径
九寸有余也。]"①

首段之中,黄宗羲重述了郑玄注与孔颖达等疏。依据《礼记》经文给出
的数据,壶分成颈和腹两部分(均为圆柱体):壶颈高 7 寸,壶口直径 2.5 寸;
壶腹高 5 寸,容积 1 斗 5 升。郑玄注之目的是计算壶腹直径。郑氏的做法是
不给出理由地将壶腹的容积加上其 1/3,得到 2 斗(即 1 斗 5 升 + 5 升 = 2 斗)。
2 斗的容积对应为 324(立方)寸的体积。孔颖达疏说明:一个截面为 1 平方
寸、高 16 寸 2 分的长方体相当于 1 升之容积;1 个截面为 1 平方寸、高 162 寸的
长方体相当于 1 斗之容积。因此,2 斗之容积相当于 324(立方)寸。郑玄继之
将 324 寸除以其高 5 寸,即得壶腹之底面积。孔氏算得其值为 324(立方)寸 ÷
5 寸 = 64.8(平方)寸。64.8(平方)寸可以理解为一个宽 1 寸、长 64 寸 8 分的长
方体面积,即 64 寸 8 分。在得到壶腹底面积之后,郑玄直接指出其周长为 2 尺
7 寸多、直径为 9 寸多。孔颖达疏补充了算法:"以圆求方,须三分加一",即取
$\pi = 3$,将 64.8(平方)寸加上其 1/3(即 21.6 寸),得 86.4(平方)寸,为壶腹外接方
之面积。开方得该方边长 9 寸多,周长 36 寸多。"以方求圆,四分去一",即取
$\pi = 3$,将 36 寸多减去其 1/4,得 27 寸多,即为壶腹底之周长;除以 3,即得 9 寸多
为其直径。黄氏的重述基本符合《礼记》今传本的记载。黄氏续云:

按郑氏此说,皆整数二斗之积也。然以二斗之积,四分去一,则
与经文斗五升合矣。故朱子欲去二斗虚加之数,是也。其实斗五升
之积,为二百四十三寸,以腹修五寸约之,五取一焉,得四十八寸六
分,即圆积也。圆积求径,三归四因开方之,是为腹径八寸四厘有奇。

① [明]黄宗羲:《答刘伯宗问朱子壶说书》,沈善洪主编:《黄宗羲全集》第 10 册,第 175 页。
[ ]内为原为小字,乃孔氏等注解。

圆积求周,十二因开方之,是为圆周二尺四寸一分四厘有奇。若郑氏三分益一以为二斗,方积六十四寸八分。既有虚加之数,则当用圆田法,即以六十四寸八分者开方之,径得八寸四厘奇,三因于径,周得二尺四寸一四,亦如前法。①

第二段黄宗羲肯定朱熹去"虚加之数"的做法。② 朱熹认为郑玄将壶腹容积 1 斗 5 升加上其 1/3 得 2 斗,是"虚加之数"。因此,2 斗应该减去其 1/4,得到经文 1 斗 5 升。并认为郑玄将壶腹容积加上其 1/3 是得到了壶腹的外接长方体容积(按以圆求方,三分加一)。黄氏计算 1 斗 5 升之积,相当于体积 243(立方)寸,该值除以 5 寸,得 48.6(平方)寸或 48 寸 6 分,即壶腹圆底面积。按《九章算术》中求圆面积之公式 $S = \frac{3}{4}D^2$(取 $\pi = 3$),则已知圆面积求直径,应该除以 3 乘以 4 并开平方(三归四因开方之),得壶腹直径 8 寸 4 厘多。《九章算术》又有圆面积公式 $S = \frac{1}{12}C^2$(取 $\pi = 3$),则已经圆面积求周长,应该乘以 12 并开平方(十二因开方之),得壶腹周长 2 尺 4 寸 1 分 4 厘多。甄鸾、李淳风等在《五经算术》中的计算思路是:先将圆面积乘以 12 开方求得圆周,再除以 3 求得直径。③ 黄氏并未给出这两处计算的具体细节,但其思路与甄氏、李氏接近。黄氏继续指出,按照郑玄 2 斗之积计算,得到 64.8(平方)寸,是壶腹外接长方体之方形底面积。开方得 8 寸 4 厘多,即是正方形边长、也是其内接圆的直径。乘以 3,得到 2 尺 4 寸 1 分 4 厘多,为周长。黄氏又云:

　　朱子以积求径之法,谓广六十四寸八分。此六十四寸者,自为正方,又取其八分者,割裂而加于正方之外,则四面各得二厘五毫之数,

① 　[明]黄宗羲:《答刘伯宗问朱子壶说书》,沈善洪主编:《黄宗羲全集》第 10 册,第 175—176 页。
② 　详见本书第六章第一节。
③ 　详见本书第五章第三节。

径为八寸五厘。此则朱子不明算法,而不自知其误也。夫正方六十四寸,则一面得八寸,试割二分加之,每寸得二厘五毫。四面皆然,则八分者无余矣。而四角各缺方二厘五毫,将何以补之哉? 故开方之术,中间正方,谓之方法。正方之外,割裂而加之者,谓之廉法。补之于角者,谓之隅法。有廉则必有隅,朱子所言有廉而无隅,零星补凑,愈密则愈疏矣。是故六十四寸八分,开方八寸四厘有奇,而不可以为八寸五厘也。今为图见后页。①

最后一段中,黄宗羲批评朱熹开方的做法。朱熹把 64.8(平方)寸开方,是先取 64(平方)寸组成一个 8 寸×8 寸的正方形。接着把 0.8(平方)寸延展为四部分,每部分为长 8 寸、宽 2 厘 5 毫(0.025 寸)的长方形。把它们加在 8 寸×8 寸的正方形的四边,则组成一个 8 寸 5 厘(8.05 寸)的正方形。黄氏认为朱熹的做法忽视了所缺的四个角,每个角为边长 2 厘 5 毫的小正方形(见图 8.11),是"不明算法,而不自知其误也"。黄氏继续评论道:"开方之术",中间的正方形称为"方法",加在旁边的长方形称为"廉法",而角落则称为"隅法"。朱熹的做法是"有廉而无隅",所以"零星补凑,愈密则愈疏"。

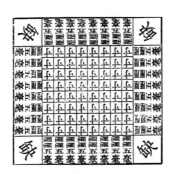

图 8.11　黄宗羲批评朱熹开方算法图

(图片来源:[明]黄宗羲:《答汪魏美问济洞两宗争端书》,载沈善洪主编:
《黄宗羲全集》第 10 册,杭州:浙江古籍出版社,1985 年,第 177 页。)

---

① 　[明]黄宗羲:《答刘伯宗问朱子壶说书》,沈善洪主编:《黄宗羲全集》第 10 册,第 176 页。

实际上,朱熹的做法是延续了皇侃、孔颖达、贾公彦等人的儒家开方算法。其特点是不使用算筹,而通过切割和拼接图形来达到开方的目的;并且,与传统算家把开方理解为"求方幂之一面"(求正方形的一边)不同,儒家开方算法把开方理解为已知一长方形(即积)而求与之面积相等的正方形的过程。就此而言,朱熹把前人加于两面的做法改为加于四面,实际对儒家开方传统有所推进。朱熹不考虑四个小角,也是延续了贾氏等的做法,取其约数。值得注意的是,黄宗羲的批评中用到了筹算开方术的术语"方法""廉法"与"隅法"。这些术语在《九章算术》开方术文本中并未出现,在刘徽注中亦没有系统使用,最先将之运用并规范开方术文的是《孙子算经》。同时,黄氏批评的逻辑实际是借助刘徽等对于筹算开方术的几何解释,但是朱熹等是将其几何解释直接实施为关于图形的数学实作,两者并不完全在一个层面上。由此可见,黄宗羲引传统算学的开方术评论郑玄、朱熹等的儒家开方算法,是试图用前者来调和后者,认为经学研究中应该直接应用传统算学。

　　总之,黄宗羲的数学实作反映了他在承认传统儒家算法传统的基础上,引入传统算学来批评前者。就此而言,黄氏无疑是希望融合算学与经学研究的。从学术理论上看,与郑玄的做法类似。实际上,黄氏《叙陈言扬勾股述》云:"数百年来,精于其学[①]者,元李冶之《测圆海镜》,明顾箬溪[②]之《弧矢算术》,周云渊[③]之《神道大编》,唐荆川[④]之《数论》,不过数人而已。"[⑤]显然也表明了其自认属于自李冶而下的算法传统。黄氏又云:"珠失深渊,罔象得之,于是西洋改容圆为矩度,测圆为八线,割圆为三角,吾中土人士让之为独绝,辟之为远天,皆不知二五之为十也。"以及"使西人归我汉阳之田。"[⑥]由此可见,黄氏将传入的西方三角学理解并归入勾股类问题。因此,我们可以认为:

----

① 指勾股之学。
② 即顾应祥。
③ 即周述学。
④ 即唐顺之。
⑤ [明]黄宗羲:《叙陈言扬勾股述》,沈善洪主编:《黄宗羲全集》第 10 册,第 37 页。
⑥ 同上书,第 38 页。

黄宗羲认为西方数学与算家与儒家两种算法传统都有密切的关系,并倾向于对这三者进行融合。

三、方中通的数学、易学与西学

明清之际的方氏学派是安徽桐城地区最重要的易学世家。方学渐(1540—1615)著有《易蠡》,其子方大镇(1560—1629)著有《易意》和《野同录》,大镇之子方孔炤(1590—1655)精通易学,著有《周易时论》,是为方氏易学的代表作。孔炤之子方以智为此书作跋又加按语,并命方中德(1632—?)、方中通、方中履(1638—1689)三子将前后稿整理成书,是为《周易时论合编》,方以智又编《图象几表》置于书前。① 《周易时论合编》之中,已有大量算学内容渗透进象数学。② 此外,方以智的外祖父吴应宾(1564—1635)著有《学易斋集》,其祖父之弟方鲲著有《易荡》,其师王宣著有《风姬易溯》和《孔易衍》。方氏学派亦多擅长自然科学。在家学的影响下,方中通早年便对象数学和算学产生了兴趣。

朱伯崑认为《周易时论合编》进一步吸收了元明以来象数之学的成果,并在其基础上有新的发展,最终完成了象数学派本体论的体系,是总结象数之学的重要著作;与此同时,该书将象数之学推向极端,遭到义理学派和考据学派王夫之、黄宗羲、黄宗炎、毛奇龄、胡渭等人的否定,亦标志着宋易象数流派的终结。③ 其实,方中通所撰《数度衍》对河洛象数之学亦有发展,但长期以来,该书被认为是一部数学著作(《四库全书》将之收入子部天文算法类),从而使得学者们不仅忽视了其易学贡献,而且未意识到该书是宋易象数之学

---

① 朱伯崑:《易学哲学史》第3卷,第336—338页。
② 关于此书的易学思想及与算学的关系,参见张永堂:《方孔炤〈周易时论合编〉一书的主要思想》,《成功大学历史学报》1985年第12期;李忠达:《〈周易时论合编·图像几表〉的〈易〉数与数学:以〈极数概〉为核心》,《清华学报》(新竹)2019年第3期。
③ 朱伯崑:《易学哲学史》第3卷,第348页。

在算学领域内的新发展。① 因此,象数派易学研究在方氏以后并未终结,而是从易学领域转换至算学领域。就此而言,在易学与数学关系史上,《数度衍》占有十分重要的位置。

(一)《数度衍》对河图洛书与中国传统算学关系的建构

《数度衍》的象数学背景十分明显。是书家序"药地老人②示"云:"漆园《天下》篇曰:'明于本数,系于末度。'吾谓数自有度。《易》曰:'制数度以议德行。'神自无方,准不可乱。舍日无岁,无内无外。秩序变化,原同一时,因其条理而付之中节之谓度。故曰:一在二中,物自献理,谁能惑我? 然则数乃质耳,度也者,其大本之时几乎? 泥于数则技,通于数则神。汝既知数,即可以此通神明、类万物矣。专精藏密,勉之勉之。"③之后,方中德语说明了是书的写作目的和成书过程:"此大人见《数度衍》而勉二弟之语也。弟之所研者,十余年矣。初大人庐墓合山,重编《时论》时,衍极数以示德等,弟退即变数十图以进。大人甚喜,因命精数,弟遂发明勾股出于河图,加减乘除出于洛书。既而玩泰西诸书,乃合笔、筹、珠三法,而穷差别于《九章》已。三弟得尺算一法,即以贻弟,复数昼夜而尽其变,可谓精矣。方弟之著是书,独处一室,废寝食而寒暑不缀。故宜其探赜索隐,钩深制远,莫不具也。"④因此,《数度衍》是在《周易时论》的基础上,以"勾股出于河图,加减乘除出于洛书"来重构古代算学知识体系,由此将数与算结合起来。

《数度衍》共 8 册,分别命之以八卦之名:"乾、坤、震、巽、坎、离、艮、兑",对

---

① 学术界对方中通《数度衍》的研究主要集中在其数学成就上,例如严敦杰:《方中通〈数度衍〉评述》,《安徽史学》1960 年第 1 期;郭世荣:《方中通〈数度衍〉中所见的约瑟夫问题》,《自然科学史研究》2002 年第 1 期;杨玉星:《清代算学家方中通及其算学研究》,台湾师范大学数学系硕士学位论文,2003 年;徐君:《略论方中通"四算"研究及其特点》,《内蒙古师范大学学报(自然科学版)》2004 年第 1 期;等等。吴文俊主编《中国数学史大系》第 7 卷(第 131—138 页)则对该书做了介绍。唯萧箑父也认为方中通《数度衍》是宋易象数学派的发展,但并未作具体论述。参见萧箑父:《中国哲学史史料源流举要》,武汉:武汉大学出版社,1998 年,第 90 页。萧氏观点系由潘澍原告知,在此表示感谢。
② 即方以智。
③ [清]方中通:《数度衍》,靖玉树编《中国历代算学集成(中)》,第 2556 页。
④ 同上。

应不同之算学内容①。是书"凡例"方中通云:"此书明勾股出于河图,加减乘除出于洛书。知一切不外河洛也,故首言其原。黄钟为数之始,故次律衍。线面体之理,尽于《几何》,故约之。至于历法别有专书。"②因此,是书欲建立河图洛书与算学之关系。方氏又云:"西学精矣,中土失传耳。今以西学归《九章》,以《九章》归《周髀》。《周髀》独言勾股,而《九章》皆勾股所生。故以勾股为首,少广次之,方田次之,商功次之,差分次之,均输次之,盈朒次之,方程次之,粟布次之。"③方中通与当时数学界多有交往,早年受其家学影响,随波兰传教士穆尼阁(Jan Mikołaj Smogulecki,1610—1656)学习数学,康熙年间则多次与梅文鼎交流。据此调整了传统算学的《九章算术》结构,并增设了西方数学几何学的内容。

《数度衍》开篇"数原"即是对"勾股出于河图,加减乘除出于洛书"的解释。方中通云:

> 通曰:九数出于勾股,勾股出于河图,故河图为数之原。《周髀》曰:"勾广三,股修四,径隅五。"天数二十有五,弦之开方也。河图之数五十有五,中五不用,用其五十,合勾自之、股自之、弦自之之数也。勾三,阳数也,居左。和弦而为八,故八与三同位。股四,阴数也,居右。和弦而为九,故九与四同位。弦五,勾股所求之数也,居中。勾弦较得二,居上。股弦较得一,居下。勾弦较与弦和为七,故七与二同位。股弦较与弦和为六,故六与一同位。弦居中,倍为十,而倍之之数不可用,故洛书不用十也。勾股左右,两较上下,四和四围,岂偶然哉!勾不尽于三,而始于三。股不尽于四,而始于四。弦不尽于五,而始于五。较不尽于一、二,而始于一、二。和不尽于六、七、八、九,而始于六、七、八、九。此勾股之原也。④

---

① 关于各册对应的数学内容,参见郭书春主编:《中国科学技术史:数学卷》,第637页。
② [清]方中通:《数度衍》,靖玉树编:《中国历代算学集成(中)》,第2557页。
③ 同上。
④ [清]方中通:《数度衍》,靖玉树编:《中国历代算学集成(中)》,第2561页。

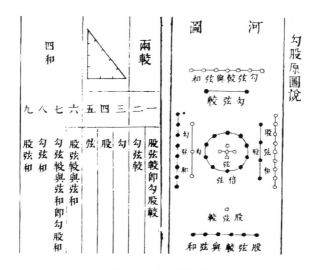

图 8.12　方中通河图

（图片来源：[清]方中通：《数度衍》，靖玉树编《中国历代算学集成（中）》，

济南：山东人民出版社，1994 年，第 2561 页。）

　　方中通解释"勾股出于河图"的总体思路是把河图中 1 至 10 这十个数字都与勾股数关联起来，从而说明河图中蕴含了勾股数（图 8.12）。在《周髀算经》勾 3（设为 a）股 4（设为 b）弦 5（设为 c）的基础上，方氏以 1 为股弦较或勾股较（c－b 或 b－a），2 为勾弦较（c－a），3、4、5 为勾股弦（a、b、c），6 为股弦较与弦和（c－b＋c），7 为勾弦较与弦和或勾股和（c－a＋c 或 a＋b），8 为勾弦和（a＋c），9 为股弦和（b＋c），10 为两倍的弦（2c）。方氏又按易学传统，以奇数为阳（以黑点表示）、偶数为阴（以白点表示）。这些做法实质是将易学的黑白点表数与数学的线段表数相等价，可视为杨辉做法的拓展。[1]方氏云"天数二十有五，弦之开方也。"即指 25 为弦平方（c^2），然此处云"开方"是沿用了孔颖达、贾公彦等儒家算法传统的术语，实为平方，与传统算学之"开方"不同。如此，河图总数为 55（1＋2＋……＋10＝55），不用中间的弦5（方氏并为解释原因），剩下 50 恰为勾方、股方、弦方之和（$a^2＋b^2＋c^2$）。以此

---

① 朱一文：《从宋代文献看数的表达、用法与本质》，《自然辩证法研究》2020 年第 12 期。

"勾股左右,两较上下,四和四围"的方式,勾股数与河图数完全对应起来,方中通认为这不可能是偶然形成的(即云"岂偶然哉"),这就是"勾股之原也"。

总体来看,方氏以河图解释勾股数的做法融合了传统算学(《周髀算经》《九章算术》等)、儒家经学研究中的算学传统(如"开方"术语)和宋代图书之学,又与南宋以降学者仅将河洛视为数学起源不同,给出了具体的数理化联系,因此确可称之为"发明"。从数学史和易学史的角度看,方氏做法的核心是把河洛的黑白点与勾股的线段长度等价起来,从而融合了算学与易学两个相对独立的研究领域,显示出其对数学统一性的认识既沿用了传统算学家的看法,又有所拓展。①

接着,方氏继续阐述加减乘除出于洛书:

> 通曰:不用十,而用九,河图变为洛书。加减乘除之数皆从洛生,而九数之用备焉。加者,并也。一阴一阳相并,而生阳为用。故一并六为七。七并二为九。九并四为十三,去十不用,所生为三。三并八为十一,去十不用,所生为一。数始于阳,阳故统阴。此加之原也。减者,去也。阴中去阳,则六去一为五,八去三为五。阳中去阴,则九去四为五,七去二为五。边去中存。此减之原也。

> 乘者,积也。除者,分也。一无积分,相对而为乘除者,仍为九焉。二与八对,二其八,八其二,所积皆十六。截东南三、四、九之数合矣。二分十六得八,八分十六得二,此二与八之互见也。三与七对,三其七,七其三,所积皆二十一。不用三下之八、下之六,而一、二、四、五、九之数合矣。三分二十一得七,七分二十一得三,此三与七之互见也。四与六对,四其六,六其四,所积皆二十四。三八亦积二十四,不用三八,而一、二、五、七、九之数合矣。四分二十四得六,

---

① 传统算学家往往强调将算学应用于其他领域,以此来取得数学的统一性。方氏继承了这一面向,并同时强调其他领域的知识(易学)亦应可以应用于算学,即形成对称的应用关系。

六分二十四得四,此四与六之互见也。五宜与十对,而洛书无十,故以中五乘四隅,所积之数,必止于十而无余。五乘二为一十,是为两方之数。[四正四隅两方相对皆十。]五乘四为二十,是为四方之数。[四正合为二十,四隅亦合为二十,两正两隅亦合为二十。]五乘八为四十,是为八方之数。[四正四隅合为四十。]五除十得二,五除二十得四,五除三十得六,五除四十得八。二除十,四除二十,六除三十,八除四十,皆五。即五与十之互见也。洛书无十,而十藏于中矣。足后反无余,不足然后足。此乘除之原也。①

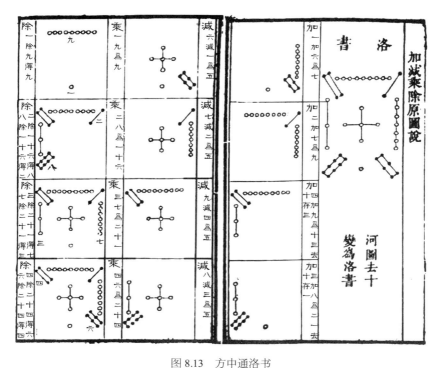

图 8.13 方中通洛书

(图片来源:[清]方中通:《数度衍》,靖玉树编《中国历代算学集成(中)》,
济南:山东人民出版社,1994 年,第 2562 页。)

---

① [清]方中通:《数度衍》,靖玉树编《中国历代算学集成(中)》,第 2562—2563 页。[ ]内为方中通小字自注。

　　方中通解释"加减乘除出于洛书"的总体思路是揭示洛书各数字之间的运算关系,从而说明加减乘除实际已经蕴含在洛书之中。方氏各有四张图解释加、减、乘与除(图 8.13)。"加者,并也。"按洛书由底部白点逆时针做加法,则有 $1+6=7$,$7+2=9$,$9+4=13$("去十不用"取 3),$3+8=11$("去十不用"取 1),"此加之原也"。"减者,去也。"按洛书底部逆时针做减法得到中五,则有 $6-1=5$,$8-3=5$,$9-4=5$,$7-2=5$,"此减之原也"。"乘者,积也;除者,分也。"按洛书上下、左右、斜对角各做乘法,则有 $1×9=9$,$2×8=16=3+4+9$(左上角三数),$3×7=21=4+9+2+1+5$(除 2、8 外数),$4×6=24=9+2+7+5+1$(右上角三数加 5 和 1)。$5×2=10$,为上下、左右或斜对角两数之和。$5×4=20$,为四边或四角数之和,$5×8=40$,为四边与四角之和,"此乘除之原也"。

　　从数学史的角度看,杨辉给出了三阶纵横图的构造原理,方氏进一步揭示了洛书各数字之间的运算关系,亦体现了其对运算本质统一性的理解和认识。不过从运算工具看,明末以来大致有筹算、珠算和西方笔算等三种,方氏以黑白点来计算的做法与算学传统有别。在此基础上,方氏在《数度衍》"笔算"章末尾提出的"洛书算",即"洛书用九,八卦旋中,加减升降,法异理同,九内易位,越十移宫,过去未来用之无穷。"[1]这说明方氏实际继承了汉末《数术记遗》"八卦算"等数术传统,并有所发展。

　　总之,方中通利用数理化的方式重构了河图与勾股数、洛书与加减乘除运算的关系。在中国传统数学领域中,数与运算是最基本的知识。方氏将两者的起源推至河图洛书,从而使后者成为算学之基础;之后,方氏论述"《九章》皆勾股说",把《九章算术》建立在勾股的基础上,并增设西方数学内容;[2]又论"四算说",云"泰西笔算筹算皆出于九九";并在此后,引出"九九图说",

---

[1]　笔者搜罗文献,未见方中通之前言"洛书算"者,最接近者为《数术记遗》之"八卦算"。由于方氏提出了加减乘除出于洛书的说法,因此笔者推测"洛书算"也很可能是方氏发明,或者是方氏在其他算法的基础上进行了改造。

[2]　严敦杰:《方中通〈数度衍〉评述》,《安徽史学》1960 年第 1 期;田淼:《中国数学的西化历程》,济南:山东教育出版社,2005 年,第 87—88 页。

给出多张纵横图。方氏纵横图与程大位《算法统宗》纵横图基本一致,因此十分可能来自于后者。然而,不同之处在于方氏将他们的基础归于九九,从而以河洛为之基础,由此确定了纵横图在其算学体系中的位置。

(二)《数度衍》对后世之影响

《数度衍》是一部百科全书式的著作,囊括了当时所有的数学知识(三角学属于历算,故不介绍)。因此,《数度衍》"数原"是从易学数理化的角度将河图洛书置于最基础的地位,并重新调整当时数学知识各分支的位置。依此设定,算学为易学之分支——易学论数并产生算,算学进而论算。方氏学说推进了邵雍"大衍之数,其算法之源乎"的观点,使得图书之学成为算学的内容,是河图洛书与中国传统算学关系发展的重要阶段。从易学史的角度看,朱伯崑认为明清之际易学中的两大流派(即象数派和义理派)都各自出现了总结前人的代表性人物。方孔炤、方以智《周易时论合编》对以前的象数之学作一总结;王夫之等则对宋明以来义理学派及其哲学作一总结。[①] 据此而言,方中通《数度衍》亦可视为《周易时论合编》之发展。

清康熙年间,清廷编撰大型算学著作《数理精蕴》(1723)和大型易学著作《周易折中》(1715)。《数理精蕴》开篇"数理本原"即指出"上古河出图、洛出书",并云"加减实出于河图,乘除殆出于洛书"。[②] 继而刊载河图、洛书黑白点图,阐述其中加减乘除道理。《周易折中》"启蒙附论"云"河图加减之源,洛书乘除之源",又刊载多张纵横图给出数理,此解释与《数理精蕴》相同。与《数度衍》相比,尽管两书并未完全采纳"勾股出于河图,加减乘除出于洛书"之说,但阐明河洛如何成为数学的基础、如何与具体算法相关的做法和思路实与方中通相通。其实,《数理精蕴》《周易折中》两书与《数度衍》相关自有原因。康熙三十一年(1692),帝召见方中通次子方正珠,正珠"进其

---

① 朱伯崑:《易学哲学史》第 4 卷,第 2 页。

② [清]爱新觉罗·玄烨:《御制数理精蕴》,载郭书春主编:《中国科学技术典籍通汇·数学卷》第 4 册,第 12—15 页。

父中通所著《数度衍》,并自著《乘除新法》,一时从学者奉为准绳"。①《周易折中》以朱熹《周易本义》为纲领而杂采其他易说。② 康熙皇帝对《周易》的兴趣有多方面的原因,其中易学与算学关联的纵横图是他邀请法国耶稣会士白晋(Joachim Bouvet,1656—1730)进行《周易》研究的主因。③

　　清中叶皖派经学家江永(1681—1762)撰《河洛精蕴》,被认为是清代汉学家中推崇图书之学的代表作。④ 该书直云:"方圆内外之体象已藏于河图,勾股开方之算术悉具于洛书。"其卷六直以勾股解河洛。焦循的易学研究与算学研究关系密切,⑤其早年完成的《加减乘除释》,亦一直被学界认为是一部数学著作。其实,该书也像《数度衍》一样是易学在算学内部的发展。其晚年有多部易学作品,并以数学解释之。总之,虽然一般认为"《数度衍》一书在梅文鼎的大量著作及其影响之下只好为清初第二流的数学著作了。而方中通的工作因此也一直没有被清代后来一些数学家所重视"⑥,但是《数理精蕴》《周易哲学》及清代之后的易学、算学研究在多大程度上受到了《数度衍》的影响仍值得进一步研究。

　　总之,明末耶稣会士来华传入西方数学。由此,儒学与数学的原有关系因西学的介入而呈现出更复杂的面貌。一方面,西方数学传入之后,面对儒家与算家两种算法传统,必须同时与两者取得某种平衡,因而其本身有所改变;另一方面,中国学者总是希望将西方数学纳入中国数学的体系之中,因而为西方数学在中国学术体系内创造了位置。以利玛窦与李之藻编译的《同文算指》为例,我们可以发现西方笔算的被接纳是两种算法传统共同作用的结

① 韩琦:《科学、知识与权力——日影观测与康熙在历法改革中的作用》,《自然科学史研究》2011 年第 1 期。
② 朱伯崑:《易学哲学史》第 4 卷,第 4 页。
③ 韩琦:《易学与科学:康熙、耶稣会士白晋与〈周易折中〉的编撰》,《自然辩证法研究》2019 年第 7 期。
④ 朱伯崑:《易学哲学史》第 4 卷,第 327 页。
⑤ 同上书,第 398—400 页。
⑥ 严敦杰:《方中通〈数度衍〉评述》,《安徽史学》1960 年第 1 期。

果,之后西方笔算获得了与传统筹算、珠算和笔算一样的位置。黄宗羲将西方几何学、三角学纳入传统算学之勾股,方中通则以西学归《九章算术》,并在《数度衍》中增列西方笔算、几何学等内容。

与此同时,自宋代而下形成的儒学与数学的关系在明清之际也取得了新的发展。朱熹晚年将两种算法传统一道纳入礼学体系。沿此方向,有明一代儒家与算家算法传统不断进行融合。黄宗羲注解《礼记·投壶》,既部分承认了朱熹注解所代表的儒家算法传统,又引入传统算学对之进行批评。朱熹等以黑白点解释河图洛书、杨辉将纵横图纳入数学著作之后,象数派易学研究就与算学研究产生了紧密联系。沿此方向,明代易家与算家实有共同之研究对象,程大位《算法统宗》将河洛视为数学起源、又包含了相当多的纵横图,方孔炤、方以智合编之《周易时论合编》则是象数易学发展之顶峰。方中通《数度衍》通过"勾股出于河图,加减乘除出于洛书",进一步建立了象数易学与算学之联系,开辟了象数易学在算学领域内的新发展。

清代以降,"西学中源说"成为主流学说,传统儒学研究转向考据,象数易学则在算学内部持续发展。在这持续的变化之中,清儒的学术研究对当时的算学研究和现代数学史研究的早期开展都产生了深远的影响。清末现代数学传入中国,数学研究的专业性与独立性获得了前所未有的认可。两家算法传统及算学领域内的易学研究都一道被现代化,数学获得了高度的统一。现代数学史早期研究的问题意识不可避免地受到清中叶乾嘉学派的影响,而其研究方法亦不可避免地是以现代数学解释古代数学的辉格解释。

第九章
清中叶以降的算学与考据学

18 世纪 20 年代起,传教士被禁止在内地传教,此后一百多年,西学的传入停止了。学术界一般认为清中叶乾隆嘉庆时期(1736—1820)是中国传统数学的整理、发展期。钱宝琮认为这一时期的数学研究偏向古典数学的主要原因有二:一是西洋数学不能继续输入中国;二是古典考证学成为一时之风气。① 李俨、杜石然、郭书春、田淼等也持有类似的观点。② 总之,明清之际数学、儒学与西学的三元互动关系在这一时期发生了重大改变。

乾嘉时期经学研究的风气转向考据,带来了两方面的影响:一是作为考据学一部分的整理古算书的工作,实际分享了由考据学派通过文字的辨析来澄清义理的功能。由此,对古代算书的考订和整理本身也影响到当时算学研究本身,③并更深远地影响了后世数学史家的工作;二是作为与考据学相对独立的算学研究,其算法传统与考据学派继承的儒家算法传统仍有研究取向和方

---

① 钱宝琮主编:《中国数学史》,第 283 页。
② 李俨、杜石然:《中国古代数学简史》,北京:中华书局,1963 年,第 292 页;郭书春主编:《中国科学技术史·数学卷》,第 675 页;田淼:《中国数学的西化历程》,第 134 页。
③ 关于清中叶学者对古算书的考订进而影响算学研究的案例(李锐批校《益古演段》),参见 Charlotte-V. Pollet, "The Influence of Qing Dynasty Editorial Work on the Modern Interpretation of Mathematical Sources: The Case of Li Rui's Edition of Li Ye's Mathematical Treatises", *Science in Context*, Vol. 27(3), 2014;从世界数学史的角度看数学史研究对数学影响的案例(拉格朗日研究古希腊数学),参见 Wang Xiaofei, "How Jean-Baptiste Delambre Read Ancient Greek Arithmetic on the Basis of the Arithmetic of 'Complex Numbers' at the Turn of the 19th Century", *Historia Mathematica*, Vol. 59, 2022。

法等方面的基本差别。① 此外,延续明清之际算学与易学的互动关系,在算学领域内的易学研究仍然持续发展。

本章通过分析清儒把《数书九章》《测圆海镜》编入《四库全书》之过程,揭示清儒的工作何种程度上误解了古书原意,并进而影响到后世的数学与数学史研究;又通过分析不同学者对《礼记·投壶》的注解,揭示出算家与儒家两家算法传统仍然并存演进。因此,在共享"西学中源说"的背景下,清中叶算学与考据学的互动呈现出与先前数学与儒学的互动不尽相同的面貌。

一、《数书九章》编入《四库全书》之过程

宋淳祐七年秦九韶完成《数书九章》之后,至 15 世纪初从明南京文渊阁分条抄入《永乐大典》之前(大典本今仅存三问),秦书罕见流传。万历四十四年,王应遴(？—1644)从文渊阁抄出是书,赵琦美(1563—1624)又借王抄本再抄,是为赵钞本(今藏北京国家图书馆)。清乾隆年间编撰《四库全书》,四库馆臣②从《永乐大典》中辑出《数书九章》,是为四库本。道光二十二年,宋景昌"以赵本为主,参校各本",郁松年(1821—1888)为之刊刻,收入《宜稼堂丛书》。该本成为后世数学史家研究秦氏秦书的通行本。因此,为了分析四库馆臣如何将《数书九章》编入《四库全书》,并如何影响后世之研究,我们可以比较秦书赵钞本与四库本,并进而与宜稼堂本比较。

---

① 算家与儒家两种算法传统在清中叶依然有所体现,参见 Chen Zhihui, "Scholars' Recreation of Two Traditions of Mathematical Commentaries in Late Eighteenth-Century China", *Historia Mathematica*, Vol. 44(2), 2017;朱一文:《儒家开方算法之演进——以诸家对〈论语〉"道千乘之国"的注疏为中心》,《自然辩证法通讯》2019 年第 2 期。

② 按乾隆四十六年(1781)"记过次数清单",天文算学纂修兼分校官陈际新需对《数书九章》钞写错误直接负责。陈际新,字舜五,宛平生员,祖籍福建,钦天监灵台郎,为钦天监监正明安图高弟,续成明氏《割圆密率捷法》(1774)。陈氏家族为清代钦天监世家,今有《陈氏六书》传世,汇乾隆嘉庆年间族人天文算学著述为一编。参见郑诚、朱一文:《〈数书九章〉流传考——赵琦美钞本初探》,《自然科学史研究》2010 年第 3 期,第 322 页。

　　秦书赵钞本书名《数书九章》,四库本则称《数学九章》。两本同将全书内容分作九类且顺序一致:大衍、天时、田域、测望、赋役、钱谷、营建、军旅和互易。赵钞本把九类分作 18 卷,四库本则分 9 卷,每卷又分上下。但是,每类间具体的问题两本顺序并不完全相同。例如赵钞本大衍类卷一四问依次为:(1)蓍卦发微、(2)古历会积、(3)推计土功、(4)推库额钱,卷二五问依次为:(5)分糶推原、(6)程行计地、(7)程行相及、(8)积尺寻源、(9)余米推数。四库本卷一上四问:(1)蓍卦发微、(2)古历会积、(4)推库额钱、(5)分糶推原,卷一下五问:(8)积尺寻源、(3)推计土功、(9)余米推数、(6)程行计地、(7)程行相及。秦书《永乐大典》本今仅存三问(算回运费、军器功程和推求典本),并未给出各题章节所属位置。

　　大衍总数术是秦书记载的重要数学成就之一,然而四库馆臣对之误解甚多。按赵钞本秦书首问“蓍卦发微”依次包括题、问(“欲知所衍之术及其数各几何”)、答(衍母、衍法、衍数及用数)、大衍总数术、本题术及草等六部分,其中大衍总数术属于“答”,是本题答案的一部分(即答“所衍之术”)。[1] 秦氏以独特之设问方式,通过“答”的形式给出大衍总数术,论证秦氏自序所云“圣有大衍,微寓于《易》”[2]。然而,四库馆臣不解秦意,云:“按右大衍本法也。原书入于‘蓍策发微’题问答之后,殊失其序。今修冠于卷首。”[3]又云:“此条强援蓍卦牵附衍数,致本法反晦。今以本法列于前,则其弊自见矣。”[4]即认为大衍总数术是具有一般性的算法,不应置于此问之中,而应置于卷首,以表明统领大衍类的九问。四库馆臣对秦氏的误解与他们对于算法一般性(generality)的理解有关。由此,秦书四库本将“大衍总数术”部分置于卷首,

---

① 对该问的详尽分析,见本书第七章第一节。
② [宋]秦九韶:《数书九章》,北京中国国家图书馆藏明万历四十四年赵琦美钞本,载《四库提要著录丛书》编纂委员会:《四库提要著录丛书·子部 020》,第 98 页。
③ [宋]秦九韶:《数书九章》,载《景印文渊阁四库全书》第 797 册,第 331 页。
④ 同上书,第 335 页。

即"蓍卦发微"问之前。从而使得各部分顺序调整为：大衍总数术、题、问、答、本题术及草。这一做法破坏了该问的结构，但影响深远，许多学者如李倍始、王守义、侯钢等都接受了四库本的做法。[1]

　　大衍总数术中求定数的方法诸家讨论甚多，其中"约奇弗约偶"的含义是争论之核心。其实，秦氏本法是把模数分成元数（自然数）、收数（小数）、通数（分数）和复数（以10作为因子的自然数）四种情况，而收数、通数、复数终究是化作元数来处理。其处理元数之方法分作四种情况：其一，两两连环求等，约奇弗约偶（或约得五而彼有十，乃约偶而弗约奇）；其二，或元数俱偶，约毕可存一位见偶；其三，或皆约而犹有类数存，姑置之，俟与其他约遍而后乃与姑置者求等约之；其四，或诸数皆不可尽类，则以诸元数命曰复数，以复数格入之。这就是说当两个元数中有奇，用"约奇弗约偶"，目的是使两数互素，否则反约，即"或约得五而彼有十，乃约偶而弗约奇"；当两个元数皆为偶数，则"约毕可存一位见偶"，使得约化后只留一个偶数，也是要两数互素。当以上约化完毕之后"犹有类数存"，"则姑置之，俟与其他约遍而后乃与姑置者求等约之"。当"诸数皆不可尽类"，"则以诸元数命曰复数，以复数格入之"。因此，秦氏求定数方法中的"约奇弗约偶"之奇偶就是指两元数之单双。当两元数中有奇则用"约奇弗约偶"；当两元数俱偶（无奇），则用"约毕可存一位见偶"。[2] 四库馆臣亦不解秦意，云："约奇弗约偶，专为等数为偶者言之；若等数为奇者，则约偶弗约奇。"[3]此解释认为奇偶不是指元数之单双，而是指等数（即两元数之最大公约数）之单双，实际篡改了奇偶之本意，影响

---

① Ulrich Libbrecht, *Chinese Mathematics in Thirteenth Century: The Shu-shu chiu-chang of Ch'in Chiu-shao*；王守义遗著，李俨审校：《〈数书九章〉新释》；侯钢：《两宋易数及其与数学之关系初论》，中国科学院自然科学史研究所博士学位论文，2006 年。
② 关于秦氏约化原则的详尽分析，参见朱一文：《秦九韶"历家虽用，用而不知"解》，《自然科学史研究》2011 年第 2 期，第 199—200 页。
③ ［宋］秦九韶：《数书九章》，载《景印文渊阁四库全书》第 797 册，第 328 页。

深远,后世学者在此基础上发展出多种解释,却无一例外不取奇偶之本义,均不认为此处奇偶指元数之单双。①

秦氏大衍求一术是大衍总数术之核心程序,其计算的目的求解乘率,与金元天元术之立天元一的计算目的不同,但两者的操作同为置一根算筹。四库馆臣又云:

> 以定数、奇数求乘数之法,名曰大衍求一。中有立天元一于左上之语,下载立天元一算式。按立天元一法见于元郭守敬之《历源》、李冶之《测圆海镜》。及四海之借根方者皆虚设所求之数为一,与所有实数反覆推求,归于少广诸乘方得其积数与边数或正负廉隅数,而止次用除法或开方法得所求数。此数命定数为一,与奇数反覆商较至余一实数而止,其奇数所积即为乘数。盖其用不同,而法则无二也。然其极和较之用,穷奇偶之情,则有为元法、西法所未及者。但原本法解烦杂,图式为舛。今详加改定,并释其义,俾学者易见焉。②

四库馆臣把秦氏立天元一与天元术、西方借根方相比较,影响了当时的数学研究。焦循撰《天元一释》(1799)即专论此问题。然而,四库馆臣认为秦氏"图式为舛",于是改变了秦书算图,是为对秦氏在数学文本化和符号化方面的一大误解。

按赵钞本,秦书81问中45问有算图,其中以纵横相间的算码书写数字

---

① 关于各家对"约奇弗约偶"之解释,参见侯钢:《两宋易数及其与数学之关系初论》,中国科学院自然科学史研究所博士学位论文,2006年,第75—80页。
② [宋]秦九韶:《数书九章》,载《景印文渊阁四库全书》第797册,第327页。

（见表9.1），其45问中42问又有总计726根连线①。秦氏以不同之连线表不同之运算含义：700根表加（388根）、减（163根）、乘（98根）、除（51根），26根表计算结果（12根）、开方（8根）、求等（4根）、下一步计算（1根）、移动算式（1根）。在大部分的情况下，秦氏以单波浪线连接两数的首尾，表乘法；以单虚线连接两数的首尾，表除法；以双实线连接两数的首首或尾尾，表加法；以单实线连接两数的首首或尾尾，表减法。

表9.1　秦书赵钞本所用算码

纵	O	I	II	III	IIII	X	⌐o	⌐	⌐⌐	⌐⌐⌐	⌐⌐⌐⌐	X
横		一	二	三	≣			⊥	⊥⊥	⊥⊥⊥	⊥⊥⊥⊥	
	0	1	2	3	4	5	6	7	8	9

以大衍求一术为例，赵钞本之算图总计采取了三种书写模式："算图混合文字""算图解释先前文字"和"独立算图连线"（即图9.1所示），很好地表现出秦氏的数学实作及其在文本化和符号化方面的工作。② 四库馆臣又不解秦意，认为其算图有误，是以随意改变了秦氏算图之连线（图9.2）。宜稼堂本虽号称"以赵本为主"，然而很可能受到某个四库本钞本的影响，其算图全无连线（见图9.3）。这一误解直接导致后世学者对赵钞本不够重视，以及长期以来忽视了秦九韶在数学符号化和文本化方面的重大成就，没有认识到秦氏与宋代其他学者一道开启了中国数学的现代化进程。

---

① 大典本三问亦有连线。该连线若非秦氏所为，则必为1247年至15世纪初这150余年间某位精通算学之人所加，但迄今为止的数学史研究并不支持这种可能性。对秦九韶书写体系的系统分析，参见 Zhu Yiwen, "On Qin Jiushao's Writing System", *Archive for History of Exact Sciences*, Vol. 74(4), 2020。

② 关于秦九韶对大衍求一术的算图解释，参见朱一文：《秦九韶对大衍术的筹图表达——基于〈数书九章〉赵琦美钞本（1616）的分析》，《自然科学史研究》2017年第2期。

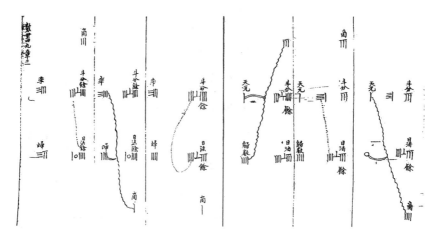

图 9.1　赵钞本之大衍求一术

（图片来源：[宋]秦九韶：《数书九章》，北京中国国家图书馆藏明万历四十四年

赵琦美钞本，载《四库提要著录丛书》编纂委员会：《四库提要著录丛书·

子部020》，北京：北京出版社，2010 年，第 133 页。）

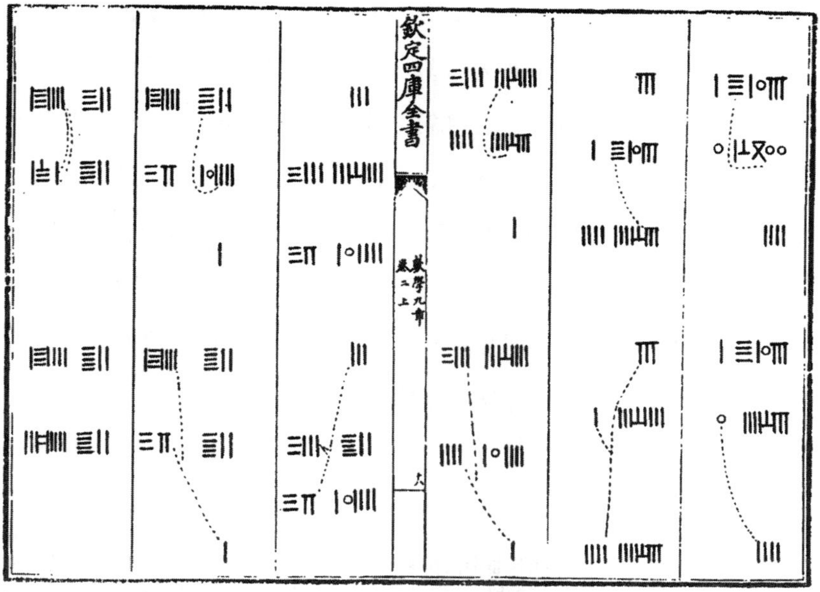

图 9.2　四库本之大衍求一术

（图片来源：[宋]秦九韶：《数书九章》，载《景印文渊阁四库全书》第 797 册，

台北：台湾商务印书馆，1985 年，第 375 页。）

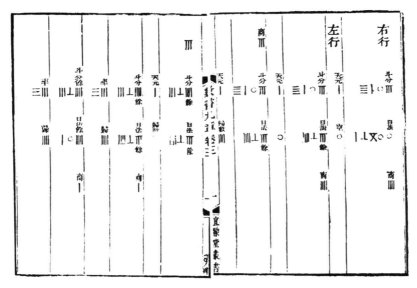

图9.3　宜稼堂本之大衍求一术

（图片来源：[宋]秦九韶：《数书九章》卷三，

清道光二十二年宜稼堂丛书本，第10a—10b 页。）

总之，四库馆臣在从《永乐大典》中辑出《数书九章》的过程中，对是书的文字安排做了调整，突出了大衍总数术，并将之与天元术、借根方进行比较，改变了秦氏原意，并引导了焦循等对是书之研究。四库馆臣又把大衍总数术中求定数方法之"约奇弗约偶"解释成等数之单双，这一解释直接导致后世学者认为该奇偶绝非元数之单双，误解了秦氏求定数之算法程序。四库馆臣又认为秦氏算图有误，遂随意改变了其中的连线，这一做法误解了秦氏的数学实作。从经学史的角度看，清儒通过考据文字来辨析义理，在考据之风影响下对古算书的整理亦自然影响到当时的算学研究及后世的数学史研究。

二、《测圆海镜》编入《四库全书》之过程

1248 年，李冶完成《测圆海镜》（原名《测圆海镜细草》）。是书流传比

较复杂,部分版本流传如下:乾隆年间编撰之《四库全书》,其收入的《测圆海镜》是四库馆臣根据李潢(?—1812)家藏本略加校勘的。① 阮元(1764—1849)从浙江文渊阁四库全书本中抄得一本。1797 年,李锐(1769—1817)受阮元之嘱,根据四库本与丁杰收藏本重新校对一遍。1798年,李锐校订本刻入《知不足斋丛书》。② 此外,孔广森也有对《测圆海镜》某一版本的批校,今存卷一、二、三、七,共 27 条。③ 李锐为算学家,孔广森是孔子后人,受学于戴震,有经学与算学著作传世。因此,为了分析清儒对《测圆海镜》的考证工作,我们可以比较四库馆臣、李锐与孔广森等对该书的批语。

四库馆臣《测圆海镜》按语云:

……其草多立天元一。按立天元一法见于宋秦九韶《九章》大衍术中。厥后《授时草》及《四元玉鉴》等书皆屡见之。而此书言之独详其法,关乎数学者甚大。然自元以来,畴人皆株守立成,习而不察,至遂无知其法者。故唐顺之与顾应详书称立天元一漫不省为何语。顾应详演是书为分类释术,其自序亦云"立天元一,无下手之术"。则是书虽存,而其传已泯矣。明万历中,利玛窦与徐光启、李之藻等译为《同文算指》诸书,于古《九章》皆有辨订,独于立天元一法缺而不言。徐光启于《勾股义》序中引此书,又谓欲说其义而未遑。是此书已为利玛窦所见,而犹未得其解也。迨我朝醲化翔洽,梯航鳞萃,欧罗巴人始以借根方法进呈。圣祖仁皇帝授蒙养斋诸臣习之。梅瑴成乃悟即古立天元一法。于《赤水遗珍》中详解之,且载西名阿尔热巴拉。[案:原作阿尔热巴达,谨据西洋借根法改正。]即华言东

---

① 关于《测圆海镜》的版本流传,参见孔国平:《〈测圆海镜〉导读》,武汉:湖北教育出版社,2006年,第33—40页。
② 梅荣照:《李冶及其数学著作》,载钱宝琮等:《宋元数学史论文集》,第111页。
③ 李俨:《孔广森〈测圆海镜批校〉》,载李俨:《中算史论丛》第4集,第24—31页。

来法。知即冶之遗书流入西域，又转而还入中原也。今用以勘验西法，一一吻合彀成所说。信而有征，特录存之，以为算法之秘钥。且以见中法西方互发益明，无容设畛域之见焉。①

此按语亦把李冶之天元术与秦九韶之大衍术、西方借根方相比较，与《数书九章》按语相同。② 进而此按语论述天元术从元至清初之历史，并最终由此得出"冶之遗书流入西域，又转而还入中原也"之"西学中源说"的结论。然而，李冶《测圆海镜》之书实为阐发勾股术之著作，并非为天元术而作。③ 四库馆臣不解李意，却通过按语把读者的注意力引导到天元术上来，对当时的数学研究和后世的数学史研究都有重大影响。④

四库馆臣又于卷二天元细草之后加按语："是书皆先法后草。草者以立天元一推衍而得其方元积数者也。法者又取推衍中之支节条目融会，而归于简约者也。草者法之本，法者草之用。法使人易于推步，而草则存其义以俟知者。二者相须不可偏废。顾应详仅演其开方乘除之数，而去其细草，盖亦不得其理也。"⑤《测圆海镜》每问都是先法后草，法以文字描述算法、给出方程的各项系数，草则多是天元细草、给出法中各项系数的来历说明。⑥ 这一法草关系的安排与李冶的另一本著作《益古演段》(1259)不同。《益古演段》设有法与条段法。其中法就是天元细草，而条段法则是文字描述的算法。李氏相当于把天元细草提升到法的位置，把原来文字描述的算法降到次一级的条段法，用来证明天元细草之正确性，在某些问题中甚至可以不需要。⑦ 由

---

① ［元］李冶：《测圆海镜》，载《景印文渊阁四库全书》第798册，第1—2页。
② 《测圆海镜》由陈际新校对，因此其按语或与《数书九章》一道直接或间接受到陈氏之影响。
③ 莫绍揆：《对李冶〈测圆海镜〉的新认识》，《自然科学史研究》1995年第1期。
④ 关于四库馆臣不解李意，编辑其《益古演段》的研究，可参见 Charlotte- V. Pollet, " The Influence of Qing Dynasty Editorial Work on the Modern Interpretation of Mathematical Sources: The Case of Li Ye-s Mathematical Treatises", *Science in Context*, Vol. 27(3), 2014。
⑤ ［元］李冶：《测圆海镜》，载《景印文渊阁四库全书》第798册，第27页。
⑥ 朱一文：《数学的语言：算筹与文本——以天元术为中心》，《九州学林》2010年第4期，第85页。
⑦ 同上文，第87—88页。

此可见，四库馆臣并不理解李氏《测圆海镜》中法与草之关系，而误认为“草者法之本，法者草之用”，实际也是把读者的注意力吸引到天元术上来。

因此，四库馆臣在《测圆海镜》卷末按云：“右书十二卷，皆为立天元一法而作也。”①受到四库馆臣的影响，阮元《重刻测圆海镜细草序》开篇云：“《测圆海镜》何为而作？所以发挥立天元一之术也。”②两者皆为对《测圆海镜》本意之误解。

《测圆海镜》卷二方出现天元细草，李锐在第一次天元细草之处批校，集中于论述天元术之运算法则（图9.4）。李锐的论述可以视作金元天元术运算法则之发展。③与李锐批语不同，孔广森之27条批校并不着重于天元术（图9.5），而在于解释李冶算法之勾股意义，或者天元细草之几何意义。④李锐与孔广森之差别或折射出算家与儒家两种算法传统在清中叶之别。

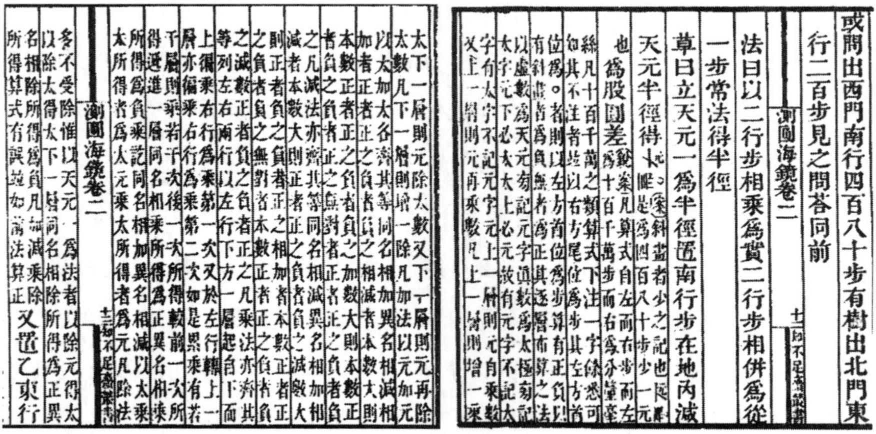
或問出西門南行四百八十步有樹出北門東
行二百步見之問荅同前
測圓海鏡卷二
法曰以二行步相乘爲實二行步相併爲從
一步常法得半徑
草曰立天元一爲半徑置南行步在地內減
天元半徑得
測圓海鏡卷二
又置乙東行

图9.4　《测圆海镜》李锐批校

（图片来源：[元]李冶：《测圆海镜》，载郭书春主编：《中国科学技术典籍通汇：数学卷》第1册，郑州：河南教育出版社，1993年，第767页。）

① ［元］李冶：《测圆海镜》，载《景印文渊阁四库全书》第798册，第124页。

② ［元］李冶：《测圆海镜》，载郭书春主编：《中国科学技术典籍通汇：数学卷》第1册，第729页。

③ 朱一文：《数学的语言：算筹与文本——以天元术为中心》，《九州学林》2010年第4期，第89—94页。

④ 对孔广森批校的详尽分析，参见任亚梅：《孔广森数学著作研究》，天津师范大学硕士学位论文，2018年，第53—64页。

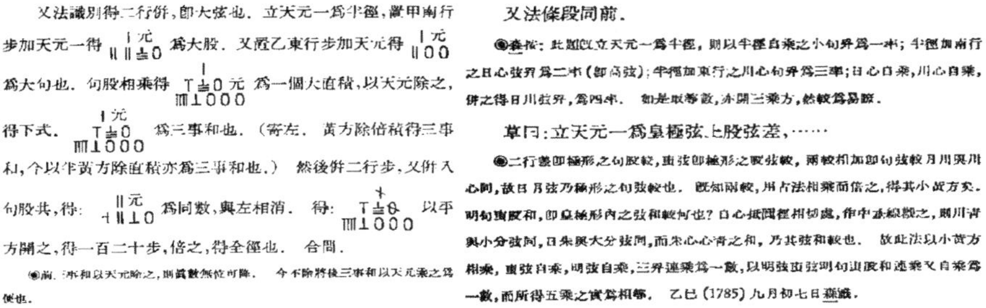

又法識別得二行併，即大弦也．立天元一爲半徑，置甲南行步加天元一得 [算式] 爲大股．又置乙東行步加天元得 [算式] 爲大句也．句股相乘得 [算式] 爲一個大直積，以天元除之，得下式． [算式] 爲三事和也．（寄左．黃方除倍積得三事和，今以半黃方除直積亦爲三事和也．） 然後併二行步，又併入句股共，得： [算式] 爲同數，與左相消． 得： [算式] 以平方開之，得一百二十步，倍之，得全徑也． 合問．

◉前三事和以天元除之，則實數無位可除． 今不除將後三事和以天元乘之爲便也．

又法條段同前．

◉蒙按：此題既立天元一爲半徑，則以半徑自乘之小句弦爲一率；半徑加南行之日心弦爲二率（即高弦）；半徑加東行之川心句爲三率；日心自乘，川心自乘，併之得日川弦，爲四率． 如是取等數，亦開三乘方，然較爲易簡．

草曰：立天元一爲皇極弦上股弦差，……

◉二行差即極形之句股較，重弦即極形之股弦較，兩較相加即句弦較月川與川心同，故日月弦乃極形之句弦較也． 既知兩較，用古法相乘而倍之，得其小成方實．明句重股和，即皇極形內之弦和較何也？日心抵圓徑相切處，作中垂線截之，則川青與小分弦同，日朱與大分弦同，而朱心心青之和，乃其弦和較也． 故此法以小黃方相乘，重弦自乘，明弦自乘，三昇連乘爲一數，以明弦重弦明句重股和連乘又自乘爲一數，而所得五乘之實爲相等． 乙巳（1785）九月初七日蒙識．

图 9.5 孔广森《测圆海镜》批校
（图片来源：李俨：《孔广森〈测圆海镜批校〉》，载李俨：《中算史论丛》第 4 集，北京：科学出版社，1955 年，第 24—27、29 页。）

孔广森《礼学卮言》注解《周礼》九数云：

蒙按：旁要即今三角法也。凡三角必有三边，其两斜边谓之大腰、小腰。要即腰字，其直边，今谓之底，古谓之旁。盖立观之则为旁，偃观之则为底。犹古句股本立形，西法偃之号为直角也。三角可以御句股，句股不可以尽三角。故周公《九章》举旁要而不举句股，至汉旁要法亡，始以重差、句股足之。重差者，重两句股，取其影差异乘同除，以知比例，若刘徽《海岛经》是也。《少仪正义》以重差当差分，误矣。[今本重差下衍夕桀二字。检疏及释文马融注有之，非郑注也。夕桀亦未知何解。或曰当为互乘字之误。]西洋诸算皆就古法而详明之。唯三角最称精异，实亦古之遗术。畴人分散流于外域者耳，然其演八线、设对数智巧不可没也。①

孔氏认为西学之三角法源于古旁要之术，虽然论述的对象不同于四库馆臣按语之天元术，然其观点亦延续了“西学中源说”。

① [清]孔广森：《礼学卮言》卷六，清嘉庆二十二年（1817）孔氏仪郑堂本，第 6a—6b 页。

总之,四库馆臣在将《测圆海镜》编入《四库全书》的过程中,通过按语强调了天元术之作用,并将之与大衍术、借方根进行比较,改变了李氏原意。受四库馆臣之影响,李锐集中于阐释该书之天元术,该误解对后世之数学与数学史研究影响深远。然而,虽然亦持有"西学中源说"之立场,孔广森之批校并未集中于天元术,而是以勾股释天元,与四库馆臣、阮元、李锐之注解取向不同,是两种算法传统在清中叶的再创造。

三、清儒对《礼记·投壶》之研究

如前所述,《礼记·投壶》一直是儒家算法传统所依赖之文本语境,也一直是儒家与算家两家算法传统之分野所在,自郑玄而下,甄鸾、孔颖达、李淳风、朱熹、黄宗羲等人对之进行了不同层面的注解。[①] 清中叶,孔广森作《大戴礼记补注》、焦循作《礼记补疏》(1818),二者虽同为礼学研究,然依旧呈现出两家算法传统之别,以及考据学与算学关系之另一面。

孔广森《大戴礼记补注》云:

"壶脰修七寸,口径二寸半,壶高尺二寸,受斗五升,壶腹修五寸。"【补】何氏《春秋传解诂》曰:"腹方口圆曰壶,反之曰方壶。"然则此壶腹亦方。脰修七寸,谓其上圆者。腹修五寸,谓其下方者。合之则尺二寸。修亦高也。受壶,腹中容实也。《管子》曰:"所市之地,六步一斗。"《昌言》曰:"斛取一斗。"斗亦"斗"字,于《九章》粟米术"程斛一尺六寸五分寸之一",斗五升,积二百四十三寸,以修五寸除之,开方求其腹径,近七寸也。[②]

---

① 见本书第二、五、六、八章的相关论述。
② [清]孔广森撰,王丰先点校:《大戴礼记补注》,北京:中华书局,2013 年,第 235 页。

孔氏按"腹方口圆曰壶,反之曰方壶",把投壶之腹理解为长方体,直取经文之 1 斗 5 升,不取郑玄之 2 斗,得壶腹体积 243(立方)寸,以高 5 寸除之,得壶底面积 48.6(平方)寸。此处之计算,孔广森实际与孔颖达注疏之最后一段相同;然而孔颖达理解壶底为圆形,48.6(平方)寸按圆面积算,壶径超过 8 寸;孔广森则把壶底理解为方形,48.6(平方)寸直接开方,则壶径不到 7 寸。

孔广森所据为汉代经学大家何休(129—182)之《春秋公羊传解诂》。何休与郑玄同时,为《公羊》学大师。何氏"与其师羊弼追述李育意以难二传,作《公羊墨守》《左氏膏肓》《穀梁废疾》"。郑玄作《发墨守》《箴膏肓》《起废疾》以答何休。何休见而叹曰:"康成入吾室,操吾矛,以伐我乎!"[1]孔广森则为清代公羊学复兴的先驱人物,其《春秋公羊经传通义》为清代首部公羊新疏。[2] 因此,孔氏不采郑说,而以何说解经,亦是展现了其经学的研究取向。孔氏之说亦引起了后世学者如黄以周(1828—1899)之探讨。

焦循《礼记补疏》亦探讨投壶尺寸问题,其注文颇长(以下分作三段,以 a、b、c 标识),焦氏云:

a)循按:刘徽《九章算术》商功篇云:"今有圆囷高一丈三尺三寸少半寸,容米二千斛,问周几何。术曰:置米积尺,以十二乘之,令高而一,所得开方除之。"即此圆囷求周术也。故甄鸾《五经算术》云:"斛法一尺六寸二分,上十之,得一千六百二十寸,为一斛。积寸下退一等,得一百六十二寸,为一斗。积寸倍之,得三百二十四寸,为二斗。积寸以腹修五寸约之,得六十四寸八分。乃以十二乘之,得积七百七十七寸六分。又以开方除之,得圆周二十寸,余四十八寸六分。倍二十七,从方法,得五十四。下法一亦从方法,得五十五。以三除二十七,得九寸。又以三除不尽四十八寸六分,得一十六寸二分。与

①　叶纯芳:《中国经学史大纲》,第 155 页。
②　张勇:《孔广森与〈公羊〉"家法"》,《中国史研究》2007 年第 4 期。

法俱上十之,是壶腹径九寸五百五十分寸之一百六十二。母与子亦可俱半之,为二百七十五分寸之八十一。"

b)盖方田之术,周自乘,十二而一,得积。此平圆周求积也。今积求圆周,故十二乘之也。圆堨墙周求积,周自乘,以高乘之,十二而一。此圆囷周求积也。今积求圆囷周,故以修五寸约之也。以五寸约之,则圆囷变为平圆。十二乘之仍即圆周自乘之数也。得数开方之,是由圆周自乘之数求得圆周也。立圆居圆囷四分之三,郑以容斗五升之腹,为圆丸形。故三分益一,得圆囷之象。

c)《五曹算经》仓曹以一尺六寸二分为斛法,盖平方一尺,高一尺六寸二分。立方一尺,得积一千寸;平方一尺,高六寸,得积六百寸;平方一尺,高二分,得积二十寸。故上十之得一千六百二十寸。一斛十斗,今二斗,故得积三百二十四寸。古率径一周三,郑氏用之也。郑用开方求得二十七寸,不尽。故云"二尺七寸有奇"。甄鸾以余积命分,故为"壶腹径九寸五百五十分寸之一百六十二"。《正义》不采甄鸾之数,又不详圆积求周之法,文多烦费,莫识其要。至以壶腹三分益一,成圆囷。必为圆囷,乃可以修五寸约之,得平圆。得平圆乃可求周。郑氏通《九章》,其注未有失误。李淳风与孔颖达同时,其校刘徽、甄鸾等书极详明,当时曷不访问之,刺刺于圆求方,方求圆,何哉![1]

a 段之中,焦循先引《九章算术》圆囷求周之术,及甄鸾《五经算术》之算法。[2]

b 段之中,焦氏解释了由圆囷积求周之术——即积除以高得底面圆面

---

① [清]焦循:《礼记注疏》,[清]焦循著,刘建臻整理:《焦循全集》第 5 册,扬州:广陵书社,2016 年,第 2130—2131 页。
② 详见本书第五章第三节之分析。

积，以 $\pi = 3$ 入算 $S = \dfrac{3}{4}D^2 = \dfrac{1}{12}C^2\,(C = 3D)$，由此 $C = \sqrt{12S}$。b 段最后，焦氏云"立圆居圆囷四分之三"，即认为球与其外切圆柱体体积之比为 3：4，于是郑玄把壶腹加上 1/3，得到圆柱体（即圆囷），说明郑氏认为壶腹为球形（即圆丸形）。焦氏此说有误，实际球与其外切圆柱体体积之比为 2：3，而非 3：4；而且如果壶腹为球形，那么其高（5 寸）与其直径相等，这显然不符合经文与各家注疏。不过，焦氏注意到了郑玄所云"腹容斗五升，三分益一，则为二斗，得圜囷之象"，认为这句话并非是说壶腹为圆囷，而是说壶腹加上其 1/3 为圆囷，开辟了解读郑注的新方向，引发了后世学者如刘岳云、潘应祺（1866—1926）等之探讨。

　　c 段之中，焦循先引《五曹算经》解释了体积与容积换算之法，其推理方法类似贾公彦，[①]继而说明了郑玄与甄鸾之计算结果。进而焦循批评孔颖达等《礼记正义》算法"莫识其要"，称赞李淳风等校书"极详明"，因而不理解孔颖达等不采李说。此段显示出焦循身处算家与儒家两家算法传统的交界之处，并倾向于算家传统。

　　由此可见，尽管有相同的研究对象，算家与考据学家在研究视角、方法等方面仍然存在基本的差别，体现了算家与儒家两家算法传统在清中叶之延续。

　　综上所述，清中叶乾隆嘉庆时期，经学研究的风气转向考据，算学也受此影响，两学因此产生了新的互动和关联。四库馆臣在将《数书九章》《测圆海镜》编入《四库全书》的过程中，通过移动文本、修改算图、添加按语等方式把读者的注意力引导到大衍术、天元术与借根方之比较上来，误解了秦九韶、李冶之原意，影响了后世的数学与数学史研究。从经学史的角度看，清儒通过考据文字来辨析义理，在考据之风影响下对古算书的整理工作亦影响到算学研究本身。孔广森《测圆海镜批校》集中于以勾股释天元，其《大戴礼记补

---

① 　详见本书第五章第一节。

注》解投壶尺寸问题引何休《春秋公羊传解诂》和《九章算术》解经,得到与郑玄注不同的结果。然而,李锐注解《测圆海镜》集中于解释天元术的计算法则,焦循利用传统算学注解《礼记·投壶》,误读了郑玄本义。因此,尽管乾嘉时期算学与经学之考据学有共同或类似的研究对象,两方也共享了关于西方数学和西学中源说的背景知识,但是仍然存在研究取向和方法等方面的基本差别。

清末以降,受到四库馆臣按语之影响,学者对《数书九章》《测圆海镜》之研究长期集中于大衍术与天元术。随着现代数学的传入,以现代数学解释古代数学经典成为时人之风尚,并由此开启了古典数学的现代化进程,也导致了中国数学史初创阶段的辉格史倾向。儒家与算家两家算法传统也延续至清末。黄以周《礼书通故》(1878)谈论投壶问题,先引郑玄与朱熹之说,云:

> 以周案:"容斗五升",以全壶言,故其文在壶颈腹口之下。《大戴礼》云:"壶脰修七寸,口径二寸半,壶高尺二寸,受斗五升,壶腹修五寸。"壶高尺二寸,亦以全壶言。颈修七寸,腹修五寸,合之为尺二寸。其受斗五升,谓尺二寸所受也。郑注专以壶腹五寸言,本难尽信。孔疏所衍之数,亦非郑意。[1]

即黄氏以《大戴礼记》为据,认为所谓1斗5升并非指壶腹容积,而是指全壶容积。由此郑、孔、朱之说皆误。黄以周进而又引孔广森之说,又云:"受斗五升,以全壶言,大、小戴本可玩。孔云此壶腹方口圆,与旧解异。其说受斗五升,仍沿旧讹。"[2]黄氏之说以《大戴礼记》解《礼记》,可谓开辟了投壶问题的新思路。

另一方面,刘岳云《五经算术疏义》(1899)先引焦循之说,进而指出焦氏

---

① ［清］黄以周撰,王文锦点校:《礼书通故》第3册,北京:中华书局,2007年,第1179页。
② 同上。

误解壶腹为圆丸（即球）。刘氏因此认为壶腹当为扁圆体，并给出了正扁圆体之体积计算公式，进而"今如法求得中径九寸二分有奇［二以下与郑数乃差］，周二十七寸有奇，适与郑合。然则郑氏之法乃古人扁圆体有积求中径之法也。郑氏通晓算法于此可见。"[①]同时，潘应祺《经算杂说》（1898）在郑、孔、朱之说的基础上，也认为壶腹为椭圆体，并指出"盖凡浑圆或椭圆体皆为其同径同高之圆囷三分之二，是二一乃为圆囷体也"。[②]（见图 9.6）由此，潘氏把郑玄之"三分益一"改为"二分益一"，进而求得壶径为九寸有余。刘氏、潘氏之说都延续了焦循解经之思路，是算家传统在此问题上之绝唱。

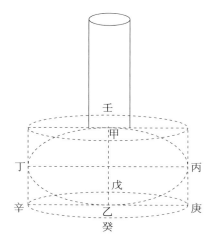

图 9.6　潘应祺投壶图

（图片来源：［清］潘应祺：《经算杂说》，光绪二十四年（1898）刻本，第 7a 页。）

随着清末现代数学的传入，数学的专业性与独立性获得了前所未有的认可，中国古代的各种数学传统都被现代化。在此时代背景之下，儒家与算家两家算法传统最终也一并汇入现代数学之中，算学与经学之互动消长的漫长历程亦终结于此。对两学与两家算法传统的探讨逐渐演变为一个现代的历史学问题。

---

① ［清］刘岳云：《五经算术疏义》，第 64b—66a 页。
② ［清］潘应祺：《经算杂说》，光绪二十四年（1898）刻本，第 13—14 页。

结　语

　　学术界有不少学者认为中国古代数学是儒学或经学的一部分,这一认识的依据在于古籍中确有相关论述。然而,以儒家经典及其注疏中的数学文献为基础,可以发现数学与儒学或经学的关系相当复杂,古籍中的相关论述不仅无法涵盖所有的情况,而且实际讲的是某一时期两者关系的特例。因此,本书九章旨在从算学与经学关系的角度重新梳理中国数学史,揭示中国数学的多元传统与混杂本质。

一、重述中国数学史

　　虽然数学史界一些学者认为《周礼》"九数"说明在西周时期数学已经形成了一个学科。[①] 但是,一方面,《周礼》至多反映了春秋战国的情形;[②]另一方面,我们尚无法得知《周礼》"九数"的具体内容。根据传世文献,先秦诸子百家中墨家与名家似乎与数学相关,但墨名二家所论数学的形态明显与后世以《九章算术》为代表的传统算学不同。[③] 学界一般认为,孔子删订六经(《易》《春秋》《诗》《书》《礼》《乐》)为经学奠定了基础,[④]然而其中是否与数学相关尚难详考。《算数书》《数》等出土数学竹简则更多反映了秦汉行政管

① 邹大海:《中国数学的兴起与先秦数学》,石家庄:河北科学技术出版社,2001 年,第 74—90 页。
② 沈长云、李晶:《春秋官制与〈周礼〉比较研究——〈周礼〉成书年代再探讨》,《历史研究》2004 年第 6 期。
③ 邹大海:《中国数学的兴起与先秦数学》,第 218—444 页。
④ 叶纯芳:《中国经学史大纲》,第 13—19 页。

理活动中的实用算术，与经学并无实质关系。① 总之，先秦时期算学与经学的关系未明，有待进一步研究。

根据刘徽的论述，张苍、耿寿昌删补了《九章算术》。新莽之际，刘歆提出数学是音律、度量衡、历法基础的思想；汉灵帝光和铜斛、铜权铭文确立了《九章算术》的法定权威地位。汉末，经学章句繁多，令读书人无所适从。郑玄博览群经，兼习众说，融合古今文说，完成经学的统一。② 马融先以数学注经，郑玄更以《九章算术》为注经之重要工具。一方面，郑玄引郑众说注解《周礼》，给出了九数之名目，暗示了《九章算术》与《周礼》"九数"之继承关系，形塑了数学是礼学或经学之一部分的观念；另一方面，郑玄注经往往给出算法的大概或者计算结果，而没有计算细节，从而给后世留下了发展数学的文本语境。在学术与政治的双重合法性之下，郑玄引《九章算术》注经统一经义的做法获得了世人之认可。

魏景元四年，刘徽注《九章算术》。一方面，刘徽延续并明确了郑玄之说，认为"周公制礼而有九数，九数之流，则《九章》是矣。"③另一方面，刘徽为以《九章算术》为代表的传统算学打上了魏晋玄风的烙印。南北朝时期，由于政治地理的区隔，南朝重魏晋经学，北朝重两汉经学。在算学作为经学一部分的意义上，《九章算术》与刘徽注便被分别理解为两汉与魏晋之学。因此，在刘徽注的基础上，何承天、祖冲之、祖暅之等述其算理未尽之处，取得了高度理论化之成就；在《九章算术》的基础上，《孙子算经》《夏侯阳算经》《张丘建算经》等补其基础知识、算题类型之不足，开启了筹算文本化之历程。南北朝后期，祖暅之滞北授信都芳天文历算，甄鸾仕北撰注南北算书。隋唐设立国子监算学馆，李淳风等注释十部算经之后，传统算学获得了合流。

然而，梁皇侃延续魏晋玄风，在经学研究中创设算法，与传统算学不同。

① 关于《算数书》的研究，参见彭浩：《张家山汉简〈算数书〉注释》，北京：科学出版社，2001年；关于《数》的研究，参见肖灿：《岳麓书院藏秦简·贰》，上海：上海辞书出版社，2011年。
② 叶纯芳：《中国经学史大纲》，第160—161页。
③ 郭书春汇校：《汇校〈九章筭术〉》（增补版），第1页。

随着南北朝后期两边交流频繁,皇氏算法北传获得诸儒之认同,导致了儒家算法传统之兴起与算学之再分途。张缵撰《算经异义》,解释不同算学著作之差别。信都芳撰注《五经宗》,甄鸾撰、李淳风等注释《五经算术》,把儒家经典重构为算学文本,并将之纳入十部算经,然未获诸儒之认同。唐初孔颖达、贾公彦等注疏儒经都采经算方法。儒家算法传统不使用算筹,其对数、图形的理解与用法均与以《九章算术》为代表的传统算学不尽相同,其算法不具备传统算学术文的"构造性""机械化"特色,其以文字揭示数学推理的过程也不同于"寓理于算"的筹算过程。儒家与算家两家算法传统之并立显示出中国数学混杂性与多样性之本质。

唐初国子监儒学三馆与算学馆之并立,强化了两家算法传统各自之合法性,使得两家算法之别从学术领域进入生活。李淳风撰写《隋书》《晋书》天文、律历、五行六志,论述了数学在律历体系中之基础作用,并暗示王朝正统性与律历体系之完备性密切相关,从而把数学与王朝政治联系起来。在甄鸾撰注算书的基础上,李淳风等注解十部算经,将算学的应用性进一步扩展至经学与史学,并改"某某算术"为"某某算经",树立算学著作的经典地位。唐高宗显庆元年恢复国子监算学馆,并以李氏等注释算经为教科书,之后又开科举明算科,使得传统算学获得了极高的制度化发展。然而,由于儒学的强势地位及算学馆几经置废,[1]孔颖达、贾公彦等均秉持两家算法传统各自应用于儒经与算家之立场,国子监太学、国子、四门三馆之儒学教育传授儒家算法。

因此,自皇侃至唐初经算方法的兴起与发展使得儒家算法传统成为经学的一部分,而传统算学则是相对独立的领域,这一结果实际偏离了郑玄引《九章算术》入经的初衷。安史之乱之后,算学制度逐渐消亡,然而两家算法传统在学理层面延续下来。[2]

---

[1]　当算学馆被废除时,其师资、学生等往往被归入太史局,即相当于将算学并入历算体系之内。

[2]　关于唐末五代中国数学的情况,可参见李迪:《五代数学刍议》,载李迪主编:《数学史研究文集》第6辑,呼和浩特:内蒙古大学出版社/台北:九章出版社,1990年,第43—48页。

　　宋承唐制,虽然算学馆亦几经废置,但也存在了相当长时间。神宗元丰七年秘书省刊刻了十部算经。徽宗崇宁年间,宋廷颁布了国子监算学令,将历算、三式、天文与以《九章算术》为代表的传统算学一道纳入算学馆。大观三年,宋廷又颁布了"算学祀典",表彰算学先贤,进一步承认了数学的独立性。中国传统算学在宋元时期达到顶峰,而北宋楚衍、贾宪等人的工作则为之奠定了基础。另一方面,胡旦上书言丧服制度引贾公彦算法,获太宗认可;邢昺注疏《论语》"千乘之国"亦延续了皇侃算法;国子监之儒学教育亦延续儒家算法传统。因此,儒家与算家两家算法传统仍然处于并立之状态。

　　衣冠南渡之后,算学制度不复存在。宋代理学集大成者朱熹早年把两家算法传统都排除在其理学体系之外,晚年受到主政漳州实施经界法之影响,则将两者统一纳入其礼学体系之内,并通过注解《礼记·投壶》发展了儒家开方算法。同时,秦九韶在其《数书九章》中建立了包含内算与外算的数术体系,并以大衍术释《周易》筮法,扩展了传统的应用范围。朱熹对于不同领域之数给予不同之名称,杨辉则在其算学著作中运用了汉字、筹码、大写数字、黑白点等多种形式来表达数的位置与功能,显示其融合多种传统之倾向。①

　　古代学者历来承认《周易》与算学的紧密关系。宋代图书之学兴起之后,易家以黑白点解释河图洛书、大衍筮法等,易学与算学建立起实质的联系。首先,邵雍认为大衍之数是算法的源头,是建立两者关系的重要论述。朱熹尽管不同意邵雍之说,然而其以黑白点解释大衍筮法已经蕴含了数学原理。秦九韶《数书九章》"蓍卦发微"问进一步以算学注解了《周易》筮法经文。其次,宋以前关于中国数学起源的三个经典故事中没有河图洛书的位置。宋儒以黑白点释河洛,使之数理化;秦九韶则直接认为河图洛书为数学之起源,元朱世杰《四元玉鉴》莫若序也持有相同看法。最后,宋儒对河洛的数理解释使之与纵横图联系起来;杨辉《续古摘奇算法》刊载了15张纵横图,

① 　朱一文:《从宋代文献看数的表达、用法与本质》,《自然辩证法研究》2020 年第 12 期。

并探求了其构成的数学规律。

因此,儒家与算家两家算法传统在宋代持续存在,图书之学的兴起使得易学与算学建立了实质性的联系。北宋算学制度的建立强化并包容了多种数学传统(易学、礼学、算学、历算等)。[①] 南渡之后,算学制度虽已不存,宋儒朱熹从学理层面实质提供了两种算法传统与理学无关、两者同属于礼学、易学与算学紧密相关这三种做法与认识。

元明以降(尤其是洪武二十六年[1393]明太祖朱元璋废算学之后),国家层面的算学制度不复存在。[②] 由于朱熹理学被定于一尊,朱氏前后对儒家与算家两种算法传统的两种态度及其对河图洛书的黑白点解释均影响深远,算学与经学的关系在学理层面演进互动。一些学者的儒学研究不再涉及数学。明初胡广编撰之《五经大全》《四书大全》、明中叶王阳明之心学研究都于数学无涉。一些学者同时研究儒学与算学。明中叶唐顺之、顾应祥、周述学等人被称作"理论数学的余绪",代表了这一研究取向。[③] 元明象数派易学研究均继续朱熹对河洛的数理讨论,同时数学著作中则往往将河洛冠于书首、并纳入纵横图内容,数学与易学紧密关系进一步获得发展。

明末,西方古典数学传入中国,引发数学、西学与儒学三者之间的复杂互动。以利玛窦与李之藻编译的《同文算指》为例,可以发现西方笔算的被接纳是两种算法传统共同作用的结果,之后西方笔算在数学体系中获得了固定位置。以黄宗羲对《礼记·投壶》的注解为例,可以发现黄氏部分承认了朱熹注解所代表的儒家算法传统,又引入传统算学对之进行批评,从而试图融合两家算法传统。以方中通所著《数度衍》为例,可以发现方氏通过"勾股出于河图,加减乘除出于洛书",进一步建立了象数易学与算学之实质联系;由于算学与易学有共同之研究对象,当易学传统内的象数派研究发展

---

① 关于对这四种算学传统的分析,参见 Zhu Yiwen, "How do We Understand Mathematical Practices in Non-mathematical Fields? Reflections Inspired by Cases from 12th and 13th Century China", *Historia Mathematica*, Vol. 52, 2020。

② 李迪:《中国数学通史·明清卷》,南京:江苏教育出版社,2004 年。

③ 郭书春主编:《中国科学技术史:数学卷》,第 542—552 页。

至顶峰（即方孔炤、方以智合编之《周易时论合编》）之后，该研究理路转至算学领域继续发展。

　　清中叶乾嘉时期，经学研究的风气转向考据，算学也受此影响，两学因此产生了新的互动和关联。一方面，儒家与算家两种算法传统在清中叶获得了新的发展；另一方面，清儒对于古算书的考订影响到对古代算学本身的理解，进而影响到当时的数学研究与后世的数学史研究。此外，象数派易学研究也在算学领域内继续发展。清末以降，现代数学传入中国，数学的专业性与独立性获得了前所未有的认可。各家数学传统都被纳入现代数学的解释之中，一道进入中国数学的现代化进程之中，也同时开启了李俨、钱宝琮先生以现代数学方法整理古代数学遗产的数学史研究。

二、中国数学的多元传统与混杂本质

　　自李俨、钱宝琮先生开展现代数学史研究以来，学术界对中国数学史的研究大多都是围绕着以《九章算术》为代表的传统数学著作进行。于是形成了一种古人都是学习这一套传统数学的印象。然而，本书的研究却说明这一印象是不正确的，依托于儒家经典的算法传统可能才是大多数读书人学习的主流。进一步分析可知，中国古代数学的传统是多元的、混杂的，除了两家算法传统之外，先秦墨家、名家的数学传统、简牍所反映的行政管理活动中的实用算术传统、数术与历法中的数学传统都在中国数学史上占有一席之地。[①]

　　中国传统数学是以"术"为中心的数学，"术文"就是以文字描述的算法。郭书春先生指出：长期以来有一种看法认为，中国古代最重要的数学经典《九

---

① 林力娜认为从文献的角度分类，中国古代至少有四种数学实践，她称之为"数学文化"（mathematical cultures）。本书的研究也受到她的启发。参见 Karine Chemla, "Different Clusters of Text from Ancient China, Different Mathematical Ontologies", *HAU: Journal of Ethnographic Theory*, Vol. 9(1), 2019。

章算术》是应用问题集,这是不符合实际的,该书采取的是"术文统率应用问题的形式"。① 具体来说,其文本形式有题设、答案和术文三部分内容。"术"的实施要依靠一种工具——算筹。算筹通常为竹制的小棍,可以用来表达数字,用于各种术的计算。在明末被算盘取代之前,算筹一直是中国人做数学的工具。李继闵指出:中国传统数学的算理蕴含于演算的步骤之中,起到"不言而喻,不证自明"的作用。他将这一特点总结为"寓理于算"。② 即在筹算的操作过程中,蕴含了术文所表达的算理。由于传统数学有术文与筹算两个重要方面,故称为"筹术"。吴文俊先生认为中国传统数学具有构造性与机械化的特色。③ 所谓构造性,是针对"术文"来说的;所谓机械化,则是针对筹算操作来说的。法国林力娜教授通过分析发现《九章算术》术文与筹算操作之间的一个重要差别。④ 该书圆田术曰:"半周半径相乘得积步"。⑤ 这相当于给出了圆面积公式 $S = \dfrac{C}{2} \times \dfrac{D}{2}$(S 为圆面积,C 为周长,D 为直径)。然而,在筹算操作中,由于总是取到 π 的某一近似值(《九章算术》取 $\pi = 3$),因此计算总是近似的。由此可见,虽然术文表达的运算关系是准确的,但是筹算的数值计算却可能是不准确的。此外,林力娜还论证"问题""图"和"棊"都是解释"术意"的工具,有时会起到证明的作用。⑥ 笔者则发现了术文与筹算操作之间的另一个差别。在《九章算术》方程术中,该术直除法是基于筹算最优化的方法;刘徽注《九章算术》提出互乘相消法,却要副置算筹(即术文

① 郭书春:《古代世界数学泰斗刘徽》,第 87—90 页。
② 李继闵:《〈九章算术〉导读与译注》,第 38 页。
③ 吴文俊:《从〈数书九章〉看中国传统数学构造性与机械化特色》,载吴文俊主编:《秦九韶与〈数书九章〉》,第 73—88 页。
④ Karine Chemla, "The Interplay Between Proof and Algorithm in 3rd Century China: The Operation as Prescription of Computation and the Operation as Argument", in Paolo Mancosu, Klaus F. Jørgensen & Stig A. Pedersen (eds.), *Visualization, Explanation and Reasoning Style in Mathematics*, Netherlands: Springer, 2005, pp. 123-145.
⑤ 郭书春汇校:《汇校〈九章筭术〉》(增补版),第 18 页。
⑥ Karine Chemla & Zhu Yiwen, "Contrasting Commentaries and Contrasting Subcommentaries on Mathematical and Confucian Canons. Intentions and Mathematical Practices", in Karine Chemla, & Glenn W. Most (eds.), *Mathematical Commentaries in the Ancient World. A Global Perspective*, pp. 278-433.

算法优化了,但所需的算筹增加了);南宋秦九韶《数书九章》废除直除法而采用互乘相消法,是因为引入算图为工具(以取代刘徽的副置算筹)。① 由此可见,筹算操作并不总是对术文的实施——由于算筹本身的一些物质性特征,术文有时候会迁就筹算。就此而言,在"构造性的术"与"机械化的算"之间,实际存在着相互作用。

因此,中国传统数学的特色可以归纳为:采用构造性的术统率应用问题的文本形式,机械化的筹算过程虽然寓理于算,但是也与术文有相互作用。这些特点完美体现在以《九章算术》为代表的十部算经之中。在这一传统之下,中国筹算数学在宋元时代达到其顶峰,产生了贾宪、秦九韶、李冶、杨辉、朱世杰等一批杰出的算家。明代以后,由于珠算的逐渐行用和西方数学的传入,使得中国数学发展的主流发生了转变。

以传统数学为例,可以发现数学工具与文本形式是刻画某一数学传统的两个重要方面。一方面,数学工具并非仅仅是实施算法,而是与算法有互动关系;另一方面,不同的文本形式提供了发展数学的不同文本语境。从数学哲学的角度看,对同一数学知识的不同表达方式(即"数学表征")会抓住或反映实在的不同方面。② 因此,我们也可以把数学工具与文本形式看作两种数学表征,两者与算法之间的互动塑造了不同数学传统的结构。以此观之,墨家、名家所论之数学并无明显之数学工具,也并不采取"问题+算法"的文本形式。③ 出土数学简牍反映出来的实用算术在算筹的使用和问题文本的形式两方面与十部算经都有所不同。④ 数术活动确实与数学有关,但是其文

① 朱一文:《数:筹与术——以九数之方程为例》,《汉学研究》2010 年第 4 期,第 73—105 页。
② James Robert Brown, *Philosophy of Mathematics: A Contemporary Introduction to the World of Proofs and Pictures*, pp. 93-97.
③ 关于《墨经》中的数学,参见梅荣照:《墨经数理》,沈阳:辽宁教育出版社,2003 年。
④ 林力娜认为简牍中算法文本并不呈现出使用位置的特点,而这是筹算文本的重要特征之一。Karine Chemla, "Different Clusters of Text from Ancient China, Different Mathematical Ontologies", *HAU: Journal of Ethnographic Theory*, Vol. 9(1), 2019.

本并不有意呈现相关的数学知识。[①] 历法计算与传统算学是十分接近的两个领域,清人则将两者合之称为天文算法类。[②] 唐宋算学馆被废除之际,其相关人员往往被归置到太史局,历家与算家的身份往往合二为一。然而,历算在算筹的使用上不同于传统算学,且其数学问题往往是自明而不写出来的。[③] 儒家经典中的数学传统本书已有详论,其数学实作不依赖算筹,而其数学问题往往隐藏于注疏之后。细分来看,宋代以后《周易》与以三礼为代表的其他儒家经典中的数学实作又有不同。总之,这些传统共同组成了中国古代数学,其不同之处反映了中国数学的多元性,而其相同或相近之出又折射出中国数学的共性和混杂性。

从本书的研究来看,我们应该把数学知识的传承与数学知识的发现、创造分开来看。数学知识的传承主要取决于学脉与教育制度,数学知识的发现与创造则主要取决于思想的自由度及不同思想之间的互动,两者的发展步调并非始终一致。因此,唐初数学取得了高度制度化成就,宋承唐制进一步发展了算学制度,两者都十分有利于数学知识的传承。今天我们研究古代数学的十部算经就是由唐初和宋代数学制度共同造就的。魏晋时期玄学的兴起,引发了知识界的新思想,既产生了《九章算术》刘徽注这样伟大的成就,亦带动了皇侃几何开方算法的创设及儒家算法传统的兴起。宋代图书之学的兴起与明末西方数学的传入同样带动了新数学内容的出现,并引发了算学与经学的新互动。

---

① 关于早期数术与数学的关系,参见 Andrea Bréard & Constance A. Cook, "Cracking Bones and Numbers: Solving the Enigma of Numerical Sequences on Ancient Chinese Artifacts", *Archive for History of Exact Sciences*, Vol. 74, 2020。关于一般数术的讨论,参见 Ho Peng Yoke, *Chinese Mathematical Astrology*, London: Routledge, 2003。

② 关于清人将历算与传统算学合为一类做法的研究,参见陈志辉:《乾嘉之际天文算法类图书的设立及其藏刻校勘活动探讨》,《内蒙古师范大学学报(自然科学版)》2021 年第 5 期。

③ Zhu Yiwen, "How do We Understand Mathematical Practices in Non-mathematical Fields? Reflections Inspired by Cases from 12th and 13th Century China", *Historia Mathematica*, Vol. 52, 2020.

参考文献

中文文献

古籍

［汉］班固:《汉书》,北京:中华书局,1962 年。

［汉］司马迁:《史记》,北京:中华书局,1963 年。

［汉］许慎,［清］段玉裁注:《说文解字注》,上海:上海古籍出版社,1981 年。

［汉］徐岳撰,［北周］甄鸾注:《数术记遗》,《宋刻算经六种》,北京:文物出版社,
    1980 年。

［北魏］《孙子算经》,《宋刻算经六种》,北京:文物出版社,1980 年。

［北魏］张丘建:《张丘建算经》,《宋刻算经六种》,北京:文物出版社,1980 年。

［南朝宋］范晔:《后汉书》,北京:中华书局,1965 年。

［南朝宋］刘义庆撰,余嘉锡笺疏:《世说新语笺疏》,北京:中华书局,1983 年。

［梁］皇侃:《礼记皇氏义疏》,［清］马国翰辑:《玉函山房辑佚书·第二册》,扬州:广陵
    书社,2004 年。

［梁］皇侃撰,高尚榘校点:《论语义疏》,北京:中华书局,2013 年。

［梁］萧子显:《南齐书》,北京:中华书局,1972 年。

［北齐］魏收:《魏书》,北京:中华书局,1974 年。

［北齐］颜之推撰,王利器集解:《颜氏家训》,上海:上海古籍出版社,1980 年。

［唐］李百药:《北齐书》,北京:中华书局,1972 年。

［唐］杜佑:《通典》,北京:中华书局,1988 年。

［唐］房玄龄等:《晋书》,北京:中华书局,1974 年。

［唐］令狐德棻等:《周书》,北京:中华书局,1971 年。

［唐］韩延：《夏侯阳算经》,《天禄琳琅丛书·第1集》第17册,北京:故宫博物院,1932年。

［唐］韩愈：《韩昌黎全集》,北京:燕山出版社,1996年。

［唐］李淳风撰,栾贵明校:《李淳风集》,北京:中央编译出版社,2012年。

［唐］李林甫等撰,陈仲夫点校:《唐六典》,北京:中华书局,1992年。

［唐］李延寿:《北史》,北京:中华书局,1974年。

［唐］李延寿:《南史》,北京:中华书局,1976年。

［唐］魏徵、令狐德棻等:《隋书》,北京:中华书局,1973年。

［唐］吴兢:《贞观政要》,上海:上海古籍出版社,1978年。

［后晋］刘昫等:《旧唐书》,北京:中华书局,1975年。

［宋］程颢、程颐:《二程集》,北京:中华书局,1981年。

［宋］洪遵:《谱双》,道光二十六年(1846)刻本。

［宋］黎靖德编,王星贤点校:《朱子语类》,北京:中华书局,1986年。

［宋］李逸民编撰,孟秋校勘:《忘忧清乐集》,成都:蜀蓉棋艺出版社,1987年。

［宋］刘牧:《易数钩隐图》,《正统道藏》第71册,上海涵芬楼影印本,1923年。

［宋］欧阳修:《欧阳文忠公文集》,《四部丛刊》本。

［宋］欧阳修、宋祁:《新唐书》,北京:中华书局,1975年。

［宋］邵雍著,郭彧、于天宝点校:《邵雍全集》,上海:上海古籍出版社,2015年。

［宋］司马光:《投壶新格》,叶启倬辑:《郎园先生全书》第112册,长沙:民治书局,1935年。

［宋］王溥:《唐会要》,北京:中华书局,1955年。

［宋］王钦若等:《册府元龟》,北京:中华书局,1960年。

［宋］朱熹撰,朱杰人、严佐之、刘永翔主编:《朱子全书》,上海:上海古籍出版社/合肥:安徽教育出版社,2002年。

［元］脱脱等:《宋史》,北京:中华书局,1977年。

［明］黄宗羲著,沈善洪主编:《黄宗羲全集》,杭州:浙江古籍出版社,1985年。

［明］孙元化:《太西算要》,上海文物保管委员会主编:《徐光启著译集》,上海:上海古籍出版社,1983年。

［清］戴震著,戴震研究会等编纂:《戴震全集》,北京:清华大学出版社,1999年。

［清］胡培翚:《礼记正义(中)》,上海:商务印书馆,1934年。

［清］黄以周撰,王文锦点校:《礼书通故》第3册,北京:中华书局,2007年。

［清］纪昀总纂：《景印文渊阁四库全书》，台北：台湾商务印书馆，1986 年。

［清］焦循著，刘建臻整理：《焦循全集》第 5 册，扬州：广陵书社，2016 年。

［清］孔广森：《礼学卮言》卷六，嘉庆二十二年（1817）孔氏仪郑堂本。

［清］孔广森撰，王丰先点校：《大戴礼记补注》，北京：中华书局，2013 年。

［清］刘岳云：《五经算术疏义》，光绪二十五年（1899）刻本。

［清］潘应祺：《经算杂说》，光绪二十四年（1898）刻本。

［清］皮锡瑞：《经学历史》，北京：中华书局，1959 年。

［清］皮锡瑞：《驳五经异义疏正》，《续修四库全书》第 171 册，上海：上海古籍出版社，2002 年。

［清］阮元校刻：《十三经注疏》，北京：中华书局，1980 年。

［清］阮元、罗士琳、华世芳、诸可宝、黄钟骏等撰，冯立升、邓亮、张俊峰校注：《畴人传合编校注》，郑州：中州古籍出版社，2012 年。

［清］王聘珍撰，王文锦点校：《大戴礼记解诂》，北京：中华书局，1983 年。

［清］王琦注：《李太白全集》，北京：中华书局，1977 年。

［清］张惠言：《易纬略义》，广州：广雅书局，1920 年。

著作

安德鲁·欧文主编：《爱思唯尔科学哲学手册：数学哲学》，康仕慧译，北京：北京师范大学出版社，2015 年。

金永植：《朱熹的自然哲学》，潘文国译，上海：华东师范大学出版社，2003 年。

李约瑟：《中国科学技术史（第 2 卷）：科学思想史》，何兆武等译，北京：科学出版社，1990 年。

方豪：《李之藻研究》，台北：台湾商务印书馆，1966 年。

陈美东：《中国科学技术史：天文学卷》，北京：科学出版社，2001 年。

高明士：《中国中古的教育与学礼》，台北：台湾大学出版中心，2005 年。

国家计量总局主编：《中国古代度量衡图集》，北京：文物出版社，1981 年。

郭书春：《古代世界数学泰斗刘徽》，济南：山东科学技术出版社，1992 年。

郭书春主编：《中国科学技术典籍通汇：数学卷》，郑州：河南教育出版社，1993 年。

郭书春汇校：《汇校〈九章筭术〉》（增补版），沈阳：辽宁教育出版社/台北：九章出版社，2004 年。

郭书春主编：《中国科学技术史：数学卷》，北京：科学出版社，2010 年。

郭书春、刘钝校点:《算经十书》,沈阳:辽宁教育出版社,1998 年。

何丙郁:《何丙郁中国科技史论文集》,沈阳:辽宁教育出版社,2001 年。

黄一农:《社会天文学十讲》,上海:复旦大学出版社,2004 年。

纪志刚:《南北朝隋唐数学》,石家庄:河北科学技术出版社,2000 年。

江晓原:《天学真原》,沈阳:辽宁教育出版社,1991 年。

焦桂美:《南北朝经学史》,上海:上海古籍出版社,2010 年。

靖玉树编:《中国历代算学集成(中)》,济南:山东人民出版社,1994 年。

孔国平:《〈测圆海镜〉导读》,武汉:湖北教育出版社,2006 年。

乐爱国:《宋代的儒学与科学》,北京:中国科学技术出版社,2007 年。

李迪主编:《数学史研究文集》第 1 辑,呼和浩特:内蒙古大学出版社/台北:九章出版
　　社,1990 年。

李迪主编:《数学史研究文集》第 6 辑,呼和浩特:内蒙古大学出版社/台北:九章出版
　　社,1990 年。

李迪:《中国科学技术史论文集》,呼和浩特:内蒙古教育出版社,1991 年。

李迪:《中国数学通史:上古到五代卷》,南京:江苏教育出版社,1997 年。

李迪:《中国数学通史·明清卷》,南京:江苏教育出版社,2004 年。

李继闵:《〈九章算术〉导读与译注》,西安:陕西科学技术出版社,1998 年。

李继闵:《算法的源流——东方古典数学的特征》,北京:科学出版社,2007 年。

李申:《中国古代哲学与自然科学》,上海:上海人民出版社,2001 年。

李学勤主编:《十三经注疏·礼记正义》,北京:北京大学出版社,1999 年。

李俨:《中国算学史》,上海:商务印书馆,1937 年。

李俨:《中国古代数学史料》,上海:科学技术出版社,1956 年。

李俨:《中算史论丛》第 1 集,北京:科学出版社,1954 年。

李俨:《中算史论丛》第 4 集,北京:科学出版社,1955 年。

李俨、杜石然:《中国古代数学简史》,北京:中华书局,1963 年。

李俨、钱宝琮:《李俨钱宝琮科学史全集》,沈阳:辽宁教育出版社,1998 年。

梁宗巨、王青建、孙宏安:《世界数学通史》,沈阳:辽宁教育出版社,1995 年。

林夏水:《数学哲学》,北京:商务印书馆,2003 年。

林忠军:《象数易学发展史》,济南:齐鲁书社,1998 年。

吕凯:《郑玄之谶纬学》,台北:台湾商务印书馆,1982 年。

马王堆汉墓帛书整理小组编:《马王堆汉墓帛书:老子》,北京:文物出版社,1976 年。

梅荣照:《墨经数理》,沈阳:辽宁教育出版社,2003 年。

彭浩:《张家山汉简〈算数书〉注释》,北京:科学出版社,2001 年。

钱宝琮校点:《算经十书》,北京:中华书局,1963 年。

钱宝琮主编:《中国数学史》,北京:科学出版社,1964 年。

钱宝琮等:《宋元数学史论文集》,北京:科学出版社,1966 年。

乔秀岩:《义疏学衰亡史论》,台北:万卷楼图书股份有限公司,2013 年。

秦始皇兵马俑博物馆:《秦始皇陵铜车马发掘报告》,北京:文物出版社,1998 年。

丘光明、邱隆、杨平:《中国科学技术史:度量衡卷》,北京:科学出版社,2001 年。

曲安京:《中国历法与数学》,北京:科学出版社,2005 年。

《四库提要著录丛书》编纂委员会:《四库提要著录丛书·子部 020》,北京:北京出版社,2010 年。

田淼:《中国数学的西化历程》,济南:山东教育出版社,2005 年。

王守义遗著,李俨审校:《〈数书九章〉新释》,合肥:安徽科学技术出版社,1992 年。

王渝生主编:《第七届国际中国科学史会议文集》,郑州:大象出版社,1999 年。

吴文俊主编:《〈九章算术〉与刘徽》,北京:北京师范大学出版社,1982 年。

吴文俊主编:《秦九韶与〈数书九章〉》,北京:北京师范大学出版社,1987 年。

吴文俊主编:《刘徽研究》,西安:陕西人民教育出版社,1993 年。

吴文俊:《吴文俊论数学机械化》,济南:山东教育出版社,1996 年。

吴文俊主编:《中国数学史论文集(四)》,济南:山东教育出版社,1996 年。

吴文俊主编:《中国数学史大系》,北京:北京师范大学出版社,1998 年。

席泽宗主编:《中国科学技术史·科学思想卷》,北京:科学出版社,2001 年。

肖灿:《岳麓书院藏秦简·贰》,上海:上海辞书出版社,2011 年。

萧箑父:《中国哲学史史料源流举要》,武汉:武汉大学出版社,1998 年。

叶纯芳:《中国经学史大纲》,北京:北京大学出版社,2016 年。

张家山二四七号汉墓竹简整理小组编:《张家山汉墓竹简(二四七号墓)》(释文修订本),北京:文物出版社,2006 年。

张如安:《中国围棋史》,北京:团结出版社,1998 年。

张如安:《中国象棋史》,北京:团结出版社,1998 年。

中国画像石全集编辑委员会编:《中国画像石全集(第 6 卷):河南汉画像石》,郑州:河南美术出版社,2000 年。

中国科技史论文集编辑小组编:《中国科技史论文集》,台北:联经出版事业公司,1995 年。

朱伯崑:《易学哲学史》,北京:华夏出版社,1995 年。

自然科学史研究所数学史组编:《科技史文集》第 3 辑,上海:上海科学技术出版社,
　　1980 年。

自然科学史研究所数学史组编:《科技史文集》第 8 辑,上海:上海科学技术出版社,
　　1982 年。

邹大海:《中国数学的兴起与先秦数学》,石家庄:河北科学技术出版社,2001 年。

学位论文

才静滢:《大航海时代的中西算学交流——〈同文算指〉研究》,上海交通大学博士学位
　　论文,2014 年。

揣静:《中国古代投壶游戏研究》,陕西师范大学硕士学位论文,2010 年。

杜云虹:《〈隋书·经籍志〉研究》,山东大学文史哲研究院博士学位论文,2012 年。

段垒垒:《试论中国传统数学的起源与功用观念的转变》,天津师范大学硕士学位论
　　文,2011 年。

郭丽冰:《论南宋经界法》,华南师范大学硕士学位论文,2004 年。

侯钢:《两宋易数及其与数学之关系初论》,中国科学院自然科学史研究所博士学位论
　　文,2006 年。

康仕慧:《语境论世界观的数学哲学—— 一种对数学本质及其实在性研究的新范式》,
　　山西大学博士学位论文,2010 年。

任亚梅:《孔广森数学著作研究》,天津师范大学硕士学位论文,2018 年。

田瑞雪:《郑众〈周礼解诂〉研究》,河南大学硕士学位论文,2019 年。

杨玉星:《清代算学家方中通及其算学研究》,台湾师范大学数学系硕士学位论文,
　　2003 年。

期刊论文

陈玲:《〈周易〉与中国传统数学》,《厦门大学学报(哲学社会科学版)》2014 年第 2 期。

陈巍:《〈五经算术〉的知识谱系初探》,《社会科学战线》2017 年第 10 期。

陈志辉:《乾嘉之际天文算法类图书的设立及其藏刻校勘活动探讨》,《内蒙古师范大
　　学学报(自然科学版)》2021 年第 5 期。

陈巍、邹大海:《中古算书中的田地面积计算与土地制度——以〈五曹算经〉"田曹"卷
　　为中心的考察》,《自然科学史研究》2009 年第 4 期。

池田秀三、洪春音:《纬书郑氏学研究序说》,《书目季刊》2004 年第 4 期。

丁四新:《"数"的哲学观念与早期〈老子〉文本的经典化——兼论通行本〈老子〉分章的来源》,《中山大学学报(社会科学版)》2019 年第 3 期。

董光璧:《"大衍数"与"大衍术"》,《自然辩证法研究》1988 年第 3 期。

樊树志:《朱熹:作为政治家的评价》,《复旦学报(社会科学版)》1981 年第 3 期。

傅海伦:《论〈周易〉对传统数学机械化思想的影响》,《周易研究》1999 年第 2 期。

高大伦、张懋镕:《汉光和斛、权的研究》,《西北大学学报(社会科学版)》1983 年第 4 期。

关增建:《李淳风及其〈乙巳占〉的科学贡献》,《郑州大学学报(哲学社会科学版)》2002 年第 1 期。

关增建:《祖冲之对计量科学的贡献》,《自然辩证法通讯》2004 年第 1 期。

郭世荣:《方中通〈数度衍〉中所见的约瑟夫问题》,《自然科学史研究》2002 年第 1 期。

郭书春:《刘徽与王莽铜斛》,《自然科学史研究》1988 年第 1 期。

郭书春:《刘徽与先秦两汉学者》,《中国哲学史》1993 年第 2 期。

郭书春:《尊重原始文献,避免以讹传讹》,《自然科学史研究》2007 年第 3 期。

郭书春:《认真研读原始文献——从事中国数学史研究的体会》,《自然科学史研究》2013 年第 3 期。

韩琦:《科学、知识与权力——日影观测与康熙在历法改革中的作用》,《自然科学史研究》2011 年第 1 期。

韩琦:《易学与科学:康熙、耶稣会士白晋与〈周易折中〉的编撰》,《自然辩证法研究》2019 年第 7 期。

韩巍、邹大海整理:《北大秦简〈鲁久次问数于陈起〉今译、图版和专家笔谈》,《自然科学史研究》2015 年第 2 期。

姬永亮:《李淳风对古代度量衡的考订》,《哈尔滨工业大学学报(社会科学版)》2009 年第 1 期。

纪志刚:《〈孙子算经序〉的数学哲理》,《科学技术与辩证法》1990 年第 1 期。

姜喜任:《论郑玄〈乾凿度〉〈乾坤凿度〉注的圣王经世义蕴》,《周易研究》2016 年第 5 期。

鞠实儿、张一杰:《中国古代算学史研究新途径——以刘徽割圆术本土化研究为例》,《哲学与文化》2017 年第 6 期。

鞠实儿、张一杰:《刘徽和祖冲之曾计算圆周率的近似值吗?》,《中国科技史杂志》2019 年第 4 期。

康宇:《论宋元象数思潮兴起及其对古代数学发展的影响》,《自然辩证法研究》2018 年第 9 期。

乐爱国:《〈周易〉对中国古代数学的影响》,《周易研究》2003 年第 3 期。

李文林:《古为今用的典范——吴文俊教授的中国数学史研究》,《北京教育学院学报》
　　2001 年第 2 期。

李忠达:《〈周易时论合编・图像几表〉的〈易〉数与数学:以〈极数概〉为核心》,《清华
　　学报》(新竹)2019 年第 3 期。

廖健琦:《唐代广文馆考论》,《南昌大学学报(人文社会科学版)》2004 年第 6 期。

林力娜:《数学证明编史学中的一个理论问题》,储珊珊译、孙小淳校,《科学文化评论》
　　2011 年第 3 期。

刘钝:《关于李淳风斜面重差术的几个问题》,《自然科学史研究》1993 年第 2 期。

刘金沂:《李淳风的〈历象志〉和〈乙巳元历〉》,《自然科学史研究》1987 年第 2 期。

刘浦江:《南北朝的历史遗产与隋唐时代的正统论》,《文史》2013 年第 2 期。

莫绍揆:《对李冶〈测圆海镜〉的新认识》,《自然科学史研究》1995 年第 1 期。

潘亦宁:《中西数学会通的尝试——以〈同文算指〉(1614 年)的编纂为例》,《自然科学
　　史研究》2006 年第 3 期。

潘亦宁:《〈同文算指〉中高次方程数值解法的来源及其影响》,《自然科学史研究》2008
　　年第 1 期。

曲安京:《李淳风等人盖天说日高公式修正案研究》,《自然科学史研究》1993 年第 1 期。

曲安京:《中国数学史研究范式的转换》,《中国科技史杂志》2005 年第 1 期。

曲安京:《再谈中国数学史研究的两次运动》,《自然辩证法通讯》2006 年第 5 期。

尚智丛:《〈太西算要〉发掘与探析》,《自然科学史研究》1998 年第 3 期。

孙宏安:《〈周易〉与中国古代数学》,《自然辩证法研究》1991 年第 5 期。

孙小淳:《数学视野中的中国古代历法——评曲安京著〈中国历法与数学〉》,《自然科
　　学史研究》2006 年第 1 期。

沈长云、李晶:《春秋官制与〈周礼〉比较研究——〈周礼〉成书年代再探讨》,《历史研
　　究》2004 年第 6 期。

沈定平:《清初大儒黄宗羲与西洋历算之学》,《北京行政学院学报》2017 年第 2 期。

唐泉、万映秋:《〈兴和历〉颁行的前前后后》,《自然科学史研究》2018 年第 2 期。

汪晓勤、林永伟:《古为今用:美国学者眼中数学史的教育价值》,《自然辩证法研究》
　　2004 年第 6 期。

王建玲:《投壶——古代寓教于乐的博戏》,《文博》2008 年第 3 期。

王鹏飞:《评李淳风占风情的方法》,《自然科学史研究》2010 年第 4 期。

王荣彬、李继闵：《中国古代面积、体积度量制度考》，《汉学研究》1995 年第 2 期。

王荣彬、徐泽林：《关于"大衍术"源流的算例分析》，《自然科学史研究》1998 年第 1 期。

王翼勋：《开禧历上元积年的计算》，《天文学报》1997 年第 1 期。

王翼勋：《秦九韶演纪积年法初探》，《自然科学史研究》1997 年第 1 期。

温海明：《朱熹河图洛书说的演变》，《周易研究》2000 年第 4 期。

吴存浩：《简论郑玄在自然科学上所取得的成就》，《昌潍师专学报》2000 年第 4 期。

徐光台：《西学对科举的冲激与回响——以李之藻主持福建乡试为例》，《历史研究》
2012 年第 6 期。

徐君：《略论方中通"四算"研究及其特点》，《内蒙古师范大学学报（自然科学版）》
2004 年第 1 期。

严敦杰：《方中通〈数度衍〉评述》，《安徽史学》1960 年第 1 期。

杨小明：《黄宗羲的科学研究》，《中国科技史料》1997 年第 4 期。

杨小明：《黄宗羲的天文历算成就及其影响》，《浙江社会科学》2010 年第 9 期。

杨涤非、邹大海：《关于中国古代体积与容积计量方式的新发现》，《自然科学史研究》
2014 年第 3 期。

仪德刚：《反思"郑玄弹性定律之辩"——兼答刘树勇先生》，《中国科技史杂志》2019
年第 1 期。

曾昭磐：《唐代天文数学家李淳风的科学成就》，《厦门大学学报（自然科学版）》1979
年第 4 期。

曾振宇、崔明德：《李淳风"军气占"考论》，《历史研究》2009 年第 5 期。

张东林：《数学史：从辉格史到思想史》，《科学文化评论》2011 年第 6 期。

张夏硕：《让科学回归科学史》，储珊珊、杨帆译、孙小淳校，《科学文化评论》2013 年第 5 期。

张勇：《孔广森与〈公羊〉"家法"》，《中国史研究》2007 年第 4 期。

张永堂：《方孔炤〈周易时论合编〉一书的主要思想》，《成功大学历史学报》1985 年第
12 期。

郑诚：《李之藻家世生平补正》，《清华学报》（新竹）2009 年第 4 期。

郑诚、朱一文：《〈数书九章〉流传新考——赵琦美钞本初探》，《自然科学史研究》2010
年第 3 期。

周畅、段耀勇、段垒垒：《〈算经十书〉序中数学的起源和功用论》，《自然辩证法通讯》
2012 年第 6 期。

周瀚光：《从〈算经十书〉看儒家文化对中国古代数学的影响》，《广西民族大学学报
（自然科学版）》2015 年第 1 期。

朱一文:《再论〈九章算术〉通分术》,《自然科学史研究》2009 年第 3 期。

朱一文:《数:筹与术——以九数之方程为例》,《汉学研究》2010 年第 4 期。

朱一文:《数学的语言:算筹与文本——以天元术为例》,《九州学林》2010 年第 4 期。

朱一文:《秦九韶"历家虽用,用而不知"解》,《自然科学史研究》2011 年第 2 期。

朱一文:《儒学经典中的数学知识初探——以贾公彦对〈周礼·考工记〉"桌氏为量"的注疏为例》,《自然科学史研究》2015 年第 2 期。

朱一文:《初唐的数学与礼学——以诸家对〈礼记·投壶〉的注疏为例》,《中山大学学报(社会科学版)》2017 年第 2 期。

朱一文:《秦九韶对大衍术的筹图表达——基于〈数书九章〉赵琦美钞本(1616)的分析》,《自然科学史研究》2017 年第 2 期。

朱一文:《从度量衡单位看初唐算法文化的多样性》,《中国科技史杂志》2019 年第 1 期。

朱一文:《儒家开方算法之演进——以诸家对〈论语〉"道千乘之国"的注疏为中心》,《自然辩证法通讯》2019 年第 2 期。

朱一文:《从宋代文献看数的表达、用法与本质》,《自然辩证法研究》2020 年第 12 期。

外文文献

著作

Aspray, W. & Kitcher, P. (eds.), *History and Philosophy of Modern Mathematics*, Minneapolis: The University of Minnesota Press, 1988.

Brown, J. R., *Philosophy of Mathematics: A Contemporary Introduction to the World of Proofs and Pictures*, New York: Routledge, 2008.

Chemla, K. (ed.), *The History of Mathematical Proof in Ancient Traditions*, Cambridge: Cambridge University Press, 2012.

Chemla, K. & Guo Shuchun, *Les Neuf Chapitres: Le Classique mathématique de la Chine ancienne et ses commentaires*, Paris: Dunod, 2004.

Chemla, K. & Virbel, J. (eds.), *Texts, Textual Acts and the History of Science*, Switzerland: Springer, 2015.

Chemla, K. & Most, G. W. (eds.), *Mathematical Commentaries in the Ancient World. A Global Perspective*, Cambridge: Cambridge University Press, 2022.

Chemla, K. & Keller, A. & Proust, C. (eds), *Cultures of Computation and Quantification in the Ancient World*, Switzerland: Springer, 2023.

Goodman, H. L., *Xun Xu and the Politics of Precision in Third-Century AD China*, Boston: Leiden Boston Press, 2010.

Goldstein, C., Gray, J. & Ritter, J. (eds.), *L'Europe mathématique: Histoires, Mythes, Identités / Mathematical Europe. History, Myth, Identity*, Paris: Éditions de la Maison des Sciences de l'Homme, 1996.

Ho Peng Yoke, *The Astronomical Chapters of The Chin Shu*, Paris: Mouton & Co and École Pratique des Hautes Études, 1966.

Ho Peng Yoke, *Chinese Mathematical Astrology*, London: Routledge, 2003.

Høyrup, J., *Lengths, Widths, Surfaces: A Portrait of Old Babylonian Algebra and Its Kin*, New York: Springer-Verlag, 2002.

Imhausen, A., *Mathematics in Ancient Egypt: A Contextual History*, New Jersey: Princeton University Press, 2016.

Katz, V. (ed.), *The Mathematics of Egypt, Mesopotamia, China, India and Islam: A Sourcebook*, New Jersey: Princeton University Press, 2007.

Lakatos, I., *Proofs and Refutations: The Logic of Mathematical Discovery*, Cambridge: Cambridge University Press, 1976.

Libbrecht, U., *Chinese Mathematics in Thirteenth Century: The Shu-shu chiu-chang of Ch'in Chiu-shao*, New York: Dover Publications, 2005.

Mancosu, P., Jørgensen, K. F. & Pedersen, S. A. (eds.), *Visualization, Explanation and Reasoning Style in Mathematics*, Netherlands: Springer, 2005.

Martzloff, J.-C., *A History of Mathematics*, Berlin: Springer-Verlag, 2006.

Mermann, V. & Skutella, M. (eds.), *Proceedings of the 7th European Congress of Mathematics 2016: Berlin, July 18-22, 2016*, European Mathematical Society, 2018.

Morgan, D. P. & Chaussende, D. (eds.), *Monographs in Tang Official History: Perspectives from the Technical Treatises of the History of Sui (Sui shu)*, Switzerland: Springer, 2019.

Needham, J., *Science and Civilization in China, Volume 3: Mathematics and the Sciences of the Heavens and the Earth*, New York: Cambridge University Press, 1959.

Robson, E., *Mesopotamian Mathematics, 2100-1600 BC: Technical Constants in Bureaucracy and Education*, Oxford: Clarendon Press, 1999.

Robson, E., *Mathematics in Ancient Iraq: A Social History*, New Jersey: Princeton University Press, 2008.

Soler, L., et al. (eds.), *Science After the Practice Turn in the Philosophy, History and Social Studies of Science*, New York: Routledge, 2014.

Stedall, J., *The History of Mathematics: A Very Short Introduction*, New York: Oxford University Press, 2012.

興膳宏、川合康三『隋書經籍志詳攷』、東京：汲古書院、1995 年。

山田慶児『朱子の自然学』、東京：岩波書店、1978 年。

论文

Bréard, A. & Cook, C. A., "Cracking Bones and Numbers: Solving the Enigma of Numerical Sequences on Ancient Chinese Artifacts", *Archive for History of Exact Sciences*, Vol. 74, 2020.

Chemla, K., "Reflections on the world-wide history of the rule of false double position, or how a loop was closed", *Centaurus*, Vol. 39(2), 1997.

Chemla, K., "Generality above Abstraction: The General Expressed in Terms of the Paradigmatic in Mathematics in Ancient China", *Science in Context*, Vol. 16, 2003.

Chemla, K., "On Mathematical Problems as Historically Determined Artifacts: Reflections Inspired by Sources from Ancient China", *Historia Mathematica*, Vol. 36(3), 2009.

Chemla, K., "The Diversity of Mathematical Cultures: One Past and Some Possible Futures", *Newsletter of the European Mathematical Society*, Vol. 104, 2017.

Chemla, K., "Different Clusters of Text from Ancient China, Different Mathematical Ontologies", *HAU: Journal of Ethnographic Theory*, Vol. 9, 2019.

Chemla, K. & Ma Biao, "How Do the Earliest Known Mathematical Writings Highlight the State's Management of Grains in Early Imperial China?", *Archive for History of Exact Sciences*, Vol. 69, 2015.

Chen Zhihui, "Scholars' Recreation of Two Traditions of Mathematical Commentaries in Late Eighteenth-Century China", *Historia Mathematica*, Vol. 44(2), 2017.

Grattan-Guinness, I., "The Mathematics of the Past: Distinguishing Its History from Our Heritage", *Historia Mathematica*, Vol. 31(2), 2004.

Guo Jinsong, *Knowing Number: Mathematics, Astronomy, and the Changing Culture of Learning in Middle-Period China, 1100-1300*, PhD Dissertation, Princeton University, 2019.

Jahnke, H.- N., Jankvist, U. T. & Kjeldsen T. H., "Three Past Mathematicians' Views on History in Mathematics Teaching and Learning: Poincaré, Klein, and Freudenthal", *Mathematics Education*, Vol. 54, 2002.

Jami, C., "Beads and Brushes: Elementary Arithmetic and Western Learning in China, 1600-1800", *Historia Scientiarum*, Vol. 29(1), 2019.

Lay-Yong, L., "On the Chinese Origin of the Galley Method of Arithmetical Division", *The British Journal for the History of Science*, Vol. 3(9), 1966.

Man-Keung, S., "Tongwen Suanzhi and Transmission of bisuan in China: From an HPM Viewpoint", Journal for History of Mathematics, Vol. 28(6), 2015.

Meynard, T., "Aristotelian works in Seventeenth century China: an updated survey and new analysis", *Monumenta Serica*, Vol. 65(1), 2017.

Pollet, C.-V., "The Influence of Qing Dynasty Editorial Work on the Modern Interpretation of Mathematical Sources: The Case of Li Rui's Edition of Li Ye's Mathematical Treatises", *Science in Context*, Vol. 27(3), 2014.

Sfard, A., "On the Dual Nature of Mathematical Conceptions: Reflections on Processes and Objects as Different Sides of the Same Coin", *Educational Studies of Mathematics*, Vol. 22(1), 1991.

Unguru, S., "On the Need to Rewrite the History of Greek Mathematics", *Archive for History of Exact Sciences*, Vol. 15(1), 1975.

Volkov, A., "Large numbers and counting rods", *Extrême-Orient, Extrême-Occident*, No. 16, 1994.

Wang Xiaofei, "How Jean-Baptiste Delambre Read Ancient Greek Arithmetic on the Basis of the Arithmetic of 'Complex Numbers' at the Turn of the 19th Century", *Historia Mathematica*, Vol. 59, 2022.

Zhu Yiwen, "Different Cultures of Computation in Seventh Century China from the Viewpoint of Square Root Extraction", *Historia Mathematica*, Vol. 43, 2016.

Zhu Yiwen, "How Do We Understand Mathematical Practices in Non-Mathematical Fields? Reflections Inspired by Cases from 12th and 13th Century China", *Historia Mathematica*, Vol. 52, 2020.

Zhu Yiwen, "On Qin Jiushao's Writing System", *Archive for History of Exact Sciences*, Vol. 74(4), 2020.

后　记

一

2011年11月30日，我坐上了去法国巴黎的飞机。次日抵法后，我即以法国国家科研中心博士后身份参与林力娜（Karine Chemla）、克里斯蒂娜·普鲁斯特（Christine Proust）和阿加特·凯勒（Agathe Keller）三位教授主持的大型欧盟项目"古代世界的数学科学"（简称"SAW"）。三位教授分别研究中国古代、美索不达米亚和印度古代数学，得益于她们组织的诸多学术讨论会，我意识到数和度量衡单位是具有普遍性的研究对象。按计划，我的研究重点是初唐学者李淳风，但2012年春天我发现另一初唐学者贾公彦对《周礼》量器鬴的体积与容积计算的注疏十分奇特。经过与林力娜的讨论，并在她的帮助下，我把这段文献翻译成英文，我们一致同意这是一种不使用算筹的计算文化。林力娜告诉我她之前就感觉唐代儒家尤其是贾公彦的注疏值得研究，但未做进一步研究，现在我能做这个研究非常好。这就是本书研究的起点。

在法国的两年时间内，我对所能掌握的初唐孔颖达、贾公彦等对儒家经典的数学注疏做了分析；继而以《五经算术》为线索，对比唐代儒家与算家对于同一数学问题的不同解法，并探究李淳风在初唐学术与政治关系中的作用。这就是本书第四章和第五章的主体部分。回国后，我又将研究时段向前拓展、向后延伸，基本完成了对儒家算法传统及算学与儒学关系整个历史进程的梳理，构成了本书的第二、三、六、七、八、九章。在这些研究的基础上，我反思了数学史研究的方法论,这成为本书第一章的内容。2013 年 12 月,我来到中山大学哲学系工作,并将这些研究成果陆续发表在国内外期刊上。具体而言,本书的每个章节是由我独著的如下论文重组构成的:

第一章:《史料与方法:中国数学史研究的新思考》(《自然辩证法通讯》2020 年第 3 期)、《再论数学史与数学哲学的关系》(《自然辩证法研究》2019 年第 11 期);

第二章:《郑玄的数学世界——郑氏以数学注经的方式、背景与历史贡献》(《哲学与文化》2021 年第 11 期);

第三章:《分途与合流:从算学与经学的关系看南北朝数学史》(《中国科技史杂志》2021 年第 1 期)、《儒家开方算法之演进——以诸家对〈论语〉"道千乘之国"的注疏为中心》(《自然辩证法研究》2019 年第 2 期);

第四章:"Scholarship and Politics in Seventh Century China from the Viewpoint of Li Chunfeng's Writing on Histories" (in Daniel Patrick Mongan & Damien Chaussende eds., with the collaboration of Karine Chemla, *Monographs in Tang Official Historiography: Perspectives from the Technical Treatises of the History of Sui (Sui shu)*, Switzerland: Springer, September 2019);

第五章:《儒学经典中的数学知识初探——以贾公彦对〈周礼·考工记〉"䒷氏为量"的注疏为例》(《自然科学史研究》2015 年第 2 期)、"Different Cultures of Computation in Seventh Century China from the Viewpoint of Square Root Extraction" (*Historia Mathematica* 2016 年第 1 期)、《再论中国古代数学与儒学的关系——以六至七世纪学者对礼数的不同注疏为例》(《自然辩证法通讯》2016 年第 5 期)、《算学、儒学与制度化——初唐数学的多样性及其与儒学的关系》

（《汉学研究》2017 年第 4 期）、《从度量衡单位看初唐算法文化的多样性》（《中国科技史杂志》2019 年第 1 期）、《初唐的数学与礼学——以诸家对〈礼记·投壶〉的注疏为例》（《中山大学学报（社会科学版）》2017 年第 2 期）；

　　第六章:《朱熹的数学世界——兼论宋代数学与儒学的关系》（《哲学与文化》2018 年第 11 期）；

　　第七章:《宋代的数学与易学——以〈数书九章〉"蓍卦发微"为中心》（《周易研究》2019 年第 2 期）、《河图洛书与中国传统数学的历史关联——以方中通〈数度衍〉（1661）为中心》（《哲学研究》2022 年第 4 期）；

　　第八章:《初唐的数学与礼学——以诸家对〈礼记·投壶〉的经疏为例》（《中山大学学报（社会科学版）》2017 年第 2 期）、"How were Western Written Calculations Introduced into China? — An Analysis of the Tongwen suanzhi (Arithmetic Guidance in the Common Language, 1613)" (*Centaurus* 2018 年第 1—2 期)、《明清之际的数学、儒学与西学——以黄宗羲的数学实作为中心》（《内蒙古师范大学学报（自然科学汉文版）》2019 年第 6 期）、《河图洛书与中国传统数学的历史关联——以方中通〈数度衍〉（1661）为中心》（《哲学研究》2022 年第 4 期）；

　　第九章未发表,2021 年 7 月 10 日以《清中叶的算学与考据学》为题报告于第二届青年数学史学术研讨会。

2020 年春天,本系张伟主任建议拙作收录"中大哲学文库",并由商务印书馆出版。本系张清江副主任从中联络,遂与商务印书馆签订出版合同,诸位编辑付出的辛劳是不言而喻的。为了统一,本书中所有的图片都由师妹曹婧博重新绘制。在此一并感谢!

二

回首自做博士后以来在本书方向上的研究工作,无疑林力娜对我的帮助是最大的。她的帮助不仅是在学术研究上教会了我把古文翻译成英文,而且是她自始至终都没有对这一研究方向的价值有所怀疑,并率先认为儒家算法是一种计算文化。我和林力娜的第一次见面是在 2010 年夏天的一个下午,当时她正在中国科学院自然科学史研究所访问,而我正在完成自己的博士论文。正是在这一次谈话中,我得知自己对于中国古代筹算及其文本化的研究与她的研究有类似性。她告诉我自己正在申请一个大型欧盟课题(即之后获得立项的 ERC 项目"古代世界的数学科学"),如果成功,我便可以到法国与她工作。一年以后,在合肥的学术会议上,她又告诉我一个十分深远的中国数学史议题,即区分当今《九章算术》传本中的刘徽注和李淳风等注释。

在法国做博士后及其后多次学术会议期间,我获得了林力娜、Christine、Agathe 教授在生活和学术上的无私帮助。与马彪、彭浩、陈建平教授、墨子涵(Daniel Morgan)、霍华德(Howard Goodman)的交流,令我印象深刻,丰富了我在历史方向上的研究。回到中国工作后,韩琦、徐泽林、郭世荣教授总是无私地支持我的研究。我的博士导师郭书春先生、硕士导师纪志刚先生也一直关心、支持、帮助我的研究。到中山大学哲学系工作之后,我受到了系内多位先生的帮助和指教。逻辑学方向的鞠实儿教授一直喜欢中国数学史,我经常和他及他的博士生张一杰(现已毕业,在高校任教)讨论学术问题。在我困惑期间,陈少明教授无私地鼓励我,建议我考虑与中国哲学相关的议题。陈立胜教授引发了我对明代数学与心学的思考,张永义、邢益海教授建议我进一步研究方中通《数度衍》,梅谦立教授建议我研究利玛窦和李之藻合编的《同文算指》,杨海文教授对我有关算学与礼学的研究给出了建议。这些帮助使我的研究具有了中国哲学的面向。本系科学技术哲学方向的李平教授十分率真,他的话促使我思考如何把数学史与数学哲学结合起来。

自读硕士起,我与郑诚、汪小虎就保持了良好的学术交流,他们对我的研究常有中肯的建议。我与郑诚合作完成两篇关于秦九韶的研究论文。汪小虎往往是我论文的第一位读者。在法国的两年间,我与郑方磊、郭园园、王晓斐、李亮有颇多的学术交流。在广州工作以后,潘澍原、曹婧博、周霄汉也常常成为我论文的优先读者,尤其是潘澍原对我的研究有很深的理解和帮助。此外,张一杰、刘伟、吕鹏、董杰、陈巍、陈志辉都就我的研究进行过交流。特别是陈巍惠赠了其拍摄的刘岳云《五经算术疏义》照片,陈志辉还专门研究了儒家与算家两种传统在清中叶的再现,实际支持了我提出的观点。这些同辈学者对本项研究的帮助,在此一并感谢!

自从事学术研究以来,我就一直有重写中国数学史的心愿。尽管本书不能说已经达到了重写的目标,但确实很大程度解放了我在这方面的心理压力。本书的不足之处也是显而易见的。第一,对于明清时期的研究还很薄弱。为此,我已经与上海三联书店签订了一本关于明清时期数学、儒学与西学关系的出版合同。第二,本研究以儒家算法为主线,对传统算学论述还不够。为此,我主持的"国家社会科学基金冷门绝学"项目将专门研究秦九韶《数书九章》。第三,在数学史研究方法论上,还可以有进一步的突破。这些不足都是我今后研究的重点。

三

2008 年秋天,我离开了生活 27 年的上海,到北京中国科学院自然科学史研究所读博士。我的父亲朱庆明是上海铁路局车辆段的乘务员,也随之调到北京工作。然而,仅仅一年不到,他就在例行体检中查出绝症,并于 2010 年初去世。我记得那年冬天北京下了很大的雪,每走一步都会在地上留下深深的脚印,夜晚特别的黑。因此,2010 年夏天我与林力娜教授的谈话便具有了学术上与生活上的双重意义。

随着我的长子和次子在 2017 年和 2021 年依次出生,我的研究时间被极度压损,往往只能在夜间写作,但又刚打开电脑便抵挡不住睡意。正由于此,本书完成的进程被大大延缓了。

自家父去世以后,我的母亲谢鹤萍就一直独居在上海。2022 年 3 月中旬起，上海疫情严重，母亲独居、生活不便，人也瘦了一圈。4 月中旬以后，幸得我的同学及朋友朱建明、谯静、赵燕、"桔子"等帮忙，问题得以缓解。5 月中旬，隔壁邻居及其母亲抗原检测阳性，之后，我母亲便足不出户，连食物也不收了。6 月 12 日，母亲在自家阁楼上不慎摔断三根肋骨。我次日即返回上海，并于 6 月 15 日将她带回广州治病，经广州脑科医院诊断为心境（情感）障碍。因我们全家计划 7 月 31 日赴呼和浩特参加全国数学史会议，我母亲于 7 月 30 日回到上海。谁想次日清晨 7 点 33 分左右家中失火，母亲不幸离世。此后，处理火灾善后事宜，是我这八个多月来挥之不去的阴影。本书的完稿工作正是在这一情况下进行的。因此，我十分感谢帮助我善后并时常予我宽慰的亲友们、律师们和学生们。从某种意义上说，没有你们的帮助，这本书也是无法完成的。

宋淳祐四年（1244），秦九韶丁母忧解官离任。正是在为母亲守孝期间，他完成了其一生中最重要的数学著作《数书九章》（1247），是时三十九岁。秦九韶及其《数书九章》是我重要的研究对象。未曾想到本书也是在母亲离世之后完成的，而我写作这本书的年龄也与秦九韶当时相仿。愿这一本小书开启我新的人生。

朱一文

2022 年 10 月 31 日于广州江南新苑寓所

2023 年 4 月 1 日修订

图书在版编目（CIP）数据

算学与经学：中国数学新史 / 朱一文著 . —— 北京：商务印书馆，2023
（中大哲学文库）
ISBN 978-7-100-22411-6

Ⅰ . ①算…　Ⅱ . ①朱…　Ⅲ . ①数学史—研究—中国　Ⅳ . ① O112

中国国家版本馆 CIP 数据核字（2023）第 075733 号

权利保留，侵权必究。

中大哲学文库
算学与经学
中国数学新史
朱一文　著

商 务 印 书 馆 出 版
（北京王府井大街 36 号　邮政编码 100710）
商 务 印 书 馆 发 行
南 京 新 洲 印 刷 有 限 公 司 印 刷
ISBN　978-7-100-22411-6

2023 年 9 月第 1 版　　　　开本　710×1000　1/16
2023 年 9 月第 1 次印刷　　印张　18¼

定价：98.00 元